여행은

꿈꾸는 순간,

시작된다

# 여행 준비
# 체크리스트

| D-60 | 여행 정보 수집<br>& 여권 만들기 | ☐ 가이드북, 블로그, 유튜브 등에서 여행 정보 수집하기<br>☐ 여권 발급 or 유효기간 확인하기 |
|---|---|---|
| D-50 | 항공권 예약하기 | ☐ 항공사 or 여행 플랫폼 가격 비교하기<br>★ 저렴한 항공권을 찾아보고 싶다면 미리 항공사나 여행 플랫폼 앱 다운받아<br>　가격 알림 신청해두기 |
| D-40 | 숙소 예약하기 | ☐ 교통 편의성과 여행 테마를 고려해 숙박 지역 먼저 선택하기<br>☐ 숙소 가격 비교 후 예약하기 |
| D-30 | 여행 일정 및 예산 짜기 | ☐ 여행 기간과 테마에 맞춰 일정 계획하기<br>☐ 일정을 고려해 상세 예산 짜보기 |
| D-20 | 현지 투어, 교통편 예약 &<br>여행자 보험 및 필요 서류<br>준비하기 | ☐ 내 일정에 필요한 패스와 입장권, 투어 프로그램 확인 후 예약하기<br>☐ 여행자 보험, 국제운전면허증, 국제학생증 등 신청하기 |
| D-10 | 예산 고려하여 환전하기 | ☐ 환율 우대, 쿠폰 등 주거래 은행 및 각종 앱에서 받을 수 있는<br>　혜택 알아보기<br>☐ 해외에서 사용할 수 있는 여행용 체크(신용)카드 준비하기 |
| D-7 | 데이터 서비스 선택하기 | ☐ 여행 스타일에 맞춰 로밍, 포켓 와이파이, 유심, 이심 결정하기<br>★ 여러 명이 함께 사용한다면 포켓 와이파이, 장기 여행이라면<br>　유심이나 이심, 가장 간편한 방법을 찾는다면 로밍 |
| D-1 | 짐 꾸리기 & 최종 점검 | ☐ 짐을 싼 후 빠진 것은 없는지 여행 준비물 체크리스트 보고 확인하기<br>☐ 기내 반입할 수 없는 물품을 다시 확인해 위탁수하물용 캐리어에<br>　넣기<br>☐ 항공권 온라인 체크인하기 |
| D-DAY | 출국하기 | ☐ 여권, 비자, 항공권, 숙소 바우처, 여행자 보험 증서 등 필수 준비물<br>　확인하기<br>☐ 공항 터미널 확인 후 출발 시각 3시간 전에 도착하기<br>☐ 공항에서 포켓 와이파이 등 필요 물품 수령하기 |

# 여행 준비물
# 체크리스트

## 필수 준비물

- ☐ 여권(유효기간 6개월 이상)
- ☐ 여권 사본, 사진
- ☐ 항공권(E-Ticket)
- ☐ 바우처(호텔, 현지 투어 등)
- ☐ 현금
- ☐ 해외여행용 체크(신용)카드
- ☐ 각종 증명서(여행자 보험, 국제운전면허증 등)

## 기내 용품

- ☐ 볼펜(입국신고서 작성용)
- ☐ 수면 안대
- ☐ 목베개
- ☐ 귀마개
- ☐ 가이드북, 영화, 드라마 등 볼거리
- ☐ 수분 크림, 립밤
- ☐ 얇은 외투

## 전자 기기

- ☐ 노트북 등 전자 기기
- ☐ 휴대폰 등 각종 충전기
- ☐ 보조 배터리
- ☐ 멀티탭
- ☐ 카메라, 셀카봉
- ☐ 포켓 와이파이, 유심칩
- ☐ 멀티어댑터

## 의류 & 신발

- ☐ 현지 날씨 상황에 맞는 옷
- ☐ 속옷
- ☐ 잠옷
- ☐ 수영복, 비치웨어
- ☐ 양말
- ☐ 여벌 신발
- ☐ 슬리퍼

## 세면도구 & 화장품

- ☐ 치약 & 칫솔
- ☐ 면도기
- ☐ 샴푸 & 린스
- ☐ 바디워시
- ☐ 선크림
- ☐ 화장품
- ☐ 클렌징 제품

## 기타 용품

- ☐ 지퍼백, 비닐 봉투
- ☐ 보조 가방
- ☐ 선글라스
- ☐ 간식
- ☐ 벌레 퇴치제
- ☐ 비상약, 상비약
- ☐ 우산
- ☐ 휴지, 물티슈

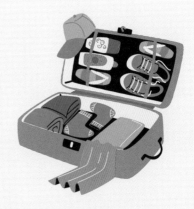

## 출국 전 최종 점검 사항

① 여권 확인

② 항공권의 출국 공항 터미널 확인

③ 위탁수하물 캐리어 크기 및 무게 측정
   (항공사별로 다르므로 홈페이지에서 미리 확인)

④ 기내 반입 불가 품목 확인

⑤ 유심, 포켓 와이파이 등 수령 장소 확인

리얼
오키나와

**여행 정보 기준**

이 책은 2025년 1월까지 취재한 정보를 바탕으로 만들었습니다.
정확한 정보를 싣고자 노력했지만, 여행 가이드북의 특성상
책에서 소개한 정보는 현지 사정에 따라 수시로 변경될 수 있습니다.
변경된 정보는 개정판에 반영해 더욱 실용적인 가이드북을 만들겠습니다.

**한빛라이프 여행팀** ask_life@hanbit.co.kr

# 리얼 오키나와

**초판 발행** 2024년 1월 30일
**개정판 1쇄** 2025년 3월 20일

**지은이** 전명윤 / **펴낸이** 김태헌
**총괄** 임규근 / **책임편집** 고현진 / **교정교열** 박영희 / **디자인** 천승훈 / **지도·일러스트** 조민경
**영업** 문윤식, 신희용, 조유미 / **마케팅** 신우섭, 손희정, 박수미, 송수현 / **제작** 박성우, 김정우 / **전자책** 김선아

**펴낸곳** 한빛라이프 / **주소** 서울시 서대문구 연희로 2길 62 한빛빌딩
**전화** 02-336-7129 / **팩스** 02-325-6300
**등록** 2013년 11월 14일 제25100-2017-000059호
**ISBN** 979-11-93080-55-9 14980, 979-11-85933-52-8 14980(세트)

한빛라이프는 한빛미디어(주)의 실용 브랜드로 우리의 일상을 환히 비추는 책을 펴냅니다.

이 책에 대한 의견이나 오탈자 및 잘못된 내용은 출판사 홈페이지나 아래 이메일로 알려주십시오.
파본은 구매처에서 교환하실 수 있습니다. 책값은 뒤표지에 표시되어 있습니다.
**한빛미디어 홈페이지** www.hanbit.co.kr / **이메일** ask_life@hanbit.co.kr
**블로그** blog.naver.com/real_guide_ / **인스타그램** @real_guide_

지금 하지 않으면 할 수 없는 일이 있습니다.
**책으로 펴내고 싶은 아이디어나 원고를 메일(writer@hanbit.co.kr)로 보내주세요.**
한빛라이프는 여러분의 소중한 경험과 지식을 기다리고 있습니다.

오키나와를 가장 멋지게 여행하는 방법

# 리얼 오키나와

전명윤 지음

**IB** 한빛라이프

2024년 오키나와 여행 최대 뉴스는 미야코 섬으로 가는 직항편이 생겼다는 점일 겁니다. 그래서 『리얼 오키나와』 2025년 버전에는 미야코 섬에 대한 상세한 내용을 업데이트했습니다. 그렇게 마감을 하고 쉬는데, 이게 무슨 일인가요?
이번에는 또 하나의 휴양지 이시가키 섬으로 가는 직항이 생겼다는 뉴스가 들려옵니다. 급히 편집부에 전화를 넣었죠.
"저기, 올해도 40페이지나 늘렸는데, 내년에도 그만큼 늘려야 할 것 같아요."
다행히 수화기 너머 목소리는 경쾌했습니다.
"그러세요."

코로나 팬데믹이 끝나고 다시 예전처럼 이 나라 저 나라를 떠돌게 되니, 그동안 메 말랐던 여행 감성이 제 몸의 세포 속에서 팔팔 뛰는 걸 느낍니다. 하염없이 3년을 보내면서 '다시 이 업業에 복귀할 수 있을까'하는 회의도 있었거든요.
오키나와는 원래 느긋하기로 유명한 동네입니다. 도쿄나 오사카 같은 도시 생활에 지친 일본 본토 사람들이 다른 삶을 누리기 위해 찾는 곳이죠. 여유 있게 주 3일 영업, 4일 휴업을 하는 식당도 많고, 심지어 '전날 과음해서 오늘은 휴업'이라고 당당 하게 써 붙인 식당을 보고 망연자실했던 적도 있었습니다.
그랬던 그곳도 이제 여행객이 늘면서 사소하게나마 영업시간을 늘리고 있습니다. 분명 초저녁에 장사를 접었던 가게가 심야 영업을 하는 경우도 있고, 주 4일 놀던 식당은 '좀 너무 한다' 싶었는지 이번에 조사해 보니 주 3일로 바뀌었더군요. 뭐, 그 래도 웰빙인 건 마찬가지이지만요.

오키나와는 여전합니다. 미야코 취재를 위해 함께했던 일행들은 첫날 "아니, 이게 바다야?"를 연발하다가, 떠나는 날에는 "왜 매일 보던 바다인데 여기는 질리지 않 지?"라고 반문하더군요.
오키나와의 저변이 이번 판을 통해 더 확장되어서 기쁘기 그지없습니다.
그나저나 내년에는 또 이시가키를 포함한 '특대호'를 내야겠네요. 저는 열심히 비 행기 표를 예매하고 취재 계획을 잡겠습니다. 그 사이에 여러분은 오키나와로 멋진 여행을 떠나시면 됩니다. 내년에는 또 내년의 오키나와 여행지가 있을 테니까요.

**Thanks**

취재 여행에 동행해 주신 사다하루, 메이비, 이트윗은고양이가 님께 감사드립니다. 아울 러 AI 전문가 김경진, 우윤균, 정윤하, 채널 1995에게도 감사를 전합니다. 마지막으로 방송을 째고 취재 떠나게 해 주신 한석준, 선우경, 장수홍, 정고등, 백유빈 님께도 무한 한 애정을 표합니다.

**전명윤**　코로나 펜데믹 기간 동안 여행작가보다는 '아시아 역사·문화 탐구자'라는 이름으로 살아왔다. 여행을 배경으로 각 나라의 역사, 정치, 경제, 문화적 이야기를 엮어서 남들이 만들지 못하는 콘텐츠를 만드는 데 재능이 있다. 정통 시사주간지 시사IN에서 4년간 칼럼을 연재했으 며 얼마 전까지 한겨레에서 오피니언 칼럼을 썼다. 현재는 국악방송 '한석준의 문화시대'. 교통방 송 TBN '선우경의 주말특급'. 불교방송 '세계는 한 가족'에 고정 출연하고 있다.

**인스타그램** www.instagram.com/trimutri100

리얼 오키나와의 세계로 오신 걸 환영합니다

# 일러두기

- 이 책은 2025년 1월까지 취재한 정보를 바탕으로 만들었습니다. 정확한 정보를 싣고자 노력했지만, 여행 가이드북의 특성상 책에서 소개한 정보는 현지 사정에 따라 수시로 변경될 수 있습니다. 여행을 떠나기 직전에 한 번 더 확인하시기 바라며 변경된 정보는 개정판에 반영해 더욱 실용적인 가이드북을 만들겠습니다.

- 일본어의 한글 표기는 현지 발음에 최대한 가깝게 표기했습니다. 다만, 지명 중에서 현지에서 표현이 굳어진 단어와 인명 등은 국립국어원의 외래어 표기법을 따랐습니다. 우리나라에 입점된 브랜드의 경우에는 한국에 소개된 브랜드명을 기준으로 표기했습니다. 그 외 영어 및 기타 언어의 경우 국립국어원의 외래어 표기법을 따랐습니다.

- 대중교통 및 도보 이동시의 소요 시간은 대략적으로 적었으며 현지 사정에 따라 달라질 수 있으니 참고용으로 확인해주시기 바랍니다.

- 모든 스폿에 한글 검색어를 넣었습니다. 구글 맵스에 해당 검색어를 입력하면 손쉽게 스폿의 위치를 파악할 수 있습니다.

- 이 책에 수록된 지도는 기본적으로 북쪽이 위를 향하는 정방향으로 되어 있습니다. 정방향이 아닌 경우 별도의 방위 표시가 있습니다.

## 주요 기호

| 🏃 가는 방법 | 📍 주소 | 🕐 운영 시간 | ❌ 휴무일 | ¥ 요금 |
|---|---|---|---|---|
| 📞 전화번호 | 🏠 홈페이지 | 🅿 주차장 | 🔍 구글 맵스 검색명 | 🏃 명소 |
| 🎒 상점 | 🍴 맛집 | ✈ 공항 | | |

## 구글 맵스 QR코드

각 지도에 담긴 QR코드를 스캔하면 소개된 장소들의 위치가 표시된 구글 지도를 스마트폰에서 볼 수 있습니다. '지도 앱으로 보기'를 선택하고 구글 맵스 앱으로 연결하면 거리 탐색, 경로 찾기 등을 더욱 편하게 이용할 수 있습니다. 앱을 닫은 후 지도를 다시 보려면 구글 맵스 애플리케이션 하단의 '저장됨'-'지도'로 이동해 원하는 지도명을 선택합니다.

# 리얼 시리즈 100% 활용법

## PART 1
### 여행지 개념 정보 파악하기

오키나와에서 꼭 가봐야 할 장소부터 여행 시 알 아두면 도움이 되는 지역 특성에 대한 정보를 소 개합니다. 여행지에 대한 개념 정보를 수록하고 있어 여행을 미리 그려볼 수 있습니다.

## PART 2
### 테마별 여행 정보 살펴보기

오키나와를 가장 멋지게 여행할 수 있는 각종 테 마정보를 보여줍니다. 자신의 취향에 맞는 키워 드를 찾아 내용을 확인하세요.

## PART 3, 4
### 지역별 정보 확인하기

오키나와에서 가보면 좋은 장소들을 지역별로 소개합니다. 꼭 가봐야 하는 명소부터 저자가 발 굴해 낸 숨은 장소까지 오키나와를 속속들이 소 개합니다. 특히 파트 4에서는 케라마 제도와 미 야코 제도의 섬들을 소개하고 있어서 독특하고 깊이 있는 나만의 여행을 설계할 수 있게 합니다.

## PART 5
### 실전 여행 준비하기

여행 시 꼭 준비해야 하는 정보만 모았습니다. 예 약 사항부터 일정을 짜는 데 중요한 추천 코스 정보까지 여행을 준비하는 순서대로 구성되어 있습니다. 차근차근 따라하며 빠트린 것은 없는 지 잘 확인합니다.

차례

# Contents

# PART 1

## 미리 보는
## 오키나와 여행

# PART 2

## 가장 멋진
## 오키나와 테마 여행

# PART 3

# 진짜 오키나와를
# 만나는 시간

# PART 4

## 오키나와의 숨은 섬들을 만나는 시간

# PART 5

## 실전에 강한 여행 준비

# 미리 보는
# 오키나와
# 여행

# 오키나와 한눈에 보기

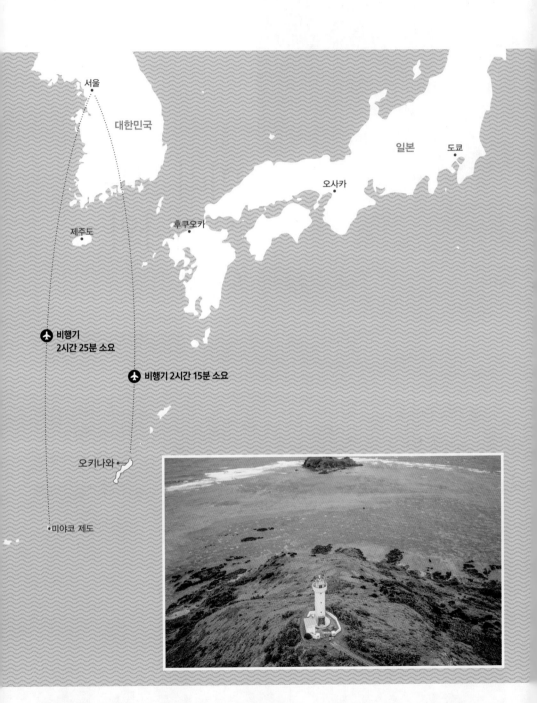

서울

대한민국

일본    도쿄

오사카

제주도

후쿠오카

✈ 비행기
2시간 25분 소요

✈ 비행기 2시간 15분 소요

오키나와

미야코 제도

## 케라마 제도

동중국해에 있는 작은 섬들로 이루어진 제도로 일찌감치 세계에서 가장 투명도가 높은 바다로 꼽히면서 다이빙의 성지로 추앙받는 곳이 되었다. 나하에서도 페리로 50분~2시간이면 족히 갈 수 있기 때문에 본섬과 함께 여행하기 좋다.

요른 섬

헤도 곶

이에 섬

나고

만자모

자마미 섬

나하

도카시키 섬

## 오키나와 본섬

오키나와의 정치·경제·교통·문화의 중심지다. 나하는 오키나와의 역사적 그리고 정신적 수도이자 여행자들에게는 오키나와 여행의 시작과 끝을 함께하는 관문 도시다.
오키나와에서 가장 유명한 관광지인 '츄라우미 수족관'은 나하공항에서 차로 2시간 정도 걸리는 북부에 있다. 중부 서해안에는 훌륭한 비치가 많아 리조트들이 몰려 있고 만자모같이 멋진 바다 풍경을 감상할 수 있는 스폿들도 많다.

## 미야코 제도
• 이케마 섬

• 이라부 섬
시모지 섬

• 미야코 섬

쿠리마 섬 •

## 미야코 제도

오키나와 남부에 있는 또 하나의 제도. 미야코 블루로 대표되는 아름다운 바다가 끝없이 펼쳐진 곳이다. 오키나와에서 가장 개발이 더딘 곳이라 때묻지 않은 순수한 자연을 만끽할 수 있다. 속칭 일본의 몰디브라고 불린다.

# 오키나와 기본 정보

## 오키나와

**일본 최남단에 있는 지역으로**
일본 내 중고등학생들의 수학여행지로
유명한 관광지다.

## 비행 시간

인천, 부산에서 **약 2시간 15분**

## 시차

시차가 없다.

## 통화

일본의 엔円을 사용하며
표기는 ¥로 한다.

## 비자

한국인은 관광 목적일 경우
**최대 90일까지 무비자로**
여행할 수 있다.

## 화폐

 1엔
 5엔
10엔
50엔
100엔
500엔

1,000엔

5,000엔

10,000엔

## 환율

### 100엔 = 약 960원

★ 2025년 2월 기준

## 환전

일본은 신용카드 사용이 안 되는 곳이 많다.
기본적으로 엔화 현금으로 여행한다고 생각하자.
한국에서 엔을 환전해도 되고,
ATM에서 엔화를 인출해도 된다.

## 전압

100V로 2구 전기 콘센트 플러그를 사용한다.
우리가 가지고 있는 제품 대부분은
100~240V 사용이 가능한 프리볼트라서 변압기 없이
사용이 가능하다. 단 콘센트 모양이 달라
변환 플러그가 있어야 한다. 요즘은 다이소만
가도 변환 플러그를 쉽게 구할 수 있다.

## 면적

2281㎢로 한국의 제주도보다
**23%가량 더 크다.**

## 인구

### 146만 명
제주도가 67만 명인 것과 비교하면
인구밀도 자체는 꽤 높은 편이다.

## 언어

일본어를 쓰지만, 노인들은 오키나와
고유 언어인 류큐어를 사용하는 경우도 많다.
몇몇 류큐어 단어는 현재도 쓰이고 있다.
**대표적인 것이 인사말인 '하이사이',
어서오세요, 환영합니다라는 뜻의
류큐어인 '멘소레' 등이다.**

## 기후

일년 내내 온화한 날씨를 자랑한다.
**해수욕 가능 시기는 4~10월.
장마철은 5월 중순부터 6월 중순까지다.**
적도 부근에서 발생한 태풍이 북상하는 길목인데다가
오키나와 근처에서 발생하는 태풍도 많기 때문에
일기예보를 항시 주시해야 한다.

## 전화

· 대한민국 국가번호 +82
· 일본 국가번호 +81
### · 오키나와 지역번호 098

## 긴급 연락처

**대한민국 대사관**
주일본 대한민국 대사관은 도쿄에
총영사관은 고베, 나고야, 니가타,
삿포로, 센다이, 오사카, 요코하마, 히로시마,
후쿠오카에 있다. 오키나와에서는
후쿠오카 총영사관을 이용해야 한다.

**후쿠오카 대한민국 총영사관**

📍 福岡市 中央区 地行浜 1-1-3
📞 +81 92 771-0461~2(업무 시간 내)

# 키워드로 보는 오키나와

## 츄라우미 美ら海

'아름다운 바다'라는 뜻으로 에메랄드빛을 띠는 오키나와
의 바다를 말한다. 압도적인 바다의 아름다움은 츄라우미
수족관에서도 직간접적으로 느낄 수 있다.

## 태풍

태풍 발생 뉴스가 나온 지 2~3일 만에 태풍이
오키나와를 직격하는 경우도 많다. 잦은 태풍
때문에 오키나와는 깃발을 간판 대용으로 사
용하는 편이다. 입간판은 거의 볼 수가 없다.

## 노출 콘크리트

노출 콘크리트 건물이 많고 집을 지을 때 돌을
많이 사용한다. 간판도 페인트를 사용해 벽에
그리거나 작은 크기의 간판이 대부분이다. 이
모든 것이 태풍과 바람이 많은 오키나와 날씨
때문이라고 한다.

## 시사

건물 입구나 지붕 위에는 다양
한 모양의 시사シーサー가 있다.
액막이를 위한 것으로, 수놈은
입을 벌려 복을 받아 들이고 암
놈은 복이 빠져나가지 못하게
입을 다물고 있다.

Keyword 05

## 류큐 왕국

1879년 이전까지 오키나와는 일본이 아니라 류큐 왕국이었다. 망국의 한을 어렴풋하게나마 전해 들으며 자라난 오키나와 노인들에게 류큐는 아직까지도 가슴 뛰는 이름이다.

Keyword 06

## 찬푸르

오키나와식 모둠 볶음 요리를 찬푸르라고 한다. 찬푸르의 어원은 인도네시아 요리에서 넘어왔는데, 인도네시아에서는 밥과 여러 반찬을 한데 먹는 걸 참푸르라고 한다. 일본 본토, 동남아, 중국, 미국의 영향을 고루 받은 오키나와의 문화를 통칭해 찬푸르 문화라고도 부른다.

Keyword 07

## 미군 기지

1879년 일본에 무력으로 점령당했고, 태평양 전쟁으로 일본이 패전한 1945~1972년까지 27년간 미국의 통치를 받았다. 일본으로 반환된 지금도 오키나와엔 미군 기지가 남아 있다.

Keyword 08

## 미국 문화

오랜 미군정 시대를 겪은 탓에 오키나와 곳곳엔 일본 본토와는 다른 미국풍이 느껴지곤 한다. 실제로 스테이크는 일본 본토 여행자들에게 오키나와 전통 요리처럼 여겨지고 있으며, 미국식 햄버거와 아이스크림을 일본에서 최초로 맛볼 수 있던 곳이기도 하다. 특히 스팸은 오키나와 식재료의 정점 중 하나인데, 초밥이나 된장국에도 스팸이 들어간다.

# 오키나와 여행 캘린더

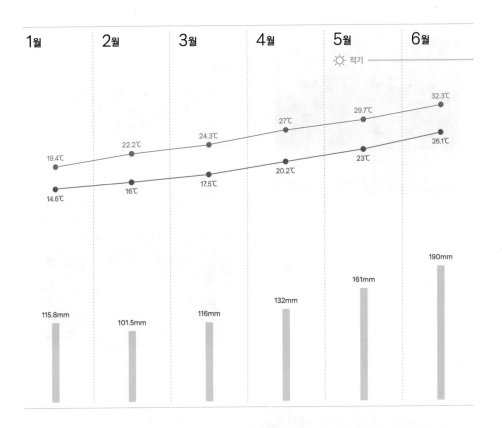

| 1월 | 2월 | 3월 | 4월 | 5월 | 6월 |
|---|---|---|---|---|---|

☀ 적기

19.4℃ 22.2℃ 24.3℃ 27℃ 29.7℃ 32.3℃

14.6℃ 16℃ 17.5℃ 20.2℃ 23℃ 26.1℃

115.8mm 101.5mm 116mm 132mm 161mm 190mm

## 오키나와 해수욕 최적기는 5~10월

1년 내내 20℃를 넘는 따뜻한 날씨다. 기본적으로는 사계절이지만 여름이 가장 길고 태풍이 잦다.
섬 특유의 변화무쌍한 날씨는 때론 신비롭지만, 곤혹스러울 때도 많다.

## 겨울 1~2월

말이 겨울이지 영상 10도 이하로 내려가는 날은 없다.
단, 바람이 많이 불어 추울 수 있다. 1월 중순부터 벚꽃이 피기 시작하는데, 야에다케산 쪽에는 벚꽃 가도가 펼쳐진다.

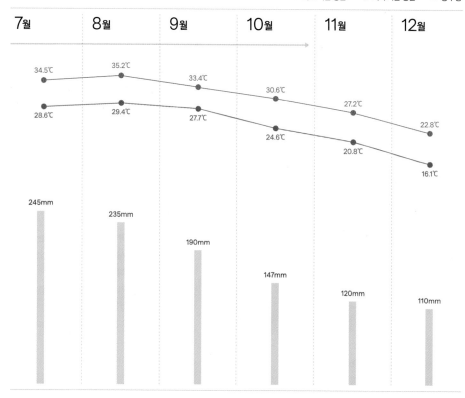

| 7월 | 8월 | 9월 | 10월 | 11월 | 12월 |

34.5℃ · 35.2℃ · 33.4℃ · 30.6℃ · 27.2℃ · 22.8℃

28.6℃ · 29.4℃ · 27.7℃ · 24.6℃ · 20.8℃ · 16.1℃

245mm · 235mm · 190mm · 147mm · 120mm · 110mm

## 봄 3~4월, 가을 10~12월

대체로 우리나라 5월 날씨와 비슷하다. 래시가드를 착용한다는 전제하에 4월과 11월의 한낮은 해수욕도 가능하며, 다이빙은 겨울철에도 가능하다. 12월 중순~1월 중순은 확실히 쌀쌀해진다.

## 여름 5~9월

5월 중순부터 6월 중순은 장마철에 속하지만 비가 오지 않는 날엔 해수욕도 가능하다.
장마가 끝나자마자 폭염이 몰려오는데, 이러다가 타버리는 게 아닐까 싶을 정도로 뜨겁다. 늦여름인 9월엔 태풍 러시가 시작된다.

### 일본의 공휴일

| | |
|---|---|
| • 1월 1일 | 설날 |
| • 2월 11일 | 건국 기념일 |
| • 2월 13일 | 덴노 탄생일 |
| • 3월 21일 | 춘분 |
| • 4월 29일 | 쇼와의 날(골든위크 시작) |
| • 5월 3일 | 헌법 기념일 |
| • 5월 4일 | 녹색의 날 |
| • 5월 5일 | 어린이 날 |
| • 9월 16일 | 경로의 날 |
| • 9월 23일경 | 추분의 날 |
| • 10월 둘째 주 | 월요일 체육의 날 |
| • 11월 3일 | 문화의 날 |
| • 11월 23일 | 근로 감사의 날 |

(1) 오키나와에 왔음을 인증하는
**만자모(중부)**

(2) 거대한 고래상어와 만타가 유영하는
**츄라우미 수족관(북부)**

(5) 자마미 섬에 있는 환상적인 비치
**후루자마미 비치(케라마 제도)**

온화한 기후와 짙푸른 바다 말고는
오키나와에 대해 딱히 떠오르는 게 없었다면
이 페이지를 눈 여겨 보자.
놓치기엔 너무나도 아쉬운 특별한 경험을
선사할 BEST 10 여행지만
잘 따라가도 풍성한 여행이 될 것이다.

(7) 호텔, 맛집, 쇼핑몰이 있는
**아메리칸 빌리지(중부)**

(8) 스노클링과 다이빙의 성지
**마에다 곶(중부)**

오키나와가 독립국임(류큐 왕조)을 확인할 수 있는
**슈리성(나하)**

관광객들의 성지
**국제거리(나하)**

# 오키나와 여행지
# BEST 10

순백의 산호 모래사장, 바닥까지 비치는 투명한 바다
**도구치 해변(미야코 제도)**

오키나와 본섬에서 가장 길고 아름다운
**코우리 대교(북부)**

미야코 블루라는 신화를 만들어낸 아름다운 해변
**요나하 마에하마 비치(미야코 제도)**

# 오키나와 체험 BEST 6

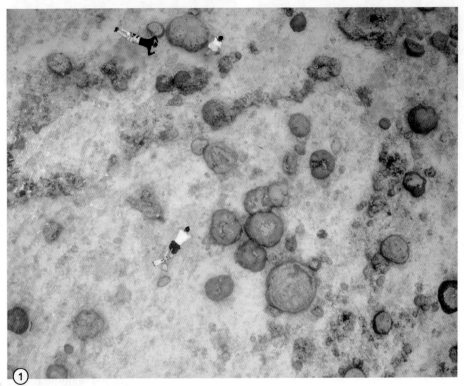

① 간단한 장비만으로도 바다를 충분히 즐길 수 있는
**스노클링**

③ 매년 12월부터 4월까지 자마미 섬을 찾는
**혹등고래 투어**

④ 바닥이 투명한 보트를 타고 바닷속을 관찰하는
**글라스 보트**

②
본격적으로 바다의 신비로움을 즐기는
**스쿠버다이빙**

⑤
여유롭게 여행의 피로를 풀어주는
**온천**

⑥
맹그로브 숲이 있는 강에서 여유롭게 즐기는
**카약**

# 오키나와의 역사

오키나와 여행에 앞서 역사를
훑어보는 건 필수다.
현재의 오키나와가 비극적 역사와
깊이 연관되어 있고 미완의 역사가
여전히 진행 중이기 때문이다.

## 역사 이전 시대

오키나와에 사람이 살았던 흔적 중 가장 오래된 것은 약 3만 2천 년 전으로 보인다. 약 2만 년 전까지만 해도 중국과 한반도, 일본과 오키나와는 모두 육지로 연결되어 있었기 때문에 자유로운 왕래가 가능했을 것으로 추정된다.

한편 1986년 요나구미 섬与那国島 지하에서 해저 유적으로 보이는 거대 석조물이 발견됐다. 오키나와 고대 문명설, 초고대 문명설, 자연지형설, 12세기 문명설등 다양한 의견들이 갑론을박 중인데, 오키나와 사람들은 2만 년 전으로 추정되는 고대 문명설에 방점을 찍는 분위기. 현재까지도 수중탐사가 이루어지고 있는데, 역사 이전 시대 부분이 어떻게 바뀔지 여전히 의문이다.

오키나와가 외부 사람들에게 알려진 것은 610년, 중국 수나라의 해군 제독에 의해서다. 그는 황제에게 올린 장계를 통해 '류큐인들은 용명하고 전쟁을 좋아하며, 식인을 한다'고 기술해 오랜 기간 오키나와는 타이완과 함께 식인 문화가 있다고 알려져 있었다.

이즈음 각 나라의 항해술이 발달하며 일본도 오키나와의 존재를 인식하게 된다. 오키나와를 처음 언급한 일본서기에 의하면 616년 류큐인 30명이 일본으로 건너와 영주했다는 기록이 남아 있다.

## 구스쿠 グスク 시대

원시적인 형태의 국가가 발생하기 시작한 건 12세기 이후. 성곽 건축이 등장하고 농경 기반 사회가 출현한다. 갑자기 오키나와 전역에서 등장한 급격한 문명화에

대해서는 이런저런 설이 있는데, 한국에선 삼별초의 대몽 항쟁 잔여 세력이 오키나와까지 건너갔다는 설을 주장하는 학자들이 있다. 각지에 산재해 있던 세력들은 14세기쯤 오키나와의 본섬을 크게 셋으로 나눴다. 즉 현재의 난조 시南城市를 중심으로 한 남산南山, 나하 시를 중심으로 하는 중산中山 그리고 나키진今帰仁을 중심으로 한 북산北山이 그것이다.

삼산은 각각 이웃 국가들과 수교 관계를 맺고 조공을 보냈는데, 특히 중산의 경우는 조선과도 사대 관계를 맺었다.

## 류큐 왕국琉球王國 시대

불안정했던 삼산 시대는 1429년 나하에 기반을 둔 쇼하시尙巴志에 의해 통일된다. 본격적인 류큐 왕국의 탄생이다. 류큐는 지리적 위치를 적극 활용해 중국, 조선, 일본은 물론 오늘날 말레이지아 땅인 말라카Malacca까지 무역선을 파견, 중계 무역 국가로 번영을 누린다. 그동안, 일본은 100년간의 전국 시대를 끝내고 도요토미 히데요시豊臣秀吉(1536~1598)에 의해 통일이 이루어진다. 토요토미 히데요시는 조선을 침공하기 전, 속국이라 분류하던 류큐 왕국에도 전쟁 비용으로  쌀을 공출할 것을 명령했지만, 류큐 왕국은 조선과의 관계를 들어 이를 거절한다. 조·일 전쟁 이후 일본을 지배하게 된 에도 막부幕府는 류큐 왕국이 친중국적 외교 정책을 펴며 막부의 요구를 무시한다는 이유로 사쓰마번薩摩藩의 류큐 침공을 허용한다.

## 사쓰마薩摩 지배 시기

정벌군의 규모는 80척의 함정과 3,000명의 병력에 불과했지만 오키나와 북단인 아마미 섬奄美島부터 차근차근 점령해 나갔다. 일부 지역에서는 강력한 저항이 있었고, 심지어 천여 명의 류큐군 병력이 사쓰마군을 포위한 적도 있었다. 하지만 신무기 조총의 무서움에 그저 연전연패만 했을 뿐이다. 3월 25일 사쓰마군은 오키나와 본섬 북단 나키진에 상륙했지만, 삼산 시절 가장 강력한 성을 구축했던 나키진의 성주는 성을 비우고 달아난 상태였다. 변변한 전투 없이 일주일만인 4월 1일 류큐 왕국은 항복했다. 하지만 사쓰마는 류큐 왕국을 존속시켰다. 이유인즉, 류큐 왕국이 중국에 2년에 한 번씩 사절을 보낼 수 있는 권리가 있었기 때문이라고. 이는 중세 사회에서 중국과의 정기적인 조공무역이 얼마나 중요했는지를 알 수 있는 대목이다. 이후 조공무역의 과실을 모두 사쓰마가 가져갔다. 막부는 사쓰마번을, 사쓰마번은 류큐 왕국을, 류큐 왕국은 오키나와 본섬을, 오키나와 본섬은 미야코 제도와 야에야마 제도를 다중 지배하는 지경에 이르게 된다. 사쓰마의 수탈은 상상을 초월했다. 할당량을 책임져야 했던 무능력한 류큐 왕조는 오키나와 본섬 이외의 지역에는 인두세人頭稅까지 거둬들였고, 미야코 제

도에서는 가혹한 세금을 피하고자 임산부들을 죽이거나, 모임을 가장해 늦은 사람을 죽여야 하는 끔찍한 시절을 20세기 초까지 견뎌야 했다.

수탈에 참다못한 섬 사람들 일부는 탈출을 감행했고, 이를 막기 위한 항행 금지가 이루어졌다. 어업도 할 수 없는 상황. 이쯤에 자색고구마가 오키나와에 전해지지 않았다면 엄청난 아사자들이 발생했음은 불을 보듯 뻔한 일. 오키나와의 해초 요리가 발달하게 된 것도, 항행 금지의 여파였다.

무엇보다 사쓰마번이 오키나와에서 주목한 건 귀한 설탕을 만들 수 있는 사탕수수였다. 식민지가 피식민지를 지배할 때 건설하는 대규모의 농장은 오키나와 사례가 최초다. 몇몇 지역에서는 쌀 재배를 금지하고 모든 땅에 사탕수수를 심게 했다. 오키나와 사람들은 사탕수수를 헐값에 팔고, 사쓰마의 쌀을 비싼 값에 사 먹어야 했다. 그러는 와중에 세금은 또 쌀로 걷었다. 오키나와의 피눈물인 사탕수수는 사쓰마에 의해 일본 전역으로 퍼졌고, 오늘날 달콤한 맛을 중시하는 일본 요리의 기반은 오키나와의 희생으로부터 이루어졌다.

그리고 후일의 일이지만, 이렇게 사탕수수 무역으로 떼돈을 번 사쓰마가 메이지유신明治維新 시대, 결국 막부까지 무너뜨린다.

## 1879년 류큐 처분琉球處分

1868년 막부는 붕괴됐고 천황이 다시 일본의 지배자로 떠올랐다. 1879년 고작 160명의 경찰관과 400명의 군인으로 재차 오키나와에 침입해 류큐 왕국을 멸망시키고 그 자리에 오키나와 현을 설치한다. 성터였던 슈리성엔 일본 군대가 머물렀고 류큐 언어는 사용이 금지됐다. 대대적인 창씨개명으로 오키나와 사람들은 모두 일본식 이름을 가지게 되었다. 1879년의 류큐 처분은 일본이 제국주의로 가는 첫 번째 걸음이었다. 류큐 처분 3년 전 조선이 일본의 무력에 굴복해 강화도조약江華島條約을 맺고 강제 개항했고, 류큐 처분 31년 후, 조선이 일본에 의해 멸망했다.

## 철의 폭풍

제2차 세계대전 중 일본이 아시아를 지배하려는 야욕은 1941년 12월 미국령이었던 하와이의 진주만을 기습하면서 절정에 달한다. 초반 6개월은 홍콩, 싱가포르, 말레이시아, 필리핀까지 차지하며 잘나갔다. 하지만 미드웨이 해전ミッドウェー 海戦의 대패로 이내 열세에 몰리게 되고 미국의 대대적인 물량 공세가 시작된다.

일본 본토에 대한 미군의 공격은 시간문제였고, 일본군은 오키나와를 방패 삼아 미군의 진격을 저지하려고 했다. 1945년 4월 1일 미군이 오키나와 본섬, 가네코嘉手納에 상륙을 시작, 같은 해 6월 20일 종료한다. 이 기간에 오키나와에 떨어진 포탄 수만 271만 6천 발, 인구 1인당 약 6발의 포탄이 떨어진 셈이다.

특히 민간인들의 희생이 눈에 띄는데, 당시 일본군은 미군에게 잡히면 남자는 찍어 죽이고, 여자는 성폭행한 후 죽인다고 겁을 줘 자살로 내몰았다.

오키나와 전투 당시의 민간인 사망자에 대해서는 전수조사가 이루어지지 않았고, 현재까지 민간 조사단이 발굴해 낸 사례만 천여 건이 된다.

일본군은 오키나와 전투로 미군을 질리게 하는 목표는 달성했지만, 질려버린 미군은 전쟁을 빨리 끝내기 위해 나가사키長崎와 히로시마広島에 두 발의 원자폭탄을 떨어뜨렸다. 일본은 애꿎은 오키나와 사람만 죽게 만든 채, 결국 항복했다.

## 미국령 오키나와

선택할 수 없는 삶의 비극은 계속 이어졌다. 전쟁 이후, 오키나와는 1972년까지 미군의 지배를 받는다. 1950년 한국전쟁이 발발했고 오키나와는 이내 미국의 주요 병참기지로 재확인되며 군사기지화 된다. 그리고 이어진 베트남전에서 오키나와의 군사적 중요성은 각인되고야 만다. 오키나와의 미군기지에서 뜬 B52 폭격기는 베트남 상공에 수많은 폭탄과 고엽제를 살포했다.

한편 미국령 시기 오키나와에 미국과 같은 자가용 위주의 문화가 확립되며 대중교통망이 일본에서 가장 부실한 지역이 되었고, 스팸이나 햄버거 같은 미국식 정크 푸드들이 식탁을 지배하기 시작했다. 오랜 기간 장수 지역으로 유명했던 오키나와가 미국식 음식을 먹고 자란 사람들 덕에 단명 지역이 되고 있다.

## 일본 복귀

1969년 일본과 미국은 오키나와를 일본에 반환할 것을 합의한다. 1972년 오키나와는 일본에 반환됐다. 오키나와의 면적은 일본 국토의 0.3%에 불과하지만 일본 내 미군지의 70%를 떠안고 있다.

오키나와 사람들은 지금도 평화를 목 놓아 부르짖고 있지만, 일본 본토의 정치세력은 요지부동이다.

# 추천 여행 코스

## COURSE ①
## 오키나와 맛보기 2박 3일

### DAY 1
**한국에서 오키나와로 + 나하 관광**

- 오키나와로 출발

  비행기 2시간 10분
- 나하 국제공항 도착

  모노레일+도보 10~20분
- 점심, 류큐차방 아시비우나

  도보 5분
- 슈리성

  도보 5분
- 긴조우초 돌다다미길

  차 10분 또는 모노레일+도보 30분
- 저녁, 마쓰모토

  도보 10분
- 국제거리

### DAY 2
**중·북부 관광**

- 아사히바시 역, 버스터미널

  도보 5분
- 투어 버스(B 코스) 출발

  투어버스
- 만자모

  투어버스
- 점심(투어 상품에 포함)

  투어버스
- 츄라우미 수족관

  투어버스
- 나키진 성터

  투어버스
- 나고 파인애플 파크

  투어버스
- 나하 버스터미널 도착

  도보 10분 또는 차 5분
- 저녁, 잭 스테이크

  차 7분 또는 도보 16분
- 술집, 우오지마야

### DAY 3
**온천욕 + 오키나와에서 한국으로**

- 공항(코인라커에 짐 보관)

  택시 15분
- 세나가지마 호텔 온천욕

  도보 5분
- 우미카지 테라스

  택시 15분
- 나하 국제공항 도착

# COURSE ②
# 가족여행 3박 4일

## DAY 1
**한국에서 오키나와로 + 아메리칸 빌리지**

- 오키나와로 출발
  - 비행기 2시간 10분
- 나하 국제공항 도착
  - 픽업차 5분
- 렌터카 픽업
  - 차 10~15분
- 점심, 시마규
  - 차 20~30분
- 숙소(중부)
  - 차 15분 또는 도보 5~10분
- 아메리칸 빌리지
  - 도보 10분
- 저녁, 구루메 회전초밥
  - 도보 5~10분
- 이온몰
  - 도보 5~10분
- 테르메 빌라 츄라유
  - 도보 5~10분
- 숙소

## DAY 2
**오키나와 중·북부 관광**

- 류큐무라
  - 차 20~25분
- 점심, 우민츄 식당
  - 차 35분
- 만자모
  - 차 30분
- 휴게소, 미치노에키 쿄다
  - 차 40~50분

- 츄라우미 수족관
  - 차 5~10분
- 저녁, 쥬베이
  - 차 5~10분
- 숙소

## DAY 3
**숙소 휴식 + 북부 관광**

- 점심, 캡틴 캥거루
  - 차 35~40분
- 코우리 대교
  - 차 6분
- 코우리 오션 타워
  - 차 25분
- 티타임, 야치문킷샤 시사엔
  - 차 30분
- 비세마을 후쿠기 가로수길
  - 차 40분
- 저녁, 만미
  - 차 7분
- 이온몰 & 돈키호테 나고점
  - 차 10~20분
- 숙소

## DAY 4
**오키나와에서 한국으로**

- 나하 국제공항 도착

# COURSE ③
# 케라마 제도를 포함한 4박 5일

## DAY 1
**한국에서 오키나와로**

- 오키나와로 출발

  비행기 2시간 10분
- 나하 국제공항 도착

  모노레일+도보 10~20분
- 숙소(짐 보관)

  도보 10~20분
- 점심, 유우난기

  도보 15분
- 쓰보야 도자기 거리

  도보+모노레일 30분
- 슈리성

  도보 5분
- 긴조우초 돌다다미길

  도보 10~15분
- 저녁, 류큐차방 아시비우나

  도보+모노레일 30분
- 숙소(나하)

## DAY 2

- 토마린 항

  고속선 35분
- 토카시키 항

  정기버스 15~20분
- 아하렌 비치

  도보 10~15분
- 점심

  도보 10~15분
- 아하렌 전망대

  도보 10~15분
- 아하렌 마을 돌아다니기

  정기 버스 15~20분
- 토카시키 항

  페리 1시간 10분
- 토마린 항

  도보 5~15분
- 숙소

  도보 10~20분 또는 차 10분
- 저녁, 잭 스테이크

  차 10분
- 숙소

# COURSE ④
# 북부에 숙소를 둔 3박 4일

## DAY 1
**한국에서 오키나와로**

- 오키나와로 출발
  - 비행기 2시간 10분
- 나하 국제공항 도착
  - 픽업차 5분
- 렌터카 픽업
  - 차 1시간 20분
- 점심, 우민츄 식당
  - 차 15분
- 요미탄 도자기 마을
  - 차 30~40분
- 만자모
  - 차 25분
- 휴게소, 미치노에키 쿄다
  - 차 25분
- 석양 포인트 (6~8월 기준)
  - Map Code 206 766 257, 좌표 26.631271, 127.8864431
  - 차 15분
- 숙소(북부)

## DAY 2

- 츄라우미 수족관
  - 도보 5분
- 오키짱 극장
  - 도보+관람차 20분
- 에메랄드 비치
  - 차 30분
- 코우리 대교
  - 차 10분
- 점심, 시라사
  - 차 5분
- 하트 록
  - 도보 10분
- 도케이 비치
  - 차 35분
- 저녁, 우후야
  - 차 30분
- 마하이나 엔카와 온천
  - 차 15분
- 숙소

## DAY 3

- 비세마을 후쿠기 가로수길과 비세자키

  차 30~40분
- 세소코 비치

  차 30분
- 점심, 나고어항 수산물 직판소

  차 30분
- 류큐무라

  차 20분
- 잔파 곶/ 잔파 비치

  차 1시간
- 해중도로 일주

  차 30분
- 이온몰 오키나와 라이카무

  차 20분
- 저녁, 히토시즈쿠

  차 45분
- 숙소

## DAY 4

**오키나와에서 한국으로**

- 렌터카 반납

  픽업차 15분
- 나하 국제공항 도착

# COURSE ⑤
## 아메리칸 빌리지에 숙소를 둔 커플 3박 4일

### DAY 1
**한국에서 오키나와로**

○ 오키나와로 출발

　비행기 2시간 10분

○ 나하 국제공항 도착

　픽업차 5분

○ 렌터카 픽업

　차 15분

○ 점심, 야기야

　차 35분

○ 니라이·카나이 다리

　차 10분

○ 티타임, 해변의 차야

　차 5분

○ 미이바루 비치

　차 40분

○ 저녁, 산스시

　차 20분

○ 숙소

### DAY 2

○ 푸른동굴 픽업

　픽업차 1시간

○ 마에다 곶

　도보 5분

○ 스노클링 또는 스쿠버다이빙 시작

　스노클링 또는 스쿠버다이빙

○ 스노클링 또는 스쿠버다이빙 종료, 샤워

　픽업차 1시간

○ 숙소

　차 10분

○ 점심, 트랜짓 카페

　차 30분

○ 류큐무라

　차 5분

○ 간식, 온나노에키

　차 30분

○ 선셋 비치

　도보 5분

○ 아메라칸 빌리지

　도보 5분

○ 저녁, 킨파긴파

　도보 5분

○ 숙소

## DAY 3

- 휴게소, 미치노에키 쿄다

  차 30분

- 츄라우미 수족관

  도보 5분

- 오키짱 극장

  차 15분

- 점심, 기시모토 식당

  도보 2분

- 간식, 아라가키 젠자이

  차 30분

- 코우리 대교

  차 7분

- 하트 록, 도케이 비치

  차 1시간

- 만자모

  차 30분

- 저녁, 섬야채 식당 타안다

  차 30분

- 테르메 빌라 츄라유

  도보 5~15분

- 숙소

## DAY 4

### 오키나와에서 한국으로

- 아침, 오하코르테 베이커리 또는 미소메시야 마루타마

  차 20분

- 렌터카 반납

  픽업차 10분

- 나하 국제공항 도착

PART 2

가장 멋진
오키나와
테마 여행

## THEME 1
# 지역별 해변과 리조트

## 중부 서해안 비치

중부 서해안 최고의 프라이빗 비치
### 니라이 비치

- **장점** 물이 맑고 한적하다. 가족적인 분위기.
- **거리** 나하공항에서 차로 1시간 10분

👍 **추천 리조트 | 호텔 닛코 아리비라**

바다거북의 산란지였던 곳. 환경을 최대한 해치지 않는 선에서 개발해, 호텔이 들어섰다. 산란기가 되면 출입 금지 라인이 쳐지고 바다거북은 비치까지 올라와 알을 낳는다고 한다.

남북으로 긴 오키나와는 해안선을 따라 크고 작은 해변들이 각각의 매력을 뽐낸다.
아름다운 해변에는 어김없이 리조트들이 자리하고, 각종 편의시설까지 더해져 휴양지 느낌을 더한다.
그중에서도 대표 해변과 리조트를 소개한다.

모든 액티비티를 즐길 수 있는 팔방미인
# 만자 비치

- **장점** 규모, 수질, 모래 모두 훌륭하다. 다양
  한 해양스포츠 프로그램이 많다.
- **거리** 나하공항에서 차로 1시간

👍 추천 리조트
**ANA 인터컨티넨탈 만자 비치 리조트**
최고급 리조트로 멀리 만자모 절벽이 보이는 고즈넉
한 해변에 위치.

# 동해안 비치

스노클링 포인트로 각광받는

## 무루쿠하마 비치

- **장점** 해변 안에 두 섬이 있어 파도가 잔잔하고 물이 맑다.
- **거리** 나하공항에서 차로 1시간 20분

👍 **추천 리조트 | 호텔 하마리가시마 리조트**
본섬에서 꽤 외진, 하마히가 섬에 있는 조용한 리조트의 끝판왕.

# 북부 비치

### 북부의 인기 해변
## 세소코 비치

- **장점** 수영과 스노클링이 모두 가능. 800m 가량의 널찍한 백사장
- **거리** 나하공항에서 차로 1시간 30분

👍 **추천 리조트 | 힐튼 오키나와 세소코 리조트**
2020년에 오픈한 호텔. 세소코 비치 바로 앞에 위치하고 있어 석양 및 조망권이 환상적이다.

### 고즈넉한 분위기
## 오쿠마 비치

- **장점** 천연 산호모래 해변으로 순백 그 자체다.
- **거리** 나하공항에서 차로 2시간

👍 **추천 리조트 | 오쿠마 프라이빗 비치 & 리조트**
본섬 북부 끄트머리에 위치한 최고급 리조트. 이름처럼 프리이빗함을 즐길 수 있다.

# THEME 2
# 스노클링 비치

오키나와 본섬에서 가장 대중적인 스폿은 중부에 있는 마에다 곶이다. 푸른 동굴이라고도 불리는데,
해안 절벽에 바다로 연결되는 계단이 있어 비치 스노클링과 스쿠버다이빙이 가능하다.
츄라우미 수족관에서 가까운 비세자키 해변에서는 자유로운 스노클링을 즐긴다.
진정한 바닷속의 아름다움을 만끽하고 싶다면 케라마 제도의 토카시쿠 비치나 후루자마미 비치에 가자.

**오도 비치** 米須海岸 <남부>

날카로운 돌들이 많고 수심이 깊은 편이라 어린아이에게는 부적합하다. 물고기는 많은 편.

## 토카시쿠 비치 케라마 제도

물이 점차 깊어지는 지형이라 스노클링을 즐기기에 최적인 비치. 바다거북의 산란 장소이자 서식지라 스노클링 도중 바다거북을 볼 수도 있고, 산호와 물고기를 감상하기에 좋은 곳이다.

### 스노클링을 위한 준비물

스노클링은 수면 위에 떠서 바닷속을 보는 일종의 해양 스포츠다. 마스크를 통해 물속을 바라보고, 마스크에 고정된 빨대인 스노클로 숨을 쉰다. 오리발을 착용하면 이동이 한결 수월해진다.

이런 장비는 현지에서 빌려도 되고, 장만해도 된다. 여러 번 바다에 들어갈 예정이라면 몇 가지 정도는 구입하는 것도 고려해 보자. 마스크, 스노클, 오리발을 스노클링 3종 세트라고 한다.

- **스노클** 입에 꽉 물고 입으로 숨을 쉰다. 가장 먼저 장만한다.
- **마스크** 코가 덮이는 물안경. 물안경 주변의 실리콘 부위가 얼마나 정밀하게 얼굴 표면에 밀착하느냐가 기술이다.
- **오리발** 핀이라고 한다. 바다는 기본적으로 파도가 있기 때문에 어지간한 맨발의 수영 실력으로는 좀처럼 나아가기가 힘들다.
- **래시가드** 스노클링은 산호초가 많은 얕은 바다에서 주로 이루어지기 때문에 파도에 떠밀려 찰과상을 입을 우려가 많다. 때문에 스노클링 시 몸을 보호할 수 있는 옷이 필요한데 이걸 래시가드라고 부른다. 3종 세트에는 빠져 있지만, 오키나와에서는 필수다.
- **스노클링용 구명조끼** 수영을 못하는 사람이 부력을 확보하기 위해 착용하는 장비다. 물에서 어느 정도 팔을 자유롭게 가눠야 하기 때문에 일반 구명조끼에 비해 얇은 편이다.
- **아쿠아슈즈** 발을 보호하는 용도의 물놀이용 신발이다. 아쿠아슈즈 위에 오리발을 착용한다.

## 안전을 위한 다섯 가지 원칙

### ① 부력을 확보한다.
물에 제대로 뜰 자신이 없으면 무조건 구명조끼를 착용하자. 안전이 제일이다.

### ② 혼자 물에 들어가지 마라.
물에서는 어떤 상황이 발생할지 모른다. 2인 1조 원칙 엄수.

### ③ 자만은 금물
수영을 못해도 스노클링을 즐길 수 있지만, 수영을 잘한다고 무조건 스노클링을 잘할 수 있는 것은 아니다. 스노클링은 장비에 대한 의존도가 높은 편이다 보니, 장비 사용법을 꼼꼼히 익혀야 한다. 난 수영을 잘하니 문제 없을거라는 마음가짐은 위험하다.

### ④ 준비 운동
구명조끼가 주는 안도감 때문인지, 준비운동을 생략하는 사람이 많다. 쥐가 나면 몸이 굳어 몸의 균형을 잡을 수가 없다. 수영할 때처럼 안전에 대한 대비는 철저히 하자.

### ⑤ 여기는 어디인가?
스노클링을 즐기는 장소가 어디인지, 날씨는 어떤지, 해변에 안전요원은 상주하는지 여부를 반드시 확인하자. 오키나와에는 외진 해변이 많다. 이런 곳을 물색했다면 근처에 있는 큰 해변으로 가서 분위기 파악을 하자.

## 비세자키 북부

츄라우미 수족관에서 가까운 비세마을 끝자락에 있는 작은 해변. 천혜의 자연환경을 가지고 있어 여행자들 사이에서 입소문이 자자한 명소다.

## 마에다 플랫 Maeda Flats 중부

마에다 곶 왼쪽에 있는 스노클링 포인트. 편의시설도 가까이 있어 이용이 편리한 게 장점. 산호가 많아 레깅스와 래시가드, 아쿠아슈즈 등은 챙기는 게 좋다. 해변에는 편의시설이 전무하기 때문에 마에다 곶 주차장과 샤워장 등을 이용해야 한다.

## 민나 비치 북부

모토부 항에서 배로 15분 정도 거리에 있는 민나 섬에 있는 비치. 섬 자체가 작고 수심도 얕아 스노클링과 수영을 비롯해 물놀이를 하기에 제격이다.

# THEME 3

# 오키나와 드라이브 여행

오키나와 본섬에서는 남부의 니라이·카나이 다리, 중동부의 해중도로,
북부의 코우리 대교가 대표적인 드라이빙 포인트드.

COURSE 1

## 남부 드라이브 코스

86번 국도 끝, 고도 162m 높이에 니라
이 다리와 카나이 다리가 660m 길이로
연결되어 있다. 엄청난 높이로 인해 한번
도 느껴보지 못한 주행감을 맛볼 수 있는
곳. 이곳이 놀이공원인지 도로인지 헷갈
릴 정도로 아찔한 스릴을 느낄 수 있다.
오토바이를 탔다면 하늘을 날아 바다로
향하는 기분을 만끽할 수도 있다. 공항에
서 차로 50분 거리에 있는 곳으로 나하
에 머물며 반나절 일정을 만들 수 있다.
포토 스폿으로 유명한 해변의 차야나 오
키나와 튀김 맛집인 나카모토 센교텐 등
함께 둘러볼 만한 스폿은 충분하다.

- 주변의 볼거리 평화 기념 공원, 오키
  나와 월드, 세화 우타키
- 주변의 해변 미이바루 비치, 아지마
  사산 해변
- 주변의 맛집 나카모토 센교텐, 카페
  쿠루쿠마, 카페 야부사치, 해변의 차야

**COURSE 2**

## 중동부 드라이브 코스

오키나와 본섬, 카쓰렌 반도에서 헨자 섬까지 이어지는 4.7km가량의 해상도로다. 스릴은 없지만 양쪽으로 펼쳐진 바다를 충분히 즐길 수 있는 호쾌함이 있다. 유명한 스노클링 포인트도 많다. 한적함을 즐기는 여행자에게 제격인 코스.

- 주변의 볼거리 카쓰렌 성벽, 누치우나 소금공장
- 주변의 해변 무루쿠하마 비치, 이케이 해변, 오오도마리 비치, 히마히가 비치
- 주변의 맛집 루안 시마이로

COURSE 3

# 북부의 드라이브 코스

오키나와 본섬에서 가장 길고 아름다운 다리. 2㎞의 아치형 교각으로 오키나와 자동차 드라이브 코스 중 가장 인기가 많은 곳이다. 드라마 '괜찮아, 사랑이야'에서도 드라이브 코스로 등장할 정도로 유명. 본섬과 코우리 섬을 연결하는 코우리 대교는 차를 타고 바다를 가르는 기분이 든다.

- 주변의 핫스폿 휴게소, 미치노에키 쿄다
- 주변의 볼거리 츄라우미 수족관, 하트록, 코우리 오션 타워
- 주변의 해변 도케이 비치
- 주변의 맛집 토리요시, 시라사, 쉬림프 웨건

## THEME 4

# 뷰가 좋은
# 식당과 카페

맑은 바다와 깊은 산이 공존하는
위대한 자연을 감상하기 위한 장소로
카페를 빼놓을 수 없다. 단언하건대
목 좋은 곳에서 바라보는 풍경이야말로
오키나와라는 그림의 완성판이다.
단 이런 멋진 카페를 방문하기 위해서는
렌터카가 필수다. 편의성보다는
전망과 고즈넉함을 추구하다 보니
대중교통으로는 연결할 수 없는
외진 곳에 위치한 경우가 많다.

### 카페 쿠루쿠마 カフェくるくま

오키나와에 정착한 태국인 주인장
이 뽑아내는 진짜 타이 요리를 맛볼
수 있다. 남태평양을 내려다볼 수 있
는 언덕에 자리 잡아 전망도 끝내준
다. 조경도 훌륭해 어지간한 공원보
다 훨씬 낫다.

### 해변의 차야 浜辺の茶屋

1990년에 오픈, 오키나와 카페의 원조라고까지 불리는 곳. 목조 건물 특유의 정감과 바다가 한눈에 보이는 뻥 뚫린 전망은 당신의 넋을 빼앗아 버린다. 최근에는 카페 옥상에도 자리를 만들어 두었으나, 나무집 안에서 바라보는 고즈넉함에 비할 바는 아니다.

### 트랜짓 카페 Transit Cafe

도심 로맨틱 카페 어워드가 있다면 가장 유력한 금상 후보감이다. 2층에서 바라보는 오키나와 서해의 풍경이 끝내준다. 미군 부대가 많은 지역이라 밥을 먹다 보면 전투기들의 공중 비행도 감상할 수 있다. 이 또한 오키나와가 만들어내는 독특한 풍경이기도 하다. 예약 필수.

## 카진호우 花人逢

산 위에서 조망하는 바다의 풍경이 일품인 곳이다. 산이면 산, 물이면 물이라지만, 산과 물을 동시에 즐길 수 있다는 점은 카진호우의 독특한 장점. 언제나 풍경을 촬영하는 사람들로 북적인다. 최소 30분 대기는 기본인데, 주변을 둘러보며 놀다 보면 금세 차례가 돌아온다.

## 야치문킷샤 시사엔
**やちむん喫茶シーサー園**

TV 드라마 〈괜찮아, 사랑이야〉에서
조인성과 공효진이 방문했던 카페
다. 시사를 테마로 한 카페로 2층 테
라스석에 앉으면 맞은편 1층 지붕 위
수많은 시사들의 진풍경과 야에다케
의 녹지를 감상할 수 있다. 맛보다 풍
경과 분위기를 즐기자.

## 오하마 테라스 OHAMAテラス

미야코 제도 끝, 이케마 섬에 숨어 있는 그림 같은
풍경의 카페. 저멀리 수평선 너머 뭉개뭉개 피어오
르는 구름

# THEME 5
# New 오키나와, 다크 투어리즘

오키나와를 대하는 한국 여행자의 태도는 양극단이다. 누군가는 '동양의 하와이'라는
이곳에서 정해진 관광코스를 돌며 경쟁적으로 사진을 올리고, 또 다른 누군가는 한때 독립 국가였다가
일본의 식민지로 전락했던 이곳에서 뼈아픈 수탈의 역사를 읽어낸다.

### 사키마 미술관

길이 8.5m, 높이 4m에 달하는 거대한 크기의 그림 '오키나
와 전쟁도'는 오키나와 사람들의 슬픔과 비극을 상징한다. 오키나와 섬 최대의 비극인 제2차 세계대
전 중 오키나와 전쟁을 체험했던 사람들의 증언을 종합해 그렸다고.

## 한의 비

제2차 세계대전 당시 일본에 강제 노역으로 끌려온 조선인의 넋을 기리는 위령비. 당시 조선인 징용자는 100만 명을 헤아렸고 오키나와에도 1만 명 징용 노동자와 정신대 여성들이 있었던 것으로 추정된다. '한의 비'는 오키나와에서 강제 노역 생활을 했던 것을 증언한 두 명의 한국인과 일본인 평화 운동가들이 주축이 돼 우리나라의 경상북도 영양군과 오키나와 요미탄 시에 건립하게 되었다.

## 평화 기념 공원

1945년 있었던 태평양 전쟁 최대의 전투로 일본군 18만, 미군 1만 2천 명, 도합 약 20만 명의 사람이 죽었다. 이중 민간인 사망자만 무려 9만 4천 명에 달했다고. 평화 기념 공원은 오키나와 반전운동의 상징과도 같은 곳이다.

## THEME 6
# 오키나와 미식 여행

### 찬푸르 ちゃんぷる

오키나와를 대표하는 요리이자 밥반찬이다. 조리법은 비교적 간단한데, 주
재료에 두부나 얇게 썬 삼겹살, 숙주, 스팸 같은 부재료를 더해 소금, 후추,
약간의 간장으로 간을 해 볶아내는 요리다. 특히 찬푸르하면 고야 찬푸
르ゴーヤちゃんぷる가 떠오르는데 오키나와 대표 야채가 고야라는 것을 생
각하면 이해가 된다. 고야 특유의 쌉쌀한 맛이 매력적인 요리다.

### 오키나와 소바 沖縄そば

일본에서 소바そば는 메밀로 만든 국수를 뜻하는데, 특이하게도 오키나와
소바는 밀가루로 만든다. 툭툭 끊어지는 거친 면발이 특징. 가쓰오부시와
돼지 뼈 혹은 닭 뼈를 혼합한 국물에 삼겹살과 가마보코가 고명으로 나
온다. 투박한 맛이 처음에는 낯설지만 나중에 두고두고 생각나는 맛이다.

### 지마미 두부 ジーマーミ豆腐

땅콩에 고구마 전분을 섞어 만든 지마미 두부. 한 수저 떴을
때, 쭉 끌려 나오는 진득함은 고구마 전분의 힘이다. 단단하
게 만든 떡을 씹는 질감이지만, 잇새에 달라붙지는 않는다.
땅콩 덕에 전체적으로 고소한 맛이 입안에 퍼지고 지마미
두부에 곁들인 간장이나 흑당 맛이 뒤이어 따라온다.

### 이시가키규 石垣牛

지역의 마이너 브랜드에 불과했던 이시가키규가 전국적 지명도를 올리게
된 계기는 2000년 오키나와에서 열린 G8(주요 8개국 정상회의)이었다.
각국 정상은 소고기의 맛에 찬사를 보냈다. 현재 이시가키규의 위상은 상
당한데도 가격 거품은 많지 않은 편이다. 우리나라 소고기 전문점에서 한
우를 먹는 가격과 비교했을 때, 더 비싸단 느낌은 없다.

## 아구 アグー

오키나와 토종 돼지. 다 자라도 체중이 110kg 정도로, 제주도의 순종 흑돼지와 거의 같다고 보면 된다. 담백한 맛이 특징인데, 실제로 샤부샤부와 같은 요리에 들어가는 아구는 돼지고기 특유의 누린내가 전혀 나지 않는다. 그만큼 일반 돼지의 두 배 가까운 가격대를 자랑한다. 일반적으로 오키나와 본섬은 아구로 대표되는 돼지고기를, 미야코 제도와 야에야마 제도는 소고기를 더 중요하게 취급한다.

## 모즈쿠 もずく

우리나라 말로는 '큰 실말'이라고 하는데, 길고 끈적끈적한 해초로 일본에서는 상당히 대중적인 식용 해초 중 하나. 알긴산이라는 섬유질 성분이 다량 함유되어 있어 각종 성인병 예방에 특효로 알려져 있다. 모즈쿠로 만든 대표적인 요리는 식초와 설탕 그리고 가쓰오부시를 넣은 국물에 모즈쿠를 담가서 먹는 모즈쿠쓰もずく酢다. 새콤달콤한 맛과 해초 향의 모즈쿠가 썩 잘 어울리는데, 오키나와 식당 어디에서나 먹을 수 있다.

## 우미부도 海ぶどう

흔히 바다포도로 알려진 해초로 지역에 따라 '그린 캐비아'라는 거창한 이름을 붙이기도 한다. 한입 물면 열매 모양의 가지가 톡톡 터지며 해초 특유의 바다 내음이 나는 꽤 재미있는 식감을 선사한다. 오키나와에서는 이런저런 요리에 고명처럼 따라 나오는 식재료. 널리 알려진 우미부도 요리는 우미부도 돈부리. 폰즈 소스를 뿌린 밥에 우미부도를 얹어 떠먹는 요리로, 식당에 따라 성게알이나 각종 회를 곁들이기도 한다. 특히 성게알과의 궁합이 환상적이다.

## 타코라이스와 타코 タコライス＆タコス

타코라이스는 미군들이 즐겨 먹는 타코를 활용해 일본인들의 취향대로 덮밥화한 요리다. 흰밥 위에 타코의 재료인 다진 고기, 치즈, 양상추를 듬뿍 얹고 토마토 두어 쪽을 올려 마무리하는 패스트푸드다. 따뜻한 밥과 아삭거리는 양상추, 고기와 치즈가 어우러져 질감이나 맛이 그럭저럭 괜찮다. 일본식 돈부리와 미국식 식재료를 오키나와식으로 재해석한 이른바 찬푸르 문화의 극치라 할 수 있다.

## 젠자이 ぜんざい

일본 본토에서는 우리나라에서 동지에 먹는 것과 같은 따뜻한 단팥죽이라는 의미인데, 오키나와로 가면서 형태가 아예 달라져, 차가운 빙수를 뜻한다. 얼음을 간 다음, 흑설탕을 넣고 졸인 강낭콩 소를 넣어 먹는 디저트가 바로 오키나와 젠자이이다.

# 추천! 오키나와 맥주 & 음료 리스트

**하이사이신삥차**
102~110엔

**시쿠아사 음료**
101~110엔

**오기미장수물**
93~98엔

**소금흑당 음료**
110엔

**오키나와 소금 사이다**
205~216엔

**아메리칸 크림 소다**
100엔

**미야코지마 사이다**
250엔

**루트 비어**
210엔

**환타 망고**
108엔

**파인애플 음료**
162엔

**킬레이트 레몬**
100엔

**오키나와 한정 코카콜라**
110~120엔

**비타민 레몬**
100~113엔

비타에네C
100엔

패션프루트 음료
500엔

솔트&프루프
150엔

니헤데 맥주
540엔

고야 맥주
350엔

바이젠 맥주
286엔

오키나와 한정
츄하이
108~134엔

파인애플 와인
508~540엔

시쿠아사
화이트에일
284엔

클리어 라테
117엔

핫가쿠 츄하이
185엔

오키나와 구아바 음료
100~160엔

# 추천! 오키나와 한정 먹거리 리스트

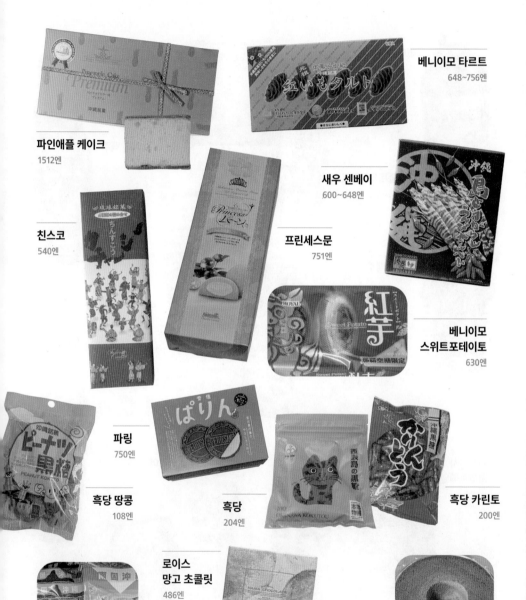

베니이모 타르트
648~756엔

파인애플 케이크
1512엔

새우 센베이
600~648엔

친스코
540엔

프린세스문
751엔

베니이모
스위트포테이토
630엔

파링
750엔

흑당 땅콩
108엔

흑당
204엔

흑당 카린토
200엔

로이스
망고 초콜릿
486엔

흑당 땅콩
356엔

바움쿠헨
베니이모 맛
1400엔

**로이스 흑당 초콜릿**
702엔

**베니이모 샤브레 파블로**
1080엔

**고야 칩스**
108엔

**베니이모 음료 파블로**
648엔

**킷캣 베니이모**
350엔

**와사비 오일**
700엔

**고야 스팸**
000엔

**머랭쿠키 후와와**
360엔

**제브라 빵**
162엔

**하이츄 망고**
648엔

**프레첼 자색고구마**
100엔

**본 카레**
111엔

**프레첼 소금**
100엔

**하부 카레**
540엔

**히비스커스 티**
540엔

**오키나와 소바 컵라면**
138엔

**자마미 두부**
630~648엔

**베이이모 타르트 파블로**
300엔

# 추천! 오키나와 기념품 리스트

**술잔**
1800엔

**머그잔**
2800엔

**전통무늬 컵**
432엔

**얀바루 접시**
600엔

**모기향 꽂이**
2268엔

**시사 인형**
865엔

**오르골**
4800엔

**얀바루 인형**
2000엔

**얀바루 쿠이나**
280엔

**고래상어
스티커**
390엔

**오리온맥주 브로치**
324엔

**마우스패드**

100엔

**찡 아나고
인형**

450엔

**캔버스백**

2500엔

**스테인드글라스 라이트 홀더**

3650엔

**소바 파일첩**

226엔

**시사 수제슬리퍼**

2376엔

**혹등고래 스티커**

350엔

**스타벅스
오키나와 컵**

1944엔

**츄라우미 커피 스푼**

152엔

**이브이 판초**

2000엔

**컵 위의
후치코상**

650엔

# THEME 10

# 추천! 오키나와 마트 쇼핑 리스트

**가루비
김맛 포테이토칩**
108~116엔

**닛신 라오 라면**
105엔

**닛신 컵누들 미니**
108엔

**달걀 샌드위치**
220엔

**모리나가 솔트카라멜**
108엔

**로손 롤케이크**
154엔

**GUM 치약**
312엔

**유키노야도**
204엔

**실내 건조용 세제**
88~129엔

**친스코 아이스크림**
149~174엔

**킷캣-말차맛**
800엔

# 추천! 오키나와 드럭스토어 쇼핑 리스트

**동전 파스**
570~615엔

**아이봉**
618~718엔

**해열 시트**
570엔

**퍼펙트 휩**
398엔

**카베진**
1980엔

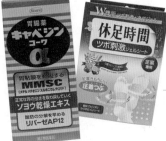

**오타이산 소화제**
648~699엔

**휴족시간**
498~615엔

**메구리즘 온열 안대**
980엔

**히사마츠 샤로 파스**
1300엔

**바르는 파스 페이타스**
1280엔

**츠루리 모공솔**
2000엔

**바르는 반창고
사카무케아**
537엔

**PART 3**

진짜
오키나와를
만나는
시간

# 사라진 류큐 왕국의 수도

# 나하
## 那覇

오키나와의 역사적, 그리고 정신적 수도이자 오키나와 여행의 시작을 알리는 관문 도시다. 1429년부터 1879년까지 약 450년간 현존했던 류큐 왕국의 수도였고, 제2차 세계대전 당시 일본과 연합국이 벌인 가장 치열했던 전투의 현장이기도 하다. 현재는 일본에서 가장 작은 현인 오키나와 현의 현청 소재지로, 일본다움과 일본답지 않은 모습이 혼재된 기묘한 느낌이다. 인구는 약 30만 명. 작디작은 크기지만 인구가 수백~수천에 불과한 오키나와 북부나 일대의 작은 섬을 돌다 나하로 돌아오면 대도시로 돌아왔다는 안도감이 들기도 한다.

 한눈에 보는 나하 여행

#국제거리 #슈리성 공원 #류큐 왕국 #모노레일
#시마규 #와규 #오키나와 아구 #슈리 소바 #고민가
#일본식 정원 #오키나와 요리 #인생 스시 #생참치
#이유마치 수산시장 #스테이크 #타코 #지마미 두부

# 나하
# 전도

토마린 항 ⚓

**AREA 01 국제거리 주변**

🚶 나미노우에 비치

미에바시 역 🚝

🏨 퍼시픽 호텔 오키나와

겐초마에 역 🚝

🚝 아사히바시 역

🚝 쓰보가와 역

🚝 나하공항

221

🚝 오노야마코엔 역

329

🚝 오로쿠 역

🛬 나하공항

331

🚝 야카미네 역

N

0        500m

231

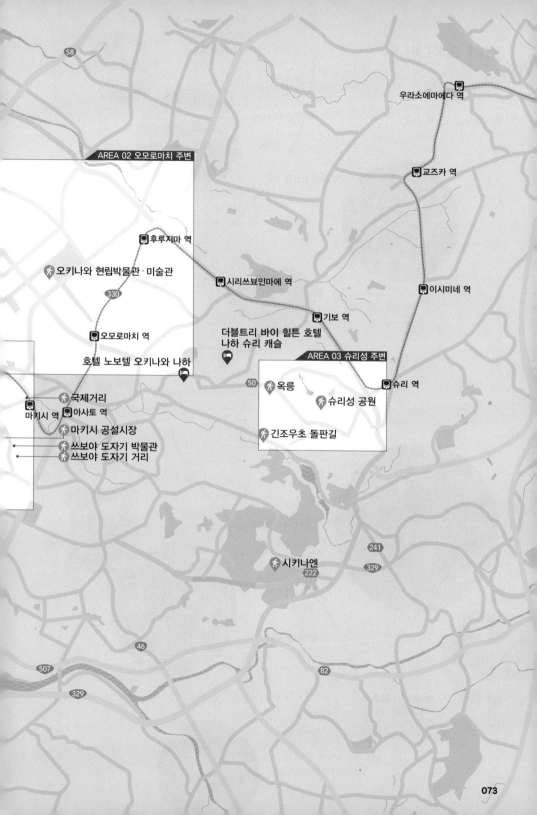

# 나하 추천 코스

## 나하 1일 코스

🕐 예상 소요 시간 **약 10시간**

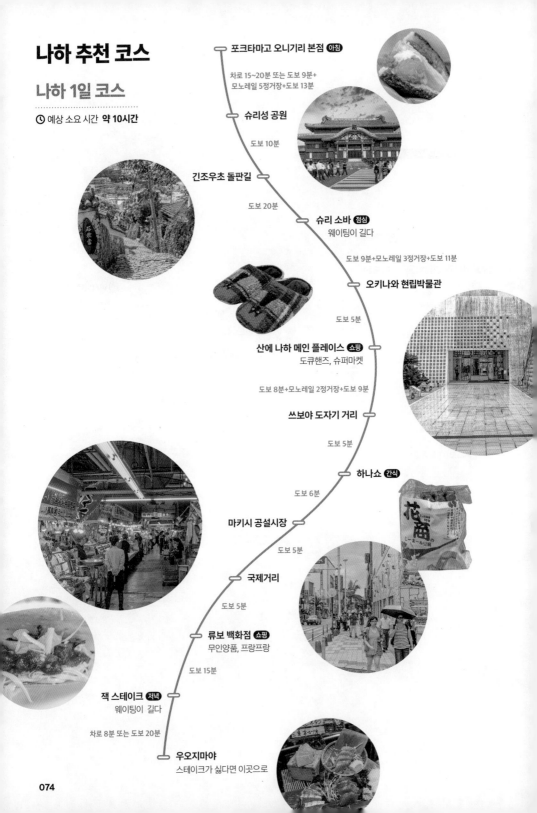

**포크타마고 오니기리 본점** 아침

차로 15~20분 또는 도보 9분+
모노레일 5정거장+도보 13분

**슈리성 공원**

도보 10분

**긴조우초 돌판길**

도보 20분

**슈리 소바** 점심
웨이팅이 길다

도보 9분+모노레일 3정거장+도보 11분

**오키나와 현립박물관**

도보 5분

**산에 나하 메인 플레이스** 쇼핑
도큐핸즈, 슈퍼마켓

도보 8분+모노레일 2정거장+도보 9분

**쓰보야 도자기 거리**

도보 5분

**하나쇼** 간식

도보 6분

**마키시 공설시장**

도보 5분

**국제거리**

도보 5분

**류보 백화점** 쇼핑
무인양품, 프랑프랑

도보 15분

**잭 스테이크** 저녁
웨이팅이 길다

차로 8분 또는 도보 20분

**우오지마야**
스테이크가 싫다면 이곳으로

074

오키나와 여행의 일번지

# 국제거리 주변 国際通り

전쟁의 상처를 딛고 새롭게 만들어진, 전후 오키나와의
상징과도 같은 곳이다. 왕복 4차선 도로를 중심으로
쇼핑가가 조성되어 있는데, 굳이 쇼핑몰을 갈 게 아니라면
오키나와에서 다양한 쇼핑을 즐길 수 있는 거의 유일한 곳이다.
하여 첫날이든 마지막 날이든 반나절은 이곳에 들를 수밖에 없다.
그저 돌아다니며 아이쇼핑만 하는 것도 좋지만,
흥미로운 아이템이 있다면 바로 돌진해서 카드가 닳을 때까지
긁기에도 제격인 오키나와 관광의 일번지다.

# 국제거리 주변
# 상세 지도

🚇 미에바시 역

15 오오토야 맥스벨류 마키시점 29

03 국제거리

니노니 25
오키나와 카제 08
🚇 마키시 역

03 마스야

마제멘 마호로바 12 쿠쿠루
17 16 슈리천루
222 13 돈키호테
39 11 카이소우 04 히바리네 커피집

10 스플래시 오키나와 03 포크타마고 오니기리 본점
16 고양이네 집 01 시앤시 브렉퍼스트 05 후쿠라샤
02 마키시 공설시장

06 미무리 05 쓰보야 도자기 박물관
티투티 오키나완 크래프트 09

12 얏빠리 스테이크
01 오키나와야 23 하나쇼

04 쓰보야 도자기 거리

Midorigaoka Park

222

221

330

N
0 100m

077

도심 속에 숨어있는
작은 해변 ⑴

# 나미노우에 비치

波の上 ビーチ

나하 시내 유일의 해수욕장. 자그마한 인공 비치로 나하 사람들은 시민 비치라고도 부른다. 공항 연결 고가도로인 나하니시 도로那覇西道路가 해변 바로 앞에 있고, 시내인 만큼 물이 빼어나게 맑은 편도 아닌데다 조금만 나가면 훨씬 좋은 해변이 있기 때문에 해수욕을 추천하는 곳은 아니다. 다만, 나하 시내에 머물며 가까운 밤바다에서 파도 소리를 듣고 싶다면 여기가 제격이다. 수영 구역과 스노클링 구역이 나뉘어 있다. 한편, 나미노우에 비치 옆 언덕에는 류큐 왕조 시절에 만들어진 나미노우에 신사가 있다. 한때 류큐 신도의 본산 중 하나였고, 지금은 불교풍이 강한 신사로 남아있어 함께 둘러볼 수 있다.

🚶 모노레일 겐초마에県庁前 역 북쪽 출구로 나가서 42번 국도를 따라 걷다 보면 왼쪽에 후쿠슈엔福州園이 나오고, 큰 사거리를 건너 왼쪽으로 한 블록 들어간 후, 오른쪽으로 방향을 틀어 쭉 걸어 가면 된다. 도보로 15~20분. 🕐 4~10월 09:00~18:00 ¥ 무료(샤워 100엔, 코인로커 200~300엔) Ⓟ 30분 이내 무료, 30분 이상 1시간 이내 200엔, 이후 1시간마다 100엔 가산, 24시간내 최대 한도 500엔 🏠 www.naminouebeach.jp 🔍 나미노우에 해수욕장

## 나미노우에 비치에서 즐길 수 있는 해양 스포츠 & 시설

| 액티비티/시설 | 영업/이용 시간 | 예약 | 요금(1인) |
|---|---|---|---|
| 체험스노클링 | 9, 11, 14,16시, 매회 1시간 30분 | www.naminouebeach.jp | ¥4000(초등생 ¥3500) |
| 체험 다이빙 | 9, 11, 14, 16시, 매회 2시간 | www.naminouebeach.jp | ¥8500(10세 이상 참여가능) |
| 바비큐 | 17:00~21:00 | 090 8407 8911(일본어) | 바비큐 장소에 따라 테이블 당 ¥5000~18000, 바비큐 식재 세트는 1인 ¥1650~13200 |

2023년 3월 드디어 재개장! ⋯⋯ ②

# 마키시 공설시장

牧志公設市場 🔊 마키시 고세츠이치바

제2차 세계대전 직후 미군정이 세운 최초의 공설시장으로, 이전까지는 빼돌린 미군 물자를 밀거래하는 암시장이었다고 한다. 오키나와 사람들은 '나하의 부엌'이라 부르며 마키시 시장에 대한 애정을 공공연히 드러낸다. 시장 안쪽으로 들어가면, 갓 수확한 오키나와 산 채소와 반찬 가게, 도시락집, 장과 젓갈류를 파는 곳, 심지어 바다에서 갓 건져 올린 싱싱한 횟감을 파는 어물전도 만날 수 있다. 기본적인 구성은 가락동 농수산물 시장이나 노량진 수산 시장과 같다. 생선을 구입해 2층으로 올라가면 요리를 해준다.

🚶 모노레일 마키시牧志 역 서쪽 출구에서 도보 8~10분 또는 돈키호테 옆 시장본거리市場本通り로 쭉 들어가 사거리가 나오면 오른쪽으로 꺾어 들어가면 왼쪽에 입구가 있다
🕗 08:00~21:00(상점에 따라 다름), 매월 4번째 일요일 휴무
¥ 무료 🅿 주변의 사설 주차장 이용
🏠 makishi-public-market.jp 🔍 마키시 공설시장

나하 여행의 1번지. 관광, 쇼핑, 미식이 모두 한자리에 ⑶

# 국제거리 国際通り 🔊 고쿠사이도오리

나하의 상징 중 하나. 제2차 세계대전 이후 잿더미가 되어버린 나하 시내에서 가장 먼저 복구가 된 구역이라 오키나와의 노인들은 '기적의 1마일'이라 불렀다고한다. 국제거리라는 이름이 붙은 데에는 여러 가지 설이 있는데, 가장 유력한 이야기는 1948년, 제2차 세계대전 이후 최초의 상업극장인 어니파일 국제극장アーニーパイル国際劇場이 이곳에 문을 열면서부터라고 한다. 참고로 당시의 극장에서는 영화 상영은 물론 복싱 경기, 심지어 야간에는 스트립쇼 공연도 열렸다.어쨌건 어니파일 국제극장은 전후 우울했던 나하 시민들에게는 거의 유일한 오락원이었고, 결국 극장이 있던 거리의 이름이 국제거리가 되는 데 지대한 공을세웠다. 참고로 국제거리 뒷길의 이름은 평화거리平和通り다. 두 거리의 이름을 한데 부르면 국제 평화가 된다. '국제 평화'. 일본과 미국 사이에 끼어 새우 등 터진오키나와 사람들에게 국제 평화라는 말이 얼마나 절절했을지 생각해 보면 가슴이 숙연해진다. 일요일은 차 없는 거리라 보행자 천국으로 변하는데, 이때 거리공연도 열린다. 이 일대를 여행하기 위해서는 사설 주차장을 이용해야 하는데,주차난이 심각하다. 대중교통인 모노레일을 이용하면 그 모든 걱정으로부터 해방된다.

🚶 모노레일 겐초마에県庁前 역과 마키시牧志 역 출구는 각각 국제거리의 양쪽 끝과연결된다. ¥ 무료 🅿 주변의 사설 주차장 이용 🏠 naha-kokusaidori.okinawa🔎 국제거리

# 쓰보야 도자기 거리 壺屋やちむん通り 🔊 쓰보야 야치문 도오리

오키나와 도자기의 본고장이자, 도예 공방과 카페, 도자기 체험장이 몰려 있는 고즈넉한 작은 골목이다. 한국의 인사동이 난개발된 상태라면, 쓰보야 도자기 거리는 20년 전쯤 인사동의 차분한 모습을 고스란히 간직하고 있다. 오키나와 도자기의 역사는 대략 12세기경 시작된 것으로 보지만, 본격적으로 도자기 산업에 불을 당긴 건 1616년 가고시마에서 초빙한 여섯 명의 조선 도공이 오키나와에 정착하고부터다. 이후 궤도에 오른 오키나와의 도자기 산업은 17세기 당대의 자기 선진국이었던 청나라에 도공을 파견, 청나라의 선진 자기 기법을 습득하며 도약하게 된다. 나하 시내에서는 드물게 2차 대전 당시 미군 폭격에서 벗어난 곳이라 유독 예스러운 느낌이 가득하다.

**★** 2026년 3월까지 공사로 인해 임시 휴관 중

🚶 모노레일 마키시牧志 역 서쪽 출구에서 도보 8~10분 또는 가루비 플러스를 오른쪽에 두고 조금 올라가면 나오는 삼거리에서 오른쪽으로 꺾어져 4분 정도 가면 사거리가 나오고 왼쪽으로 길을 건너면 입구가 나온다
**¥** 무료 **P** 주변의 사설 주차장 이용
🏠 tsuboya-yachimundori.com
🔍 쓰보야야치문 거리

# 쓰보야 도자기 박물관

**壺屋焼物博物館** 🔊 쓰보야 야키모노 하쿠부츠칸

오키나와로 도자기가 전해진 과정을 비롯해 오키나와 도자기의 모든 것을 볼 수 있는 박물관이다. 제2차 세계대전 이전, 이 일대에 있었던 민가의 부엌과 오름 가마를 재현해 놓은 코너는 민속촌 느낌도 난다.

🚶 모노레일 마키시牧志 역 서쪽 출구에서 도보 8~10분, 쓰보야 도자기 거리 초입에 있다 🕐 10:00~18:00(매주 월요일, 12월 28일~1월 4일 휴무)
**¥** 350엔(어린이, 학생 무료, 학생증 제시)
**P** 주변의 사설 주차장 이용
🏠 www.edu.city.naha.okinawa.jp/tsuboya 🔍 쓰보야 도자기 박물관

나하에서 보기 드문 아침 스폿 ······ ①
# 시앤시 브렉퍼스트 C&C Breakfast

여행지에서 먹는 든든하고 맛있는 하와이 스타일의 아침 식사가 콘셉트다. 과일과 오키나와산 제철 채소가 가득 담긴 접시를 내온다. 고급 호텔에서 조식을 먹는다면야 이 집에 관심이 없을 수 있겠으나, 그게 아니라면 고려해 볼 만한 집이다. 에그 베네딕트エッグ ベネディクト, 프렌치 토스트 후르츠 스페셜フレンチトーストフルーツスペシャル 이 가장 인기 있는 메뉴.

🚶 모노레일 마키시牧志 역 서쪽 출구에서 도보 9분 또는 돈키호테 옆 시장본거리市場本通り로 들어가 조금 걸으면 오른쪽으로 작은 골목이 나오는데 그곳으로 들어가 왼쪽에 있다
📞 (098)927-9295 🕐 09:00~14:00(화요일 휴무)
¥ 1000~1500엔 🅿 주변 사설 주차장 이용
🏠 www.ccbokinawa.com 📍 C&C Breakfast

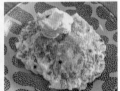

아침의 된장국 정식. 든든할 수 밖에 ······ ②
# 미소메시야 마루타마 味噌めしや まるたま

류큐 왕국 시절부터 궁전에 된장을 납품하던, 160년의 역사를 자랑하는 오키나와 된장 명가. 현재는 된장을 활용한 각종 요리를 판매하는 식당으로 재탄생했다. 이른 아침 된장국과 따끈한 밥으로 하루를 시작하고 싶다면 이 집이 오키나와 최강. 아침은 된장국 정식, 점심 이후부터는 다양한 일식 요리를 선보인다. 밥은 현미와 백미 중 선택할 수 있다. 된장국 정식具だくさん味噌汁定食과 돼지고기 생강구이 정식紅豚味噌生姜焼き定食을 지나치면 후회할지도.

🚶 모노레일 아사히바시旭橋 역 2번 출구와 연결된 나하 버스 터미널에서 도보 5분 🕐 07:30~14:30, 17:00~22:00 (일요일, 매월 2, 4번째 목요일 휴무) 📞 (098)831-7656
¥ 1000~1300엔 🅿 주변 사설 주차장 이용
🏠 marutama-miso.com 📍 마루타마

## 이게 뭐라고 이리 꿀맛인지 ……③
# 포크타마고
# 오니기리 본점
ポークたまごおにぎり本店

대박 난 오키나와식 주먹밥 전문점. 몇 년째 인기 만점인 집으로 매일 아침 긴 줄이 늘어서 있다. 인기의 비결은 만만한 메뉴와 적당한 가격, 그리고 아침 먹을 만한 몇 안 되는 식당이라는 삼박자가 고루 갖춰졌기 때문. 오키나와 주먹밥의 기본 옵션인 스팸+달걀+밥 조합을 뛰어넘어, 새우튀김エビ天, 명란 마요明太マヨ가 들어가는 고급 주먹밥도 있다. 본점 외에 오키나와에 4곳과 후쿠오카 2곳, 그리고 도쿄와 하와이에 각 하나씩 분점이 있다.

🚶 모노레일 마키시牧志 역에서 도보 10분　📞 (098)867-9550　🕐 07:00~19:00
¥ 400~600엔　🅿 주변 사설 주차장 이용　🏠 porktamago.com　🔎 포크타마고

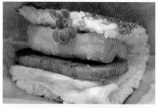

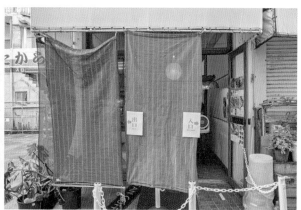

## 진짜 노천카페 ……④
# 히바리네 커피집 ひばり屋 🔊 히바리야

기묘한 은신처. 국제거리의 혼잡함에서 살짝 벗어나 나만의 노천 아지트를 찾고 싶은 사람을 위한 공간이다. 개업 이래 4번이나 자리를 바꾼 노점 카페이지만, 그때마다 극성팬들이 귀신같이 찾아내 위치를 공유한다. 메뉴는 커피 그리고 열대 과일 주스뿐. 대단히 매혹적인 맛은 아닌데, 머물다 보면 묘하게 정감이 간다. 이 집을 좋아하는 사람들은 다들 그런 마음인 것 같다. 키위 시럽과 레몬, 소금이 든 사자나미 사이다さざなみ サイダー는 호불호가 갈리는 맛이지만, 어떤 사람에게는 깜짝 놀랄 최애 음료가 된다.

🚶 모노레일 마키시牧志 역 서쪽 출구로 나와 왼쪽 국제 거리를 따라 걷다가 세 번째 골목으로 들어간다. 왼쪽에 등장하는 포장마차 거리를 따라 150m 정도 걸으면 작은 가게가 등장한다. 바로 옆 좁은 골목으로 들어가면 정면에 있다
📞 (090)8355-7883　🕐 10:30~19:00
(우천 시 휴무, 트위터 확인)　¥ 500엔
🅿 주변 사설 주차장 이용　🏠 twitter.com/
hibariyasachiko　🔎 커피야타이 히바리야

## 레트로라는 말로도 부족한 신기한 공간 ⑤
# 다소카레 커피 たそかれ珈琲

덕력 충만한 카페. 주인장이 커피 배전부터 샌드위치에 들어가는 빵과 햄, 잼까지 모두 손수 만들어낸다. 레트로 감성이 사방에서 쏟아져 나오는 카페 분위기도 일품인데다 오래된 앰프에서 나오는 음악과 선곡 덕분에 70~80년대로 시간여행을 온 것 같은 느낌. 여기에 커피와 음식 맛도 일품이니 소개 안 할 도리가 없다. 무척 조용한 공간이니 만큼 소근소근거리는 게 예의. 달달이를 좋아한다면 흑당 카페오레黒糖カフェオレ를 마셔보자. 뜬금없어 보이지만 카레라이스도 판매한다.

🚶 모노레일 미에바시美栄橋 역에서 도보 5분 　📞 비공개
🕐 09:00~16:00(목·일·휴일 휴무)　 ¥ 500~1000엔　 🅿 주변 사설 주차장 이용
🏠 www.instagram.com/tasokarecoffee 　 🔎 다소카레 커피

🚶 모노레일 아사히바시旭橋 역 서쪽 출구
또는 겐초마에県庁前 역 북쪽 출구에서
도보 10분　 📞 (098)862-1995
🕐 월~금 08:00~17:00,
토 10:00~17:00(일요일 휴무)
¥ 500~1000엔　 🅿 주변 사설 주차장 이용
🏠 agurobaisen.airdt.app
🔎 agurobaisen

## 오키나와에서 커피 좀 마실 만한 로스터리 ⑥
# 아구로바이센 코히텐 あぐろ焙煎 珈琲店

커피 맛으로는 다소카레 커피와 함께 나하의 투 톱. 테이블 두 개와 카운터에 의자 다섯 개 있는 아주 작은 곳이지만, 단골이 꽤 많은 집이다. 토스트 같은 가벼운 먹거리들도 취급하기 때문에 아침 포인트로 애용하는 사람들도 많다. 음식에 커피를 추가하면 약간의 할인 혜택이 있다. 달달이 선호자라면 오키나와 브라운 슈거 카페라테沖縄黒糖カフェラテ, 여기에 열량을 더하고 싶다면 앙꼬 버터 토스트あんバタートースト까지 가보자.

# 호시노 커피

**나하 OPA점 星乃珈琲店 那覇OPA店**

스타벅스와는 정반대로, 점원이 직접 주문을 받고 서빙하는 역발상의 서비스로 전국적 히트를 친 커피숍 체인이다. 무엇보다 오키나와는 스타벅스를 제외하고는 큰 규모의 카페가 없었기 때문에 이 부분에 대한 여행자들의 갈증이 있었고, 이제는 오키나와 현지인들에게도 인기만점. 커피도 커피지만 이 집의 수플레 케이크名物スフレパンケーキ는 꽤 인기 있는 메뉴다. 만약 아침이 필요하다면 커피와 토스트, 달걀이 나오는 모닝 세트モーニングセット를 노려보자.

🚶 모노레일 아사히바시旭橋 역 2번 출구와 연결된 OPA건물로 들어가 왼쪽으로 가면 된다.
📞 (098)894-2289 🕐 10:00~20:00 ¥ 1000엔 🅟 있음
🏠 www.hoshinocoffee.com 🔍 호시노 커피 나하

# 마쓰모토 혼텐 まつもと 本店

오키나와 토종돼지인 아구ｱｰｸ만을 취급하는 돼지고기 샤부샤부 전문점. 메뉴는 단 하나, 돼지고기 샤부샤부 코스뿐이다. 돼지고기로 무슨 샤부샤부냐고? 일단 먹고 나면 생각이 바뀐다. 돼지고기 잡내라는건 존재하지도 않고, 고기의 질감과 부드러움에 반해 앞으로도 샤부샤부는 돼지고기로만 먹겠다고 결심하게 만든다. 코스 형식으로 애피타이저, 샤부샤부, 그리고 다 먹고 나서 죽과 디저트까지 나온다. 사전 예약을 할 수 있으면 한국에서부터 해 두는 것이 좋고, 예약을 했으면 반드시 엄수하자. 한국인 노쇼가 종종 있는 편이라고 주인장이 타박 중이다.

🚶 모노레일 겐초마에県庁前 역 북쪽 출구에서 도보 5분
📞 (098)861-1890 🕐 17:00~22:00 ¥ 6000~8000엔
🅟 식당 건물에 유료 주차장 있음
🔍 아구 샤브 마쓰모토 혼텐

### 흔해 빠진 돈가츠? 아니 아니! ······ ⑨
## 돈돈쟈키 豚々ジャッキー

나하 최고의 돈가츠 가게다. 모든 식사 메뉴는 샐러드, 밥, 장아찌, 그리고 곤약과 돼지 부속을 넣고 푹 끓여낸 된장국이 함께 나온다. 일반 돼지고기보다 오키나와 아구로 만든 돈가츠가 ¥400~500정도 더 비싸다. 참고로 아구는 너무 담백해 기름기가 적어 불만인 사람도 있으니 참고하자. 새우튀김エビフライ도 맛있다.

🚶 모노레일 겐초마에県庁前 역 북쪽 출구 또는 아사히바시旭橋 역 서쪽 출구에서 도보 7분 📞 (098)866-1010 🕐 11:30~14:00, 17:00~21:00(월·화요일 휴무) ¥ 1200~2000엔 🅿 없음
🏠 www.facebook.com/ 213126105380206 🔍 돈돈쟈키 돈까스

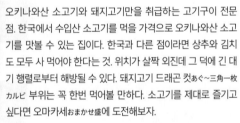
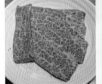

### 한우는 정말 비싼 소고기였구나! ······ ⑩
## 시마규 島牛

오키나와산 소고기와 돼지고기만을 취급하는 고기구이 전문점. 한국에서 수입산 소고기를 먹을 가격으로 오키나와산 소고기를 맛볼 수 있는 집이다. 한국과 다른 점이라면 상추와 김치도 모두 사 먹어야 한다는 것. 위치가 살짝 외진데 그 덕에 긴 대기 행렬로부터 해방될 수 있다. 돼지고기 드래곤 컷あぐ～三角一枚カルビ 부위는 꼭 한번 먹어볼 만하다. 소고기를 제대로 즐기고 싶다면 오마카세おまかせ盛에 도전해보자.

🚶 모노레일 미에바시美栄橋 역에서 도보 5분 이내
📞 (098)863-2941 🕐 17:00~21:30(일요일 휴무) ¥ 2000~2500엔
🅿 없음 🏠 www.yakiniku-shimagyu.com 🔍 시마규

### 오키나와 짬뽕 한번 먹어볼래요? ······ ⑪
## 미카도 みかど

오키나와 가정식 식당. 현지인>일본인 여행자>외국인 여행자 순으로 많이 찾는다. 오키나와 짬뽕이 이 집의 명물 요리인데, 우리가 아는 그 짬뽕, 혹은 나가사키 짬뽕이 아니라 덮밥이다. 그래서인지 일본인 여행자들도 '에에에에~ 이게 짬뽕이야?' 라는 말을 연발한다. 중요한 건 맛있다는 점. 배우 나카마 유키에가 일본 맛집 프로에 이집을 소개한 이후로 예전과 달리 좀 붐빈다. 가츠동かつ丼과 고야 찬푸르ゴーヤーちゃんぷるー도 맛있다.

🚶 모노레일 겐초마에県庁前 역 북쪽 출구에서 도보 7분
📞 (098)868-7082 🕐 10:00~21:00 ¥ 1000엔 🅿 없음
🔍 미카도 오키나와

## 만 원짜리 스테이크도 있는 나라 ⋯⋯⋯ ⑫
# 얏빠리 스테이크 3호점 やっぱりステーキ

2015년에 문을 연 ¥1,000 스테이크 전문점. 스테이크 집치고는 드물게 식권 자판기를 도입하는 등 비용 절감을 통해 이 가격을 만들어냈다고 한다. 현재는 오키나와 전역에 13개의 점포가 있다. 기본으로 제공되는 고기가 100~150g이라 남성 여행자에게 절대적으로 부족한 양이긴 하다. 하지만 고기 추가 요금을 감안해도 저렴한 것은 사실이라, 낯선 요리 모험도 싫고 익숙하게 고기로 배를 채우겠다면 추천한다. 셀프 샐러드바가 있는데, 밥, 국, 샐러드가 전부.

🏃 모노레일 겐초마에県庁前 역 또는 미에바시美栄橋 역에서 도보 8분, 1층에 있는 상점 안쪽에 있는 에스컬레이터를 타고 2층으로 가면 된다 📞 (098)917-0298 🕐 11:00~22:00
¥ 1000~1200엔 🅿 없음 🏠 yapparigroup.jp
🔍 얏빠리 스테이크 3호점

## 오키나와 스테이크의 대명사 ⋯⋯⋯ ⑬
# 잭 스테이크 하우스 ジャッキーステーキハウス

1953년 개업한 대표적인 스테이크 노포. 요즘 사람이 보기엔 레트로 스타일로, 한국의 80년대에나 주던 수프, 양배추 샐러드가 기본으로 따라온다. 하지만 실망은 이른게 스테이크 자체는 가격 대비 아주 훌륭한 편이다. 퀄리티 대비 놀랄 만큼 저렴하고, 조리 상태도 훌륭하다. 점심에는 저렴한 세트 메뉴를 판매하며, 그중에는 오키나와식 미군 요리도 다수 포함되어 있다. 근래 들어 고급 레스토랑 스타일의 스테이크 하우스도 나하에 속속 생겨나고 있는데 그건 그냥 서양식 스테이크고, 미 군정 시절을 겪어내며 오키나와 전통 요리로 자리잡은 스테이크를 먹어보고 싶다면 현재까지는 잭 스테이크가 최고다. 타코스도 꽤나 훌륭하다.

🏃 모노레일 아사히바시旭橋 역 서쪽 출구에서 도보 8분
📞 (098)868-2408 🕐 11:00~22:30(수요일, 1월 1일 휴무)
¥ 1500~3000엔 🅿 있음 🏠 steak.co.jp
🔍 잭 스테이크 하우스

## 초심을 잃지 않은
## 여행자 식당 ⋯⋯⋯ ⑭
# 유우난기 (ゆうなんぎい)

원래도 일대에서 소문난 맛집이었는데, 대폭 늘어난 여행자들이 요즘은 더 많이 찾는다. '엄마 손맛'을 표방하는데, 그래서 그런지 이 집엔 남성 점원이 한 명도 없다. 굳이 이 집에서 오키나와 소바를 먹을 이유는 없어 보인다. 오키나와 전통 요리는 이런저런 찬푸르에 생선구이 하나쯤 곁들이면 꽤 훌륭한 정찬이 된다. 오징어 먹물 볶음밥イーカスミジューシ은 풍미도 좋다. 오키나와 요리로만 구성하고 싶다면 유우난기 A정식ゆうなんぎいA定食에 도전해보자.

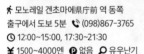
🚶 모노레일 겐초마에県庁前 역 동쪽
출구에서 도보 5분 📞 (098)867-3765
🕐 12:00~15:00, 17:30~21:30
¥ 1500~4000엔 🅿 없음 🔎 유우난기

## 오키나와에서 밥힘이 필요하다면 ⋯⋯⋯ ⑮
# 오오토야 맥스벨류
**마키시점** 大戸屋ごはん処 マックスバリュ牧志店

다양한 일본식 정식을 맛볼 수 있는 전국 체인 레스토랑. 여행을 다니다 보면 따끈한 흰밥과 국, 그리고 생선구이 같은 반찬을 곁들인 한 상 차림이 그리울 때가 있는데, 오오토야는 그럴 때 크게 실패하지 않는 가장 무난한 옵션이다. 꽤나 큰 규모로 어린이 동반도 환영, 사진 메뉴가 있어 일본어를 몰라도 주문하는데 별 어려움이 없다. 한마디로 따끈한 밥과 반찬이 필요한 여행자에게 제격. 돼지고기 등심 된장구이와 고등어 숯불구이 정식豚ロースの味噌漬けとさばの炭火焼き定食은 어떤 한국인이 먹어도 맛있을 맛이다.

🚶 모노레일 마키시牧志 역에서 도보 5분 📞 (098)863-2902
🕐 11:00~21:30 ¥ 1300엔 🅿 없음 🏠 www.ootoya.com
🔎 오오토야 마키시점

### 공연과 식사와 음주가 한 곳에서 ⑯
# 슈리천루 首里天楼

오키나와 전통 음악 라이브 공연과 전통요리를 결합한, 일종의 디너쇼 스타일의 레스토랑이다. 성채처럼 생긴 식당 외관도 인상적이지만 내부는 더 흥미롭다. 1층은 시냇물이 흐르는 류큐 정원 콘셉트, 2층은 류큐 왕국 8인의 위인들을 테마로 한 연회석, 3층은 무대가 설치된 극장식 디너쇼 콘셉트다. 전통 공연을 보고자 한다면 입구에서 3층으로 올라간다고 말해야 하며, 공연 요금은 별도다. 웹페이지를 통해 예약이 가능하다.

🚶 모노레일 미에바시美栄橋 역에서 도보 10분 📞 (098)863-4091
🕐 11:00~15:00, 17:00~23:00 ¥ 3000엔~ ⓟ 없음
🏠 suitenrou.jcc-okinawa.ne 📍 마키시 1 조메-3-60

### 사장님이 직접 비벼주는 ⑰
# 마제멘 마호로바 まぜ麺マホロバ

오키나와 최초의 마제멘まぜ麺 전문점. 해산물 등으로 우린 자작한 소스, 김가루, 그리고 달걀노른자가 가미된 농후한 비빔면이다. 면은 딱 네 가지. 면의 양과 토핑을 선택할 수 있는데, 잘 모르겠으면 일단 토핑 없는 오리지널 맛을 즐겨보자. 주문 방법은 맛 고르기(매운 맛은 매운 정도)→토핑 고르기→면의 양 선택→밥 추가 여부 선택하기로 이어진다. 맥주 한 잔 곁들이면 금상첨화.

🚶 모노레일 미에바시美栄橋 역 남쪽 출구에서 도보 8분
📞 (098)917-2468 🕐 11:30~21:00 ¥ 1000엔~ ⓟ 없음
🏠 mazemen-mahoroba.com 📍 마제멘 마호로바

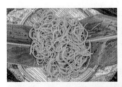

### 바삭바삭 튀김돈부리, 시원한 자루소바 ⑱
# 미노사쿠 美濃作

오키나와 소바가 아닌 메밀로 만든 일본식 소바 장인의 식당. 오키나와산 메밀 사용을 고집하고 있는데, 겟토우月桃라는 폴리페놀 가득한 꽃을 면에 가미한 미노사쿠 겟토우 소바美濃作月桃蕎麦가 간판 메뉴다. 새우튀김이 가득 올라간 텐동天丼도 빼놓으면 서운하다.

🚶 겐초마에県庁前 역에서 도보 5분
📞 (098)861-7383 🕐 11:00~22:00
¥ 1000~1300엔 ⓟ 없음 📍 미노사쿠 소바

본섬 제일의 에도마에 스시집 ...... ⑲
## 쓰키지 아오조라 산다이메 築地青空三代目

도쿄 쓰키지 시장 생선가게에서 시작해 현재는 전국에 10개의 분점을 거느리고 있는 에도마에 스시의 명가. 오키나와에는 이 집이 유일하다. 오키나와 본섬에서 본격적인 스시를 먹고 싶다면 이 집 외에 별다른 대안이 없을 정도로 독보적이다. 네타(스시 위에 올라가는 생선)는 대부분 도쿄에서 공수하고, 오키나와 특산물인 바다포도와 쟈코조개, 모토부 소고기, 갑오징어 등은 이곳 재료를 사용한다. 스시는 그나마 노려볼 만한 가격대지만, 요리로 넘어가면 가격이 만만치 않다. 3종류의 코스요리가 있는데, 뭘 시켜야 할지 모르겠다면 이게 최선의 선택일 수도. 특상 카이센동(해물 돈부리)特上海鮮丼과 쓰키지 최강의 구이 덮밥築地最強の炙り丼은 야식 삼아 딱 한 그릇으로 끝내고 싶을 때 추천한다. 지갑의 두께만 넉넉하다면 마음껏 먹어보고 싶었던 집. 가급적 예약해야 하며, 사전 예약은 ryukyuaozorasanbdaime@gmail.com로 받는다.

🚶 모노레일 겐초마에県庁前 역 북쪽 출구에서 도보 7분 또는 미에바시美栄橋 역 북쪽 출구에서 도보 10분 📞 (050)5486-4950 🕐 18:00~01:00(화요일 휴무)
¥ 5000엔 🅿 없음 🏠 fayz800.gorp.jp 📍 쓰키지 산다이메 나하점

이 작은 섬에서 인생피자를? ...... ⑳
# 바카르 Bacar

자타 공인 오키나와 No.1 피자. 오키나와산 모차렐라 치즈와 천일염 때문에 담백하면서도 강렬한, 쉬이 잊히지 않는 맛이다. 저녁 시간에만 영업하는데, 전체적인 분위기는 피자만 먹는 캐주얼한 피자리아보다는 와인에 피자와 몇 가지 안주를 곁들이는 분위기로 피자 외의 다른 메뉴도 판매한다. 예약이 상당히 어려운데, 방문일 기준 한 달 전부터 전화로만 예약이 가능하며 메뉴 또한 피자 등 몇 가지 고정 메뉴를 제외하면 매일 바뀐다. 여러모로 난이도가 높지만 그럼에도 불구하고 먹어볼 만한 맛이다.

🚶 모노레일 겐초마에県庁前 역 동쪽 출구에서 도보 5분 📞 (098)863-5678
🕐 17:00~22:15(라스트 오더 20:30)(일·월요일 휴무) ¥ 2000~3000엔
🅿 없음 🏠 www.instagram.com/bacarokinawa 📍 바카르 오키나와

## 오키나와에서 보기 드문, 그리고 먹을 만한 한식! ⑴

# 한비제 델리 韓美膳

류보リゥボゥ 백화점 지하 푸드코트에 있는 한식당. 일본식 한국 요리가 아닌 비빔밥, 삼계탕, 순두부찌개, 냉면 등 한국인들이 일상에서 즐겨먹는 요리들을 맛볼 수 있다. 가격도 일본에서 먹는 한식치고는 저렴한 편이다. 오키나와의 몇 없는 한국 식당 중에서는 그나마 정통의 맛에 가깝다. 바로 옆에서 반찬가게를 함께 운영하고 있어 김치, 김밥, 해물전 등을 테이크아웃 할 수도 있다.

🏃 모노레일 겐초마에県庁前 역 앞 류보 백화점 지하 1층 📞 (098)867 -1043 ⏱ 10:00~21:00 ¥ 1000~1300엔 🅿 있음 🔎 류보 백화점

## 여고 앞 빙수집 ⑵

# 센니치 千日

50년의 역사를 자랑하는 빙수 전문점. 빙수의 높이가 25cm에 달할 정도인데, 이걸 무너지지 않게 떠먹는 것도 꽤 재주가 필요하다. 한여름에는 북새통을 이루기 때문에 합석은 기본이다. 뭐 별난 요리라고 여기까지 와서 빙수를 먹나 싶지만, 의외로 오키나와 현지 학생들의 숨넘어가는 웃음소리, 서민적인 분위기가 이국적인 정취를 자극한다. 혼자면 우유 빙수ミルク金時를 둘이라면 딸기우유 빙수いちごミルク金時를 함께 시키자.

🏃 모노레일 겐초마에県庁前 역 북쪽 출구에서 도보 10분 📞 (098)868-5387 ⏱ 11:30~20:00, 겨울 11:30~19:00(월요일 휴무) ¥ 500엔 🅿 있음 🔎 센니치

## 이게 두부라고? 두부가 간식이 되네!! ⑶

# 하나쇼 花商

오키나와 섬 특유의 땅콩 두부인 지마미 두부 전문점ジーマーミ 豆腐이다. 부드럽고 고소한 맛 뒤로 약간의 떫은맛이 스쳐 지나가는데, 그 밸런스가 정말 훌륭하다. 한국으로 들고 올 수 있는 소포장 제품도 있는데, 이 집 지마미 두부 맛에 빠진 사람들은 스스럼없이 트렁크를 가득 채우는 일이 벌어지기도 한다.

🏃 모노레일 마키시牧志 역에서 도보 10분 또는 돈키호테 옆 시장본거리로 들어가 직진, 횡단보도와 신천지 시장 거리 新天地市場通り 입구와 함께 보인다. 📞 (098)863-8720 ⏱ 09:00~19:00(일요일 휴무) ¥ 300엔 🅿 없음 🏠 www.ji-ma-mi-hanasyo-shop.com 🔎 지마미 두부 하나쇼

### 직화가 주는 강렬한 맛 ······24
# 스미비 야키토리칸 炭火やきとり寛

숯불에 직화로 구워주는 야키토리 전문점. 인근 샐러리맨들이 퇴근길에 한 잔을 즐기는 집이었는데, 입소문을 타고 찾아오는 한국인 손님들이 늘어나면서 한글 메뉴판도 구비하고 있다. 혹시 식사 전이라면 주먹밥 구이焼きおにぎり를 주문해 보자. 음주의 마무리로 새콤한 아세로라 주스를 한 잔 마시면 다음 날 숙취가 전혀 없을 것 같은 기분이 든다.

🚶 모노레일 아사히바시旭橋 역 2번 출구 또는 겐초마에県庁前 역에서 도보 5분, 호텔 카리유시 LCH. 이즈미자키 겐초마에 뒤쪽에 있다
📞 (098)868-5387 🕐 월·목·토 17:00~01:00(금 03:00, 일 24:00)
💴 1500엔 🅿 없음 🏠 www.7b.biglobe.ne.jp/yakitorikan
🔍 스미비 야키토리칸

### 교자엔 맥주! 맥주엔 교자 ······25
# 니노니 弐ノ弐

큐슈의 쿠마모토에 본점을 둔 교자 전문점. 메인 메뉴는 교자, 즉 일본식 군만두焼餃子고, 분위기는 선술집이다. 교자 외에 철판에 구운 새우를 마요네즈에 버무린 에비마요香港エビマキ, 고소한 일본식 딴딴면麻辣担担面 등이 인기 메뉴다. 무제한으로 술을 마실 수 있는 90분 제한의 노미호다이飲み放題(2명 이상)가 있는데 주당이라면 도전해 볼 만하다.

🚶 모노레일 마키시牧志 역 서쪽 출구에서 도보 4분
📞 (098)867-4322 🕐 17:00~24:00(매년 12월 30일~1월 1일 휴무) 💴 1000엔 🅿 없음 🏠 www.ninoni.jp 🔍 니노니 나하

### 생참치의 농후한 맛을 염가에 ······26
# 우오지마야 魚島屋

나하 제일의 참치집. 한때 참치잡이배 선장이었다는 주인장의 인맥으로 공수한, 아주 고퀄의 참치를 몹시 무난한 가격으로 판매한다. 가장 많이 팔리는 메뉴는 '혼마구로 모둠 사시미本マグロ劇場 刺身盛り'라는 이름의 요리인데 세 가지 참치와 계절 생선회 2종을 포함해 총 5종의 회가 나온다. 참치 마니아라면 사전 예약이 필요한 '참치 다 먹어 코스マグロ食べ尽くし!!コース'에도 도전해 보자. 만약 탄수화물이 필요하다면 대게 볶음밥本ズワイガニ荒ほぐし炒飯이 기다리고 있다.

🚶 모노레일 겐초마에県庁前 역에서 도보 5분 📞 (098)869-7204
🕐 17:00~24:00 💴 2000엔 🅿 없음 🔍 우오지마야

불량식품을 찾아가는 여정 ······ ①

# 오키나와야 본점 おきなわ屋 本店

학교 앞 문방구에서 팔던 아폴로나 쫀디기를 기억한다면, 오키나와야는 매력적인 보물 창고다. 일본에서는 이런 류의 간식을 다가시駄菓子라 부른다. 오키나와에서만 볼 수 있는 다가시를 비롯해 우마이봉처럼 한국인들에게 널리 알려진 다가시도 있다. 낱개 구매가 가능하고 가격도 저렴하다. 이것저것 골라 담아 실패해도 큰 타격(?)은 없다는 말씀. 헬로키티와 시사가 결합한 시사키티 같은 오키나와 한정 액세서리도 있으니 구석구석 둘러보자.

🚶 모노레일 미에바시美栄橋 역에서 도보 10분 📞 (098)860-7848 🕐 09:30~22:00
🅿 없음 🏠 www.okinawaya.co.jp 🔍 오키나와야 본점

본격적인 오키나와 특산 선물이 필요하다면 ······ ②

# 오카시고텐 御菓子御殿

오키나와야가 나 혼자 챙겨두고 먹는 간식거리 전문점이라면, 오카시고텐은 오키나와 토산품으로 만든 오미야게ぉ土産가 가득하다. 무엇보다 이 집 제일의 미덕은 시식 시스템이다. 판매하는 상품 대부분을 시식할 수 있는데, 맛을 보고 살 수 있어 실패 확률이 줄어든다. 관광객들에게는 거의 필수 방문지 중 하나로, 나하의 국제거리점 외에도 오키나와 본섬 곳곳에 대규모 분점을 두고 있다.

🚶 모노레일 겐초마에県庁前 역 남쪽 출구에서 도보 5분 📞 (098)862-0334
🕐 09:00~22:00 🅿 없음 🏠 www.okashigoten.co.jp 🔍 오카시고텐 국제거리점

소금으로 이럴 일인가 싶지만
아이스크림은 맛있어! ······ ③
## 마스야 塩屋

오키나와는 물론 전 세계에서 생산
되는 특산 소금을 판매하는 말
그대로 소금 전문점. 소금은 시
식이 가능하며, 조리/고기/회/
튀김용으로 크게 나뉜다. 소금
에 대한 생경함을 없애고 싶다면,
마스야에서 판매하는 유키시오雪鹽
라는 회사의 소금으로 만든 아이스크림을 먹어보자. 흰살 생
선과 붉은살 생선을 먹을 때 각각 찍어 먹는 소금이 다르고,
이런 소금을 찾는 미식가들이 존재한다는 건 일반인들에겐
꽤 놀라운 사실. 이외에 소금으로 만든 입욕제, 화장품, 비누
같은 물건도 판매한다.

🚶 모노레일 마키시牧志 역 1번 출구에서 도보 4분
📞 (120)408-385 🕐 10:00~21:00
🅿 없음 🏠 www.ma-suya.net/ 🔍 소금전문점 마스야

츄라우미 수족관의 추억을 다시 한 번 ······ ④
## 우미츄라라 うみちゅらら

츄라우미 수족관 기념품점에서 구입
여부를 망설이다 귀국 직전 후회막
급이라면 당장 이곳으로 차를 돌리
자. 매장 가운데 있는 커다란 뽑
기 기계는 ¥200을 넣고 돌
리면 랜덤으로 기념품이 나오
는데 가격 대비 품질이 꽤 괜찮아 애, 어른 할 것 없이 앞
다투어 찾는다.
건물 1층에 있는 와시타와したショップ는 오키나와 특산품
전문점. 본섬 바깥인 미야코 섬의 특산품 소금인 유키시
오雪鹽와 바나나 케이크 몬테돌モンテドール도 구입할 수
있어 오키나와 본섬 바깥을 궁금해하는 여행자들에게 대
리만족을 선사한다.

🚶 모노레일 겐초마에県庁前 역 남쪽 출구에서 도보 7분
📞 (098)917-1500 🕐 10:00~20:30 🅿 없음
🏠 www.umichurara.com 🔍 우미츄라라

## 도자기를 구입하기에도 좋은 ······⑤
### 후쿠라샤 ふくら舎

오키나와 문화의 진원지인 사쿠라자카 극장桜坂劇場 1층에 위치한 잡화점. 오키나와 출신 공예 작가들이 만든 도자기, 유리공예품, 목공예품, 손수건이나 보자기 같은 나염 제품들도 판매한다. 가끔, 일본 본토 공예 디자이너의 작품만 모아서 특별 기획전을 열기도 하는데, 감각적인 소품을 구입하고 싶다면 이쪽에 집중하는 것도 좋은 방법이다.

🚶 모노레일 마키시牧志 역 서쪽 출구에서 도보 8분
📞 (098)860-9555  🕐 10:00~18:00
🅿 없음  🏠 fukurasha.net  🔎 후쿠라샤 잡화점

## 인상적인 에코백을 찾아서 ······⑥
### 미무리 MIMURI

이시가키 섬 출신 여성 디자이너의 개인숍. 이시가키에서 처음으로 가게를 연 이래, 연이은 주목을 받으며 현재는 나하까지 확장한 상태다. 오키나와의 자연과 동식물들로부터 받은 영감을 바탕으로 오키나와 색채의 손수건, 가방, 파우치 등을 만들어 판매하고 있다. 트렌드세터를 자처한다면 한번쯤 가볼 만한 매장이다. 오리지널 상품임을 감안한다면 가격도 납득할 만한 수준이다.

🚶 모노레일 마키시牧志 역과 겐초마에県庁前 역, 미에바시美栄橋 역에서 도보 10~15분  📞 (050)1122-4516  🕐 10:00~18:00
🅿 없음  🏠 www.mimuri.com/  🔎 미무리

## 오키나와 도기를 구입하기 위해
## 딱 한 곳만 가야 한다면 ······⑦
### 키스톤 キーストン

국제거리에 있는 대규모 생활 자기 매장. 요미탄의 대표 가마인 기타가마北橫를 비롯해 오키나와 내 12개 가마가 이 집에 물건을 공급하고 있다. 오키나와 전통 자기 외에 가마에서 구워낸 토용, 유리공예 아이템도 만날 수 있다. 특히 유리공예 쪽은 상당한 퀄리티를 자랑하는 제품들이 많아 구매욕을 상승시킨다. 물건이 너무 많아 선택 장애가 올 정도다.

🚶 모노레일 겐초마에県庁前 역에서 도보 5분  📞 (098)863-5348
🕐 09:00~22:30  🅿 없음  🏠 koosya.co.jp/store/keystone/kumoji.html  🔎 류큐 민예 갤러리 키스톤

오키나와에서 불어오는 소품의 바람 ……⑧

# 오키나와 카제 Okinawa Wind

오키나와풍 잡화점. 국제거리 안쪽, 허름한 구역에 숨어있는 보석 같은 가게로, 흰색을 기조로 스모키 블루의 포인트가 인상적이다. 오키나와 카제 상품의 주요 소재는 류큐 한푸琉球帆布라는 천이다. 한푸는 우리에게 캔버스라는 이름으로 알려졌다. 캔버스 하면 유화를 그리는 천만 연상할지 모르는데, 과거에는 배의 돛으로 쓰이던 직물이다. 이 집은 일본산 캔버스를 사용해 오키나와 전통 수제 염색으로 모든 제품을 만든다. 이런 노력은 꽤 성공적! 이 집의 류큐 한푸로 만든 가방은 꽤 유명한 패션 아이템 중 하나로 손꼽힌다. 카드 결제가 된다는 기쁜 소식도 함께 전한다. 겨울철에는 문을 닫는다.

🚶 모노레일 마키시牧志 역 서쪽 출구에서
도보 5분 📞 (098)943-0244
🕐 11:00~19:00 🅿 없음
🏠 www.okinawa-wind.com
🔍 잡화점 오키나와노 카제

로컬 아티스트들의 연합 공방 ……⑨

# 티투티 오키나완 크래프트 Tituti Okinawan Craft

도자기, 천연 염색, 직물 그리고 목공을 담당하는 4명의 아티스트들이 공동 출자해 만든 공방이다. 작가들은 모두 오키나와의 무형문화재 전수자들로, 오키나와 전통의 공예기법을 현대적으로 해석하는 데 골몰하고 있다. 가게의 상호 중 '티 ti'는 오키나와 방언으로 손이라는 뜻이다. 즉 가게명 티투티tituti는 손에서 손으로 오간다는 뜻. 작가와 소비자 사이에서 오키나와의 전통 공예를 이어준다는 의미라고.

🚶 모노레일 겐초마에県庁前 역과
미에바시美栄橋 역에서 도보 6~8분
📞 (098)862-8184
🕐 09:30~17:30(화요일 휴무)
🅿 없음 🏠 tituti.net
🔍 티투티 오키나완 크래프트

### 반짝이는 여행자 감성 아이템 ······⑩
# 스플래시 오키나와 Splash Okinawa

여행자 감성으로 충만한 패션 소품 전문점이다. 관광객 취향에
딱 맞는 콘셉트로 인해 대중적 지지도는 오키나와에서 이 집만
한 곳이 없다. 해변에 어울릴 톡톡 튀는 옷이나 소품을 즉석에
서 구입하고 싶다면 가볼 만하다. 가게에서 한껏 쇼핑하고 나오
면, 금세 바다를 배경으로 한 뮤직비디오 속 걸그룹으로 변신할
만큼, 콘셉트 하나는 정말 확실하다. 국제거리에만 두 곳의 분점
이 있다.

🚶 모노레일 마키시牧志 역에서 도보 10분 📞 (098)894-7090
🕐 11:00~19:00, 토요일 12:00~20:00 🅿 없음
🏠 splashokinawa.com 🔎 Splash okinawa 1号店

### 바다가 만들어준 액세서리의 향연 ······⑪
# 카이소우 海想 🔊 카이소우

바다를 테마로 한 셀렉트숍. 이 집에서 파는 모든 티셔츠와 액
세서리에는 고래나 맹그로브 나무, 바다거북 혹은 오키나와에
서만 볼 수 있는 나비들이 그려지거나 새겨져 있다. 특히 상어와
고래의 이빨, 고래수염으로 만든 액세서리도 별도의 코너를 차
지하고 있어 이목을 끈다. 물론 액세서리에 사용된 상어의 이빨
과 고래의 수염들은 자연사한 것들에서만 채취해 사용한다고
하니, 동물 학대를 걱정하진 않아도 된다. 나만의 아이템을 찾
는다면 방문해 볼 만한 곳이다.

🚶 모노레일 마시키牧志 역에서 도보 5분 📞 (098)862-9750 🕐 10:00
~19:00 🅿 없음 🏠 kaisouokinawa.com 🔎 카이소우 2호점

### 오키나와 여행 인증 아이템! ······⑫
# 쿠쿠루 Kukuru

티셔츠 전문점. 디자인은 하와이안풍이지만, 염색 방법은 오키
나와 전통 나염인 빙가타紅型 기법, 여기에 자수를 더했다. 이 집
에 유명세를 더한 건 부채扇子인데, 대나무와 한지로 만드는 우
리나라 전통부채와 달리 오키나와에선 빙가타 날염 천과 오키
나와산 갈대로 만든다. 원래 일본에서 부채 하면 교토의 것을
최고로 치는 경향이 있는데, 최근 오키나와 부채가 특유의 디자
인을 앞세워 본토 공략에 나서고 있다고 한다.

🚶 모노레일 겐초마에県庁前 역 남북쪽 출구에서 도보 5분
📞 (098)988-0236 🕐 09:00~22:30 🅿 없음
🏠 kukuru.official.ec/ 🔎 쿠쿠루 오키나와

### 한 손엔 빈 트렁크! 또 한 손엔 신용카드! ……⑬
# 돈키호테 ドン・キホーテ

말이 필요 없는 쇼퍼들의 성지. 거짓말 조금 보태어 일본에서 유통되는 제품 대부분이 모여 있는 곳이다. 게다가 정가 대비 전 품목 할인! 가장 인기 있는 품목은 간식과 화장품이다. 다른 돈키호테 매장과 달리 오키나와 한정 특산품도 만나볼 수 있다. 소비자의 관점에서 돈키호테는 오키나와 쇼핑을 상당히 단순한 동선으로 만들었다는 호평도 있지만, 본토의 자본이 지역 상권을 고사시킨다는 반발도 존재한다. 국제거리점 외에 오키나와 본섬에 5곳, 미야코 섬과 이시카시 섬에도 분점이 있다.

🚶 모노레일 미에바시美栄橋 역에서 도보 8분 📞 (098)951-2311
🕘 09:00~05:00 🅿 없음 🏠 www.donki.com 🔍 돈키호테 국제거리점

### 내 푼돈 모아 태산 ……⑭
# 다이소 ダイソー

그간 오키나와의 다이소 분점들은 현지인 거주 구역에 위치해서 방문이 힘들었다. 돈키호테로 몰리는 여행자를 보다 못한 다이소가 '나도 참전'을 선언하며 나하 버스터미널 3층에 대규모 매장을 냈다. 한국과 달리 100円(1,000원)대 상품이 정말 많다. 참고로 2층은 다양한 일제 화장품을 만날 수 있는 드럭스토어 오페레타Operette by Ohga Pharmacy를 비롯해 각종 스트리트 패션 브랜드가 즐비하니 함께 둘러보면 좋다.

🚶 모노레일 아사히바시旭橋 역과 연결되는 나하 버스터미널 건물 3층
📞 (098)943-2220 🕘 10:00~20:00 🅿 없음
🏠 www.daiso-sangyo.co.jp/ 🔍 다이소 나하점

### 은혼을 원어로 읽을 수 있는 기회! ……⑮
# 만화창고 まんが倉庫 🔊 망가소우코

중고 만화책을 거래하는 매장으로 시작해, 지금은 일본 최대의 중고거래 매장으로 재탄생했다. 물론 지금도 핵심 상품은 만화나 만화 캐릭터 피규어. 요즘은 중고 의류, 신발, 악기, 심지어 골프·낚시 용품, 카메라까지 거래되고 있다. 일본의 중고 시장은 의외의 보물창고다. 품질도 좋고 가격도 훌륭하다. 중고 상품에 대한 거부감만 없다면, 당신의 보물창고가 되는 건 한순간일지도 모른다. 우라소에와 오키나와 시에도 분점이 있다.

🚶 모노레일 아카미네赤嶺 역에서 도보 5분 📞 (098)891-8181
🕘 09:00~00:00 🅿 있음 🏠 mangasouko-okinawa.com/naha
🔍 만화창고

냐옹이 아이템만으로 이루어진
집사들의 성지 ....... ⑯
# 고양이네 집 猫家 In Neko Fan

식탁보, 사진 엽서, 에코백, 티셔츠, 커튼, 슬리퍼, 스마트폰 케이스 등 온갖 물건
에 고양이 그림이 그려져 있다. 한마디로 일본 덕력의 진수를 보여 주는 곳. 단 하
나의 주제로도 이 작은 섬에서 지속 가능한 덕질이 가능하다는 게 놀라울 뿐이
다. 직접 제작하는 아이템과 일본 각지에서 가져온 아이템으로 나뉘는데, 후자
의 경우 회전율이 빠른 편. 재방문했을 때 반 이상이 새로운 상품으로 바뀌어있
어 깜짝 놀랐던 적이 있다.

🚶 모노레일 미에바 시美栄橋 역 또는 마키시牧志 역에서 도보 10분　📞 (098)800-2057
🕐 10:30~19:00　🅿 없음　🏠 nekofan.thebase.in　🔍 잡화점 고양이네 집

국제거리의 유일한 백화점 ....... ⑰
# 류보 백화점

デパートリウボウ 🔊 데파토 류우보우

오키나와 유일의 토종 백화점으로 1954년 문을 열었다. 도쿄에 미쓰코 시三越가
있다면, 오키나와에는 류보 백화점이 있다고 할 정도로 오키나와 사람들에게 사
랑받는 곳이다. 오키나와는 일본에서 가장 가난한 지역이라 자국 내 명품 브랜
드의 입점조차 지지부진한 상태. 그나마 눈에 띄는 게 무인양품無印良品 그리고
프랑프랑Francfranc 정도다.
그래도 지하 푸드코트의 먹거리는 꽤 훌륭하다. 나가사키 카스텔라의 명가인 분
메이도文明堂, 고베 후게츠도風月堂의 명물 고프레Gaufre와 양과자의 본가라 할
수 있는 모노조프モロゾフ, 혼타카사소야本高砂屋의 제품도 만날 수 있다. 오키나
와 특산의 투박한 오미야게에 물렸다면 강력 추천하고 싶다.

🚶 모노레일 겐초마에県庁前 역 동쪽
출구에서 연결된다　📞 (098)867-1171
🕐 10:00~20:30　🅿 있음, 2시간 무료
🏠 ryubo.jp　🔍 류보 백화점

나하의 번화가

# 오모로마치 주변

## おもろまち

나하의 신시가. 국제거리가 오키나와 바깥에서 온 여행자들을
위한 공간이라면 오모로마치는 로컬 나하 시민들을 위한 공간이다.
그러다 보니 외국인 여행자 입장에서는 오키나와 현립박물관과
미술관을 들르기 위해서나 가는 곳이다.
식당도 본토 체인점 위주라 일본인 여행자들에게는
심심한 곳이지만, 외국인에게는 매력적이다.
일본인이야 오키나와에 와서 오키나와식을 먹고 싶어하지만,
일본 바깥에서 온 외국인에게는 일식이건 오키나와식이건
이색적이기는 매한가지이기 때문이다. 이방인이 아닌 로컬 사이에
숨어들고 싶다면 오모로마치는 꽤 좋은 방문지다.

오모로마치 주변
상세 지도

05 이유마치 수산시장

후루지마 역
산치쿠쥬 04
251

오키나와 현립박물관·미술관 01

02 타코스야 신도심점

01 나하 메인 플레이스

토마린 항

43

58

251

29

미에바시 역

오모로마치 역

330

07 자고르텐 스와로

포토호토
우리준 03 01 06 벤리야

마키시 역

아사토 역

N
0    200m

---

본토와 다른 오키나와만의 독자성을 두 시간이면 캐치 할 수 있는 ⋯⋯ ①

# 오키나와 현립박물관 沖縄県立博物館 美術館 🔊 오키나와 켄리츠하쿠부츠칸 비주츠칸

오키나와에서 단 하나의 박물관만 본다면 바로 이곳
이다. 내부에는 박물관과 미술관이 함께 있지만, 입장
료도 따로 징수할 만큼 두 구역은 독립적이다. 박물관
과 미술관 모두 상설전과 특별전을 여는데, 제시된 요
금은 상설전 요금이고, 특별전은 전시에 따라 별도의
요금이 있다.

역사관에서는 역사, 고고학, 자연사, 민속학 측면에서
본토와는 다른 오키나와의 독자적인 모습을 보여주
는데 주력하고 있다. 특히 자연사관은 오키나와의 특
성을 잘 나타내는 전시관이다. 이리오모테 고양이, 바
다거북, 맹그로브 나무가 생태계에 미치는 영향을 박
제와 모형으로 친절하게 설명하고 있다. 민속관도 빼
놓긴 아깝다. 여행자들은 쉽게 접할 수 없는 오키나와 민가를 그대
로 재현했고, 류큐 왕국 시절의 복식을 재현한 코너도 눈길을 끈다.
참고로 오키나와 현립박물관은 사진 촬영 규정이 상당히 복잡하다.
전시관별로 '촬영 가능', '플래시 금지', '촬영 불가'로 나뉜다. 각 전시
관 앞에 커다랗게 촬영 안내 마크가 있으니 참고하자.

🚶 모노레일 오모로마치おもろまち 역 서쪽 출구에서
도보 10분 🕐 화~목 09:00~18:00, 토, 일 09:00~20:00
(월요일, 12월 29일~1월 3일 휴무) ¥ 박물관 530엔(고등·
대학생 270엔, 초·중학생 150엔), 미술관 400엔(고등·
대학생 220엔, 초·중학생 100엔) 🅿 158대를 수용할 수
있는 무료 주차장이 있다 🏠 okimu.jp/kr 🔍 오키뮤

## 엄청난 경력에도 이 정도 매장 규모라는 게 오히려 놀라운 ····· ①
### 포토호토 Potohoto

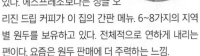

사카에마치 시장 안쪽에 있는 정말 작은 커피숍. 하지만 주인장의 실력은 출중해 2014년 전일본 커피 대회 배전 부문 전국 3위의 기록을 가지고 있다. 에스프레소보다는 싱글 오리진 드립 커피가 이 집의 간판 메뉴. 6~8가지의 지역별 원두를 보유하고 있다. 전체적으로 연하게 내리는 편이다. 요즘은 원두 판매에 더 주력하는 느낌.

🚶 모노레일 아사토安里 역 동쪽 출구에서 도보 6분, 만두집 벤리야에서 시장 안쪽으로 조금 더 들어가면 된다
📞 (098)886-3095  🕐 10:00~18:00(일요일 휴무)
💴 500엔  🅿 없음  🏠 www.potohoto.jp  🔍 포토호토

## 미군 부대가 전파한 제2선 요리 ····· ②
### 타코스야 신도심점 タコス屋 新都心店

오키나와 전통(?) 요리인 타코스와 타코 라이스 전문점. 타코 라이스는 타코스와 같은 고명에 토르티야 대신 밥을 얹어 먹는 일종의 덮밥이다. 바삭하고 고소한 맛의 토르티야와 아삭한 상추, 진한 맛의 치즈는 의외로 궁합이 잘 맞는 편. 시원하고 고소하면서도 담백한 세 가지 맛에 포인트가 되는 매콤한 소스가 어우러져 개운하기까지 하다.

🚶 모노레일 후루지마古島 역 서쪽 출구에서 도보 10분
📞 (098)867-2644  🕐 11:00~21:00(화요일 휴무)  💴 800엔
🅿 없음  🔍 타코스야 신도심점

# 우리준 うりずん

오키나와 요리로만 이루어진 이자카야 겸 레스토랑. 1972년에 문을 연 노포 중하나다. 오키나와 현지인들에게 오키나와 요리를 본격적으로 즐길 수 있는 곳을 문의하면 열 명 중 서넛은 이 집을 꼽을 정도. 1관과 2관으로 나뉘는데, 1관은 완전히 술집 분위기고 2관은 훨씬 차분한 느낌이다. 외국인이라면 대부분 2관으로 안내받는다. 요리도 다양하지만, 무려 47종에 달하는 아와모리 셀렉션은 주당들을 설레게 한다. 아와모리의 경우 브랜드를 고르고, 이후 몇 년 숙성된 술을 마실지 선택해야 한다. 이 집에서 시작해 오키나와 전역에 퍼진 도우루텐ドゥル天이라는 일종의 고로케는 일본인 여행자들이 반드시 주문하는 요리. 오키나와 해저에 서식하는 자코조개로 만든 사시미 シャコ貝刺身는 '바다의 맛'이 뭔지 알려준다. 사전 예약을 권한다.

🚶 모노레일 아사토安里 역 동쪽 출구에서 오키나와 은행을 지나 오른쪽 골목으로 들어가면 본점이 보인다. 도보 4분 📞 (098)885-2178 🕐 17:30~24:00 ￥ 2500~4000엔 🅿️ 없음 🏠 urizun.okinawa 🔍 우리준 본점

## 나하에서 츠케멘은 이 집 ······④

# 산치쿠쥬 三竹寿

오키나와에서 제일 유명한 츠케멘집
이다. 2014년에는 오키나와 베스트
라멘으로 선정되기도 했다. 메뉴
는 크게 세 가지, 찍먹 라멘인 츠
케멘つけめん, 뜨거운 면을 뜨거운
소스에 찍어 먹는 아츠모리あつもり 그리고 비빔면인 마제소바
まぜそば. 이 세 가지를 베이스로 매운맛과 보통맛으로 나뉜
다. 한국인 여행자들은 매콤하고 진한 츠케멘濃厚豚骨魚介辛つけ
麺을 선호하는 편.

🚶 모노레일 후루지마古島 역 서쪽 출구로 가서 왼쪽 계단으로 내려오면
정면에 아크로스 플라자 아크로스프라자 쇼핑센터가 보인다.
쇼핑센터 2층 📞 (098)868-8933 🕐 11:00~21:00(부정기 휴무)
¥ 1000엔 🅿 쇼핑센터 주차장 이용 📍 자가제면 산치쿠쥬

---

## 해산물 마니아라면 눈이 휘둥그레지는 미식 낙원 ······⑤

# 이유마치 수산시장 泊いゆまち 🔊 토마리 이유마치

오키나와 최대 규모의 해산물 직판장이자, 회 마니아들의 성지다. 오키나와의
다양한 근해 생선을 비롯해, 부위별로 잘라놓은 생참치, 참치 바비큐 구이, 즉
석에서 빚어 담아 놓은 초밥 도시락 등을 저렴한 가격에 먹을 수 있다. 특히 참치
마니아들에게는 더욱 반가운 소식이 있다. 참치 중 가장 비싼 부위로 알려진 오
오토로大トロ는, 여성 팔뚝만한 조각이 5,000~6,000엔 정도다.
물론 구입하자마자 숙소로 돌아가 냉장 보관한 후, 여행을 이어가야 하는데, 참
치 고급 부위에 죽고 못 사는 사람이라면 이럴 가치는 충분하다.

🚶 모노레일 미에바시美栄橋 역에서 차로 10분 📞 (098)868-1096
🕐 06:00~18:00 ¥ 800~2000엔 🅿 있음 🏠 www.tomariiyumachi.com
📍 토마리 이유마치 수산시장

### 덮밥·초밥 참치 본점
### 丼·すし まぐろや本舗

이유마치 수산시장 내 해산물 돈부리
전문점. 절인 참치나 참치 붉은살 덮밥
은 놀랄 만큼 저렴하지만, 덮밥의 고명
을 참다랑어 대뱃살로 올리면 아무래
도 기본 단가가 있으니 가격은 꽤 올라
간다. 하지만 그래도 한국과 비교하면
염가 수준인 것은 분명하다. 참고로 덮
밥·초밥 참치 본점은 테이블과 의자가
있어 주문한 식사를 매장에서 즐길 수
있다. 이유마치 시장에는 이외에도 沖
興水產食品이나 丸六水產처럼 덮밥,
스시 도시락을 파는 가게도 있다.

# 벤리야 べんり屋 玉玲瓏 🔊 벤리야 교쿠레이로

타이완 사람들이 운영하는 샤오룽바오小籠包를 비롯한 만두 전문점. 사카에마치 시장에서 가장 핫한 집 가운데 하나다. 일본 언론에도 제법 노출된 공인 맛집이라 영업 개시 10~20분 전에 가도 가게 앞에 줄을 선 사람들이 많다. 채친 생강과 식초는 샤오룽바오의 풍미를 더해주는 소품이니 잊지 말고 곁들여보자. 새우 찐만두 エビ蒸し餃子도 놓치면 나중에 뼈아프다.

🏃 모노레일 아사토安里 역 동쪽 출구에서 도보 5분(시장 안쪽에 있어 찾기가 쉽지 않다)
📞 (098)887-7754 🕐 18:00~22:30(일요일 휴무) ￥ 1000엔 🅿 없음 🔎 벤리야

# 자고르덴 스와로 金燕楼 The Golden Swallow

요코하마와 홍콩에서 어린 시절을 보낸 주인장이 오키나와에 정착해 만든 레스토랑. 매콤한 마파두부四川麻婆豆腐와 완탕면わんたん麺은 한국인들의 입맛에도 제격인 베스트 메뉴. 문화혁명 시기의 중식당 콘셉트라 테이블과 의자는 일부러 볼품없게 만들었고, 일부 점원들은 홍위병 복장을 하고 있다. 요리 맛도 훌륭하고 가격대 또한 적당하다. 라조기 辣子鷄도 맛있다.

🏃 모노레일 마키시牧志 역 또는 아사토安里 역에서 도보 10분 📞 (098)860-9089 🕐 화~금 17:00~24:00, 토 15:00~24:00, 일 12:00~23:00(월요일 휴무)
￥ 1000엔 🅿 없음 🏠 tsubame-gumi.com/the-goldenswallow 🔎 자고르덴 스와로

# 나하 메인 플레이스 Naha Man Place

오카나와를 대표하는 유통그룹인 산에이サンエー가 운영하는 복합 쇼핑센터. 오키나와의 신도심으로 불리는 오모로마치에 있다. 여행자들보다는 현지인들이 즐겨 찾는 곳으로, 헬로키티 제품이 가득한 산리오 기프트 게이트サンリオギフトゲート, 서핑보드를 비롯해 스노보드와 스케이트보드까지 온갖 종류의 보드를 취급하는 무라사키 스포츠ムラサキスポーツ, 루피시아 같은 점포들이 눈에 띈다.
쇼핑센터치고 식당은 약한 편이다. 극장과 서점, 레코드숍이 있다.

🚶 오모로마치おもろまち 역 서쪽 출구에서 도보 6분, DFS 갤러리아 맞은편
📞 (098)951-3300 🕘 09:00~22:00 🅿 있음 🏠 www.san-a.co.jp/nahamainplace
🔍 산에이 나하 메인 플레이스

사라진 왕국의 불타버린 폐허

# 슈리성 주변 首里城

슈리성이 불타 버리기 전만 해도 슈리성 일대는
독립적인 지역이자 오키나와를 방문한 여행자에게는
필수 방문지였지만, 안타깝게도 지금의 슈리성은 그전에 비하면
위상이 반의 반도 안된다. 그럼에도 왕조 시절의
중심지였던 덕에 지금도 이 일대는 예스러움이 넘쳐난다.
그 기반 하에 류쿠의 전통문화를 슬쩍 엿보고 싶다면
슈리성 일대는 여전히 매력적이다.
특히 슈리성 주변에서만 맛볼 수 있는 오키나와 소바집은
한 끼 식사를 위해서라도 들러볼 만한 가치가 있다.

# 슈리성 주변
# 상세 지도

🚌 슈리성 공원 입구(도노쿠라 방면)

🚌 슈리성 공원 입구(시내 방면)

📍 03 슈리 호리카와

29

49

50

📍 02 옥릉

원각사지

슈레이문 •

• 소노향 우타키 석문

• 간카이문

용통 •

• 즈이센문

• 로우코쿠문

고우후쿠문 •

만국진량의 종 •

📍 슈리성 공원 01

푸진문

수리기산공원 •

📍 03 긴조우초 돌판길

아마고이다케 전망대 •

📍 01 텐토텐  📍 04 시키나엔

108

🚉 슈리 역

82

29

📍02 슈리 소바

• 요호코리전

N

0 _____ 100m

장엄하게 남아버린
슬픈 폐허 ⋯⋯⋯ ①
# 슈리성 공원
首里城公園 🔊 슈리조 코엔

🚶 모노레일 슈리首里 역 남쪽 출구에서
도보 15분 또는 버스 1·14·16·46번을 타고
슈리성 공원 입구首里城公園入口 하차,
도보 5분 ⏰ 무료 구역 08:30~18:00,
유료구역 09:00~17:30(매년 7월의 첫 번째
수요일과 그 다음날) ￥400엔(고등학생
300엔, 초·중학생 160엔) ※모노레일 정기권
(1, 2일권)을 제시하면 각각 ￥320, 240,
120으로 할인 🅿 원내에 대형 주차장이
있다. 소형차 기준 320엔(3시간 이내)
🏠 oki-park.jp/shurijo 🔍 슈리성

1429년 쇼씨 왕조가 오키나와 일대를 통일한 후 1879년 일본에 편입되기까지
약 450년간 류큐 왕조의 정궁正宮이었던 곳. 2차 대전 당시에는 일본 육군 32군
의 총사령부로 쓰이며 성 자체가 격전지가 되었다. 1945년 5월 초 미군의 나하
포격이 시작되며 슈리성은 장장 사흘에 걸친 함포 사격으로 흔적도 없이 소멸되
고 만다.

망국이어서 더 서러운 법이었을까? 이미 망해버린 류큐 왕조였지만, 그나마 슈
리성의 존재가 오키나와 사람들에게 나름의 위안이 되었는데 이제는 그마저 사
라진 것이다. 슈리성의 재건은 1972년 오키나와가 일본에 반환되면서부터 재점
화된다. 우여곡절 끝에 1989년 슈리성 복원 공사가 시작되었고 전국에서 공예
가와 장인들이 몰려와 복원 작업에 힘을 보탠다.

1992년 11월 2일, 4년 여의 공사 끝에 궁전의 본전 격인 정전이 완공, 이후 주변
의 크고 작은 부분을 보강하며 최종적으로 2019년 1월 복원 완료를 선언하게
된다. 하지만 복원 완료를 선언하고 채 1년도 되지 않은 2019년 10월 31일, 전기
합선으로 인한 화재가 발생해 정전, 북전, 남전, 서원, 쇄지간, 황금어전, 이층어
전 등 총 6개 동이 전소되고 만다. 2020년 11월부터 다시 복구 작업에 들어갔는
데, 2026년 재복원을 목표로 현재까지도 공사가 진행 중이다. 현재는 불에 타지
않은 구역에 한해 일반에 공개되고 있다.

## 무료 구역

### 슈레이문 守礼門 🔊 슈레이몬

슈리성의 정문으로 일본인들에게는 ¥2,000짜리 지폐의 주인공으로 더 유명하다. 현판에 쓰여 있는 '슈레이노쿠니守礼之邦'는 예절을 중시하는 나라라는 뜻으로, 중국에 열심히 사대하겠다는 의미다. 실제로 슈레이문은 중국에서 책봉사들이 류큐 왕국을 방문했을 때, 류큐 왕조의 고관대작들이 황제의 사신에게 무릎을 세 번 꿇고 머리를 조아리며 머리를 땅에 아홉 번 부딪치는 삼배구고두三拜九叩頭를 행했던 곳이기도 하다. 현재의 문은 1958년에 복원한 것이다.

### 소노향 우타키 석문 園比屋武御嶽石門 🔊 소노향우타키 이시몬 **유네스코 세계문화유산**

슈리성 내에 있는 우타키御嶽 중 하나다. 우타키란 오키나와의 전통 신앙에서 가장 중요한 존재 중 하나로, 신이 내려오는 곳을 의미한다. 소노향 우타키는 왕만 출입할 수 있는 일종의 전용 예배처로 성 밖을 나갈 때면 어김없이 이곳에 들러 예식을 드렸다고 한다. 이곳 역시 1945년 오키나와 전투 때 파괴되었지만, 복원 과정에서 과거의 잔해들을 모두 활용한 탓에 유네스코 세계문화유산 중 하나로 선정되었다.

### 간카이문 歓会門 🔊 칸카이몬

성내 첫 번째 문, 중국에서 오는 사신이나 책봉사를 환영한다는 의미를 지닌 문이기도 하다. 이곳에서부터 이후 나오게 될 고우후쿠문廣福門까지는 류큐 왕국의 국왕과 중국 사신만 지나다닐 수 있었다고 한다.

**용통** 龍樋 🔊 류우히

류큐 왕국 시절 왕실 전용 샘. 당시 로열패밀리들만 이 샘의 물을 마실 수 있었다. 현재는 행운을 비는 샘물 정도로 격하돼 관광객들이 던져놓은 동전만 수북하다. 샘에서 물을 뿜어내는 용 조각은 1532년 류큐 왕국의 재상이었던 다쿠시 모리사토沢岻盛里가 중국에서 가져온 것이라고. 전쟁통에 기적적으로 살아남은, 몇 안 되는 2차 대전 전 슈리성의 구성 요소이기도 하다.

## 즈이센문 瑞泉門 🔊 즈이센몬

슈리성 제2문. 현판의 뜻은 '상서로운 샘이 나오는 문'이라는 의미로, 위에서 설명한 용통 때문에 붙은 이름이다. 계단을 2/3쯤 올라 즈이센문을 등지고 올라왔던 구간을 내려다보면, 눈 앞에 꽤 근사한 풍경이 펼쳐진다. 한편, 즈이센문과 용통 주변에는 7기의 비석이 있는데, 이는 책봉칠비라고 한다. 중국 황제가 보낸 책봉사가 류큐 국왕을 책봉하면서 남긴 칭찬(?)의 말을 비석으로 만들었다고. 가장 오래된 것은 1719년 강희 58년의 비석이고 가장 최근 것은 1866년 동치 5년에 만든 것이다. 마지막 비석이 만들어지고 5년 후, 류큐 왕국은 일본에 의해 멸망한다.

### 로우코쿠문 漏刻門 🔊 로우코쿠몬

슈리성 제3문. 1879년까지는 문 위에 물시계가 있었다고 하는데, 즈이센이란 말 자체가 물시계란 뜻이다. 예전에는 문 앞에 큰 북을 놓고 2시간마다 한 번씩 쳐서 시간을 알렸다고 한다. 류큐 왕국이 일본에 합병된 1879년 이후부터는 서양식 자명종이 도입되어 물시계의 용도는 유명무실 해졌다고 한다.

### 만국진량의 종 万国津梁の鐘 🔊 반코쿠신료노

원래는 슈리성의 정전에 매달려 있던 종. 현재 진품은 오키나와 현립박물관에 있고 여기에 있는 건 복제품이다. 1458년에 주조되었는데, 그 시절 한창 중계무역으로 명성을 떨치던 류큐 왕국의 자부심이 잘 드러나 있다. 만국진량은 종에 새겨진 명문으로 세계를 잇는 가교라는 뜻이다. 명문은 '류큐는 남해의 은혜로운 땅에 있다. 삼한(한반도)의 우수한 문화를 모으고, 중국과는 위아래의 중요한 관계이며 일본과는 혀와 입술의 관계처럼 친밀하다. 이 사이에 있는 류큐야말로 이상향이다'로 시작한다. 문장에 한반도가 가장 먼저 나오는 탓에 한국의 민족주의자들은 이를 근거로 류큐 왕족이 한반도 출신이라 그렇다는 등 온갖 행복한(?) 상상의 나래를 펴는 중이기도 하다.

### 고우후쿠문 廣福門 🔊 고우후쿠몬

지금까지의 문과는 달리 석조 기단 없이 목조 건물만 올라가 있다. 류큐 왕국 시절에는 궁전인 정전으로 가는 출입구였다. 문을 통과하면 오른쪽에 유료 구역으로 입장하기 위한 매표소가 마련되어 있다. 즉 여기까지는 무료 구역이라는 이야기.

## 유료 구역

### 푸진문 奉神門 ◀) 푸진몬

궁전 구역의 입구이자, 궁전으로 향하는 마지막 문. 현재는 유료 구역으로 들어가기 위한 검표소로 쓰이고 있다. 현재의 건물은 1992년 복원된 것이다.

### 요호코리전 世瓏殿 ◀) 요호코리덴

한참 복구 공사 중인 슈리성 정전 공사 구역을 뒤로 돌아 나오면 만날 수 있는 작은 궁전 부속 건물이다. 류큐 왕국 시절에는 미혼인 공주의 거실로 쓰였고, 국왕이 죽었을 때 차기 국왕의 즉위 의례가 여기에서 이루어졌다고 한다. 지금은 불타기 전 슈리성의 모습을 보여주는 영상 자료를 상영하는 공간으로 쓰인다.

### 동쪽 아사나
東のアザナ ◀) 히가시노 아자나

슈리성 동쪽 성벽길. 나하 시내를 굽어볼 수 있는 전망대다. 참고로 슈리성의 유료 구역은 2023년 4월 현재 이 세 곳 뿐이다. 문화재 복원에 지대한 관심이 있어 슈리성 복원을 위해 입장료를 보태주고 싶다면 모르겠으나, 단 세 곳을 보기 위해 입장료를 내는 건 조금 아깝다는 생각이 들기도 한다. 각자의 판단에 따르도록 하자.

왕가의 무덤군 ······· ②
# 옥릉 玉陵 ◀)) 타마우둔  유네스코 세계문화유산

류큐 왕국 역대 왕들의 능묘. 정확히는 1469년 쇼엔왕尙円王부터 1872년 퇴위
한 쇼타이왕까지 약 400년에 걸친 류큐 왕국의 왕들이 묻힌 무덤군이다. 오키
나와는 전통적으로 풍장風葬을 선호한다. 왕이나 왕족들이 죽으면 시신 안치소
에 5년 정도 보관만 한다. 그쯤 되면 시신이 모두 부패해 뼈만 남기 마련인데, 그
후 안치소 문을 열고 뼈를 깨끗하게 닦은 후에 유골 항아리에 담아 보관한다.
장례법이 이렇다 보니 한반도나 중국과 달리 각 왕의 능이 있는게 아니라
유골 항아리만 보관하는 현대의 납골당 같은 왕릉이 생겨난 셈이다. 겉에
서 보는 왕릉은 크게 세 동이다. 가운데 건물이 앞서 말한 시신 보관소, 옥릉
을 마주 보고 왼쪽에 있는 동실東室이 왕과 왕비의 유골 단지가 모셔져 있는 곳
이고, 서실에는 왕과 왕비를 제외한 왕족들이 모셔져 있다. 제2차 세계대전 당
시 일본군이 주둔했을 때, 본토 사람들이 죽은 사람을 바로 화장하자 오키나와
사람들은 깜짝 놀라며 말렸다고 한다. 죽은 것도 서러운데, 시신을 태우는 건 너
무하다는 논리와 함께 말이다.

🚶 슈리성 공원 입구에서 도보 5분  🕘 09:00~18:00  ¥ 300엔(중학생 이하 150엔)
🅿 슈리성 주차장을 이용하자  🏠 www.city.naha.okinawa.jp/kankou/bunkazai/
tamaudun.html  🔍 옥릉

나하에서 가장 매력적인 도보 산책길 ⋯⋯ ③
## 긴조우초 돌판길 金城町石疊道 ◀) 킨조우쵸 이시타다미미치

나하에 남아있는 거의 유일한 류큐 왕국 시절의 옛길. 류큐 왕국 시절에는 길이 4km, 총연장 10km를 자랑했다지만, 현재 남은 것은 고작 238m뿐이다. 나머지 구간은 제2차 세계대전 중 오키나와 전투를 거치며 모두 파괴돼 버렸다고. 류큐 왕국 시절에 이 일대는 귀족들의 거주지였다. 드물지만 당시에 지어진 돌담이 지금도 남아 있어 그때를 상상해 볼 수 있다. '일본의 아름다운 길 100선'에 뽑힌 길이니만큼 커플 여행자라면 이곳에서의 산보를 잊지 말자.

🚶 슈리성 슈레이문으로 들어가 오른쪽 흥선사 방향으로 5분 정도 내려가면 찻길이 나오고 그 길을 건너면 돌다미길 입구가 나온다. ⊙ 오픈 ¥ 무료 ② 구글맵 '26.214357, 127.715424' ♠ www.odnsym.com/spot/kinisidatami.html ♀ 긴조정 돌다미길

아침나절 숲과 함께하는 최고의 산책 코스 ⋯⋯ ④
## 시키나엔 識名園

류큐 왕국의 별궁이자 중국 황제의 사신들이 류큐를 방문했을 때 영빈관으로 쓰였던 곳. 일본 정원의 전통 기법인 회유식 정원廻遊式庭園 구조다. 회유식 정원은 큰 연못을 중심에 두고 연못 주변에 가산假山, 작은 섬, 정자, 다리 등을 배치해 다양한 풍경을 감상할 수 있게 해 준다. 주로 교토와 와카야마 지방에서 많이 볼 수 있는데, 시키나엔은 오키나와에 있는 유일한 회유식 정원으로 약간의 중국 정원 기법도 첨가되었다. 열대지방에서나 볼 수 있는 반얀 나무도 감상해 보자.

🚶 슈리성에서 차로 10분, 버스 2, 3, 4, 5, 14번 시키나엔 하차 ⊙ 4월~9월 09:00~18:00, 10월~3월 09:00~17:30(매주 수요일 휴무) ¥ 400엔(중학생 이하 200엔) ② 시키나엔 북쪽에 무료 주차장이 있다 ♠ www.city.naha.okinawa.jp/kankou/bunkazai/shikinaen.html ♀ 식명원

### 전통을 살린 신세대 소바의 선두주자 ······ ①
# 텐토텐 てんtoてん

오키나와 소바의 전설 중 하나. 전통기법과 자가제면, 부드럽고 은은한 국물과 여느 오키나와 소바에서는 볼 수 없는 탄력있는 면발까지. 무엇 하나 빼놓기 아까운 집이다. 특히 이 집의 면은 글루텐을 활성화시키기 위해 재를 사용하는데, 이 또한 면을 맛있게 만들기 위한 전통 기법이라고. 주먹밥의 쌀은 오키나와 재래종을 사용한다고 한다. 성수기 때는 예약이 필요하니 서둘러야 한다. 오키나와 소바木灰すば와 오니기리古代米のおにぎり가 기본 메뉴.

🚶 모노레일 아사토安里 역에서 차로 10분 또는 시키나엔識名園에서 도보 10분
📞 (098)853-1060 🕐 화~금 11:30~13:30 (토·일·월 휴무) ¥ 1000엔 🅿 있음
🏠 www.tentoten.ryukyu 🔍 텐토텐

### 오키나와 소바의 표준 ······ ②
# 슈리 소바 首里そば

삼겹살과 가마보코가 고명으로 올라가는 오키나와 소바의 '표준'같은 집이다. 점심 장사만 하기 때문에 시간을 잘 맞춰야 한다. 일본인들이 면을 대하는 자세는 경건 그 자체인데, 이 집에서는 조금 더 심해 면을 먹자는 건지 예배를 보는 건지 알 수 없을 정도다. 한국인 입장에서는 떠들면 큰일 나나 싶은 침묵. 면 넘기는 소리와 국물 마시는 소리만 들린다. 맛도 맛이지만 꽤 재미있는 집이다. 소바와 함께 오키나와식 삼겹살찜煮汁ける을 곁들이면 한 끼로 든든하다.

🚶 모노레일 슈리首里 역 남쪽 출구에서 도보 5분 📞 (098)884-0556
🕐 월~토 11:30~14:00쯤(목·일요일 휴무) ¥ 700~1000엔 🅿 6대 가능 🔍 슈리 소바

### 여기가 맞나 싶은 맛집 ······ ③
# 슈리 호리카와 首里 ほりかわ

가정집을 개조한 소박한 오키나와 소바집. 슈리성 구역, 주택가 좁은 골목 안에 자리하고 있어 약간은 비밀스러운 느낌이다. 다른 집과 달리 숙성 면을 쓰기 때문에 면발이 쫄깃하다. 자판기를 통해 주문해야 하는데 종이 메뉴와 자판기 표기가 좀 다르다. 소바는 필수고, 여기에 모즈쿠 초절임もずく酢, 후식으로 지마미 두부じーまみ豆腐를 곁들여보자. 완벽하다!

🚶 모노레일 슈리首里 역 남쪽 출구에서 도보 15분 📞 (098)886 3032
🕐 11:00~16:00(목요일 휴무) ¥ 2인 1000~1200엔 🅿 없음
🔍 슈리 호리카와

# 오키나와에서 가장 신성한

지역

# 남부
## 南部

북부에 츄라우미 수족관이 개관하기 전까지만 해도 남부 지방은 오키나와 여행의 일번지였다. 나하와 거리적으로 가까울 뿐만 아니라, 태평양과 동중국해를 아우르는 긴 해안선은 바다의 참맛을 즐기기에 부족함이 없었다. 무엇보다 제2차 세계대전의 유적지들이 많아, 휴양과 역사를 모두 아우를 수 있는 복합 여행지로서의 가치 또한 만만치 않았기 때문이다. 중부나 북부에 머문다면 다소 멀겠지만, 잘 보존된 마을의 정감어린 풍경을 사랑한다면 남부는 여전히 훌륭한 여행지다.

### 📷 한눈에 보는 남부 여행 해시태그

#세화 우타키 #우미카지 테라스 #세나가지마 호텔
#온천 #니라이·카나이 다리 #베스트 드라이브 코스
#평화 기념 공원 #오키나와 전투 기념관 #한국인 위령탑
#류큐 온천 용신의 탕 #나하공항 #해수 천연온천
#야기야 #오래된 민가 #아사 소바 #카페 구루쿠마
#전망 #타이 음식 #해변의 차야 #바다 전망 카페

구 해군사령부호 🚶
11

AREA 01 도미구스쿠
62
231
🚶 세나가 섬

256
🚶 우미카지 테라스
🚶 류큐 온천 용신의 탕

E58
507
48

77

82
134

AREA 03 이토만
331
오키나와 월드 🚶
17

77

15
250

331
3
🚶 류큐 유리촌
평화 기념 공원 🚶

N

0    1km

AREA 02 난조

세화 우타키

니라이카나이 다리

86

331

구다카 섬

미이바루비치

# 남부 추천 코스

⏱ 예상 소요 시간 **8시간**

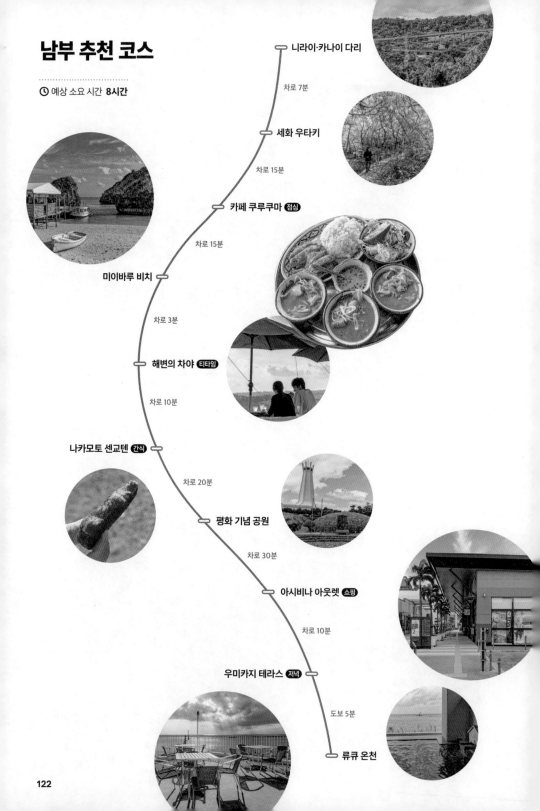

니라이·카나이 다리

차로 7분

세화 우타키

차로 15분

카페 쿠루쿠마 점심

차로 15분

미이바루 비치

차로 3분

해변의 차야 티타임

차로 10분

나카모토 센교텐 간식

차로 20분

평화 기념 공원

차로 30분

아시비나 아웃렛 쇼핑

차로 10분

우미카지 테라스 저녁

도보 5분

류큐 온천

## 하늘에 온통 비행기뿐인
# 도미구스쿠 豊見城

오키나와 남부의 시작점. 인구 6만 명가량의 작은 도시인데,
나하랑 붙어있어 여행자들은 행정구역이 나눠졌는지도 모른다.
일종의 나하권 위성도시 개념인데, 그래도 나하를
벗어나서인지 도심의 풍경이 조금 더 작아진다.
오키나와 여행객이라면 필수 방문지인 세나가 섬이 있어,
대부분의 여행자들이 꼭 들르는 곳이다.
구 해군 사령부호 같은 전적지도 눈에 띄는데
밀리터리 마니아라면 놓치기 아쉬운 곳이다.

N

0     200m

구 해군사령부호 04

331

01 아버지의 참치
02 모토무의 카레빵
03 류큐 온천 용신의 탕
02 우미카지 테라스
01 세나가 섬

331

시오사이 공원

331

토요사키 해변공원

아시비나 아웃렛 01

Chura-Sun Beach

DMM 카리유시 수족관

# 도미구스쿠
# 상세 지도

Toyosaki Rainbow Park

인생 비행기 샷을 찍어보자 ······ ①

# 세나가 섬 瀬長島 🔊 세나가지마

나하와 도미구스쿠 섬 경계에 있는 작은 섬으로, 전체 면적이 0.18㎢에 불과할 정도로 작다. 오키나와 현지 주민들에게는 시에서 운영하는 야구장과 섬에 딸려 있는 작은 해변에서 바다낚시와 윈드서핑을 즐기는 곳으로도 유명하지만, 외지 여행자들에게 주목받는 곳은 아니다. 나하공항으로 착륙하는 모든 비행기는 세나가 섬을 지나 활주로에 안착한다. 이 때문에 세나가 섬은 비행기 마니아들의 성지이기도 하다. 활강 중인 비행기를 가장 가까이에서 카메라에 담을 수 있어, 커다란 망원 렌즈를 들고 서성이는 사람들을 흔히 볼 수 있다. 민간항공기뿐만 아니라, 인근 자위대도 같은 활주로를 이용하고 있어, 우리나라에서는 볼 수 없는 F-15J 같은 자위대 전투기의 착륙 모습도 볼 수 있다. 섬의 서쪽으로는 아름다운 석양이 펼쳐지기도 해 커플들도 즐겨 찾는 명소다.

🚶 모노레일 아카미네赤嶺 역에서 버스 89번, 15분 소요. 330엔  ¥ 무료
🅿 해안도로에 요령껏 댄다.  🔎 세나가

# 우미카지 테라스 ウミカジテラス 🔊 우미카지 테라스

그리스 산토리니 느낌으로 지은 계단식 레스토랑, 쇼핑 복합 아케이드다. 오키나
와의 많은 신설 스폿들이 오로지 여행자들만을 타깃으로 삼다가 몇 년 못 가 한
적해지는 경우가 많은데, 우미카지 테라스는 현지인에게도 높은 평가를 받고 있
어 롱런이 예상된다. 우미카지 테라스 위에 있는 류큐 온천에서 몸을 담근 후 이
곳에서 요기할 수도 있고, 시원한 음료나 맥주를 마시며 망중한을 즐길 수도 있
다. 여행자들에게는 쇼핑 스폿보다는 석양 맛집, 탁 트인 바다를 바라보며 다양
한 일본 요리를 즐길 수 있는 포인트로 더 적당하다.

🚶 나하공항에서 차로 20분 또는
나하공항이나 모노레일 아카미네 역에서
도쿄 버스 우미카지라이나東京バス ウミカジ
ライナー 탑승, 세나가지마 호텔瀨長島ホテル
(ウミカジテラス) 하차 ⏰ 10:00~20:00
(선셋허브 20:00~02:00) ¥ 무료
🅿 있음 🏠 www.umikajiterrace.com
🔍 세나가점 우미카지테라스

## 우미카지 테라스에서 추천할 만한 식당&공방

| 점포<br>번호 | 점포명 | 소개 |
|---|---|---|
| 4 | 범람 버거 치무후가스<br>氾濫バーガー チムフガス | 속을 하도 꽉꽉 채워 범람한다는 그 버거. 대식가에게 강력 추천. |
| 7 | 오키나와 젤라또<br>沖縄ジェラート YukuRu Gelato | 이탈리아 볼로냐에서 젤라또 제조를 배운 주인장이 운영하는 본격적인 이탈리아 젤라또,<br>석양 아래 아이스크림을 먹는 그 맛은! |
| 9 | 오키나와 소바집 모토부 숙성 면<br>沖縄そば処 もとぶ熟成麵 | 쫄깃한 숙성 면을 사용하는 오키나와 소바집.<br>오징어 먹물 소바イカすみそば, 바다포도 소바海ぶどうそば가 간판 메뉴다. |
| 11 | 선룸 스위트 세나가지마<br>サンルーム スイーツ 瀨長島 | 디저트 전문점. 시폰 케이크, 파이, 그리고 엄청난 맛의 트로피컬 쥬스와 새콤한 아세로라<br>프로즌으로 비타민을 섭취하자. |
| 14 | 아버지의 참치 親父のまぐろ | 오키나와에서 가장 신선한 참치 돈부리를 맛볼 수 있는 집 중 하나다. |
| 15 | 바자르 블루 아이랜드<br>Bazaar Blue Island | 터키인이 운영하는 도기, 액세서리 전문점. 조금 비싸긴 하지만 예쁘장한 물건들이 가득하다. |
| 27 | 해먹카페 라 이슬라<br>Hammock Cafe La Isla | 해먹에 누워 바다를 바라보며 과일 주스를 마실 수 있는 카페.<br>한여름엔 타 죽으니 계절을 잘 선택하자. |
| 38 | 엠케이 카페 MK Cafe | 오키나와에서 직접 잡아올린 고등어로 만든 고등어 버거 전문점. 터키에서 먹는 고등어<br>케밥보다 훨씬 신선하다. 생각보다 맛있다. 실패 확률 낮은 편! |
| 40 | 이토시나 Itosina | 직접 만드는 반지 전문점. 은반지 위주이긴 하지만 금반지도 있다. 세상에 하나뿐인 나만의<br>혹은 우리만의 반지를 만들 수 있다는 매력! 가격은 반지의 무게로 결정된다. |

비행기 이착륙을 즐길 수 있는
특이한 해수 온천 ⋯⋯ ③
# 류큐 온천 용신의 탕
**琉球温泉龍神の湯** 🔊 류큐온센 류진노유

세나가지마 호텔에 있는 온천으로 오키나와 본섬에서
가장 추천할 만하다. 세나가지마 섬 지하 1,000m 지
점에서 솟아 나오는 천연 온천인데 분당 500ℓ 정도로
수량이 무척 풍부한 편이다. 특히 바다를 한눈에 내려
다볼 수 있는 야외탕에서의 느낌이 각별하다. 위치에
따라 바다를 조망할 수도 있고, 나하공항의 비행기가
뜨고 내리는 장면을 지켜볼 수도 있다. 남·여 탕은 나눠
져 있다.

🚶 나하공항에서 차로 20분, 또는 나하공항, 모노레일
아카미네 역에서 도쿄 버스 우미카지라이나東京バス ウミカ
ジライナー 탑승, 세나가지마 호텔 瀬長島ホテル(ウミカジテ
ラス) 하차 🕐 06:00~00:00 ¥ 2000엔(초등학생 1000엔),
문신 있는 사람, 주취자 입장 금지 🅿 있음
🏠 www.resorts.co.jp/senaga/ryujinhotspring
🔍 류큐 온천

일본 제국주의의 흔적 ⋯⋯ ④
# 구 해군사령부호 旧海軍司令部壕 🔊 큐카이군시레이부고

제2차 세계대전 당시 오키나와 전투의 비극적 산물이다. 오키나와
는 일본에 있어 본토 수호의 최전선이었다. 비록 패색이 짙어가는
상황이었지만, 일본군 대본영은 오키나와에서 미군에게 궤멸적 타
격을 줘 본토 침공을 저지하려 했다. 일본군뿐만 아니라 강제 징발
한 민간인을 민병대로 조직, 총알받이로 밀어붙이며 대규모 살육
전을 전개했다. 1945년 3월 23일 미국의 공습으로 시작된 오키나
와 전투는 같은 해 6월 13일 사령부호 속에 있던 오다 사령관의 자
결로 종료된다. 사령부가 있던 땅굴은 4,000여 구의 시신(모두 항
복을 거부한 채 자살했다)이 나왔다는 말이 과장이 아닐 정도로
넓다. 내부에는 사령관실을 비롯해 막료실, 암호실, 의료실, 작전실
등이 보존돼 있다. 시간은 흘렀고 세상은 겉으로는 평화로워졌다.
전쟁의 상처를 되새기고, 평화의 소중함을 일깨우자고 다들 말은
하지만, 아직도 이곳에는 가해자와 피해자조차 구분되지 않는 상
태로, 그저 묻혔을 뿐이다. 아픔과 진실, 그리고 모든 것들이.

🚶 모노레일 오로쿠小禄 역 또는 오우노야마 공원奥武山公園 역에서
차로 10분 🕐 09:00~17:00 ¥ 600엔(어린이 300엔) 🅿 있음
🏠 kaigungou.ocvb.or.jp 🔍 구 해군사령부호

### 참치 외길 인생 부자의 식당 ······ ①
# 아버지의 참치 親父のまぐろ 🔊 오야지노 마구로

참치잡이 배를 소유한 선주의 아들이 운영하는 참치 돈부리 전문점이다. 즈케(간장 절임)한 참치의 맛이 일품인 참치 돈부리親父のまぐろ丼와 아보카도와 용과 소스를 얹은 하와이 스타일의 아히보키라이스アヒボキライス가 추천 메뉴. 아히보키라이스 위에 올리는 날달걀은 오키나와산 유기농으로 꽤 유명한 농장의 것을 사용하는데, 설사 날달걀 노른자를 한번도 안 먹어봤다 해도 이질감이 느껴지지 않을 정도로 잡내가 전혀 없다.

🚶 나하공항에서 차로 20분, 우미카지 테라스 내부 📞 (098)996-2757
🕐 11:00~20:00 (휴무일 없음) ¥ 1200엔 🅿 있음
🏠 www.facebook.com/oyajinomaguro 📍 오야지노 마구로

### 주문 즉시 구워주는 ······ ②
# 모토무의 카레빵 もとむのカレーパン 🔊 모토무노 카레빵

일본에는 별 경진대회가 다 있는데 그중에는 카레빵 그랑프리라는 대회가 있고, 모토무의 카레빵은 3년 연속 그랑프리를 차지한 저력의 카레빵 명가다. 카레에 들어간 소고기는 A5 등급의 와규라고. 지점도 많지 않은 편으로 도쿄와 오키나와점이 전부. 아주 진한 카레맛이 특징인데, 일본인의 입맛에 맞추다보니 달착지근함이 우리에겐 거슬릴 수 있다.

🚶 나하공항에서 차로 20분, 우미카지 테라스 내부 📞 (098)851-8510
🕐 09:00~21:00(휴무일 없음) ¥ 500엔 🅿 있음
🏠 motomus-currybread.stores.jp 📍 모토무의 카레빵

### 오키나와 유일의 초대형 아웃렛 ······ ①
# 아시비나 아웃렛
**沖縄アウトレットモールあしびなー** 🔊 오키나와 아웃렛모루 아시비나

오키나와에서 가장 큰 복합 아웃렛. 우리나라의 여주 프리미엄 아웃렛과 비교한다면 1/4 수준이지만, 입점한 브랜드는 339개로 절대 뒤지지 않는다. 유아·어린이 용품이 가족 여행자들에게 인기가 많은데, 모두 2층에 몰려 있다.

🚶 나하공항 국내선 4번 버스 승강장에서 95번 직행버스(15분, 250엔) 또는 현청 북쪽 출구県庁北口에서 88·98번, 현청 남쪽 출구県庁南口에서 55·56번 버스(30분, 400엔) 📞 (098)891-6000
🕐 10:00~20:00(연중무휴) 🅿 있음
🏠 www.ashibinaa.com 📍 오키나와 아웃렛몰 아시비나

오키나와 탄생 설화가 서려 있는 땅

# 난조 南城

인구 4.1만 명. 오키나와에 있는 11개 시 중 가장 작다.
류큐 왕조의 시조인 쇼하시 왕尙巴志王이 이 지역 출신인데다,
오키나와 최대 성지인 세화 우타키도 있어
오키나와 민족주의의 심장부와도 같은 곳이다. 차를 타고
난조 시 곳곳을 돌다 보면 일본 최초의 비핵 평화 도시라는 문구가
눈에 띈다. 워낙 2차 대전 당시 호되게 당한 지역인 탓에
난조 시 곳곳엔 반전의 기운이 넘쳐난다. 다시금 일·중 분쟁이
격화되는 중이라, 이 문구에서 느껴지는 절박함이 예사롭지 않다.
남부에서는 유일하게 물놀이를 즐길 수 있는 해변이 있어,
전반적으로 가족 동반 여행자 친화적인 분위기다.

# 난조
# 상세 지도

331

77

86

137

48

17

86

Ryukyu
Golf
Club

48

03 오키나와 월드

331

17

산의 찻집 02

나카모토 센교텐 06

507

05 야기야

17

331

05 세화 우타키

02 니라이·카나이 다리

86

04 카페 쿠루쿠마

구다카 섬 04

331

03 카페 야부사치

01 미이바루 비치

01 해변의 차야

N

0　　　　　　　1km

남부에서 가장
아름다운 해변 ──── ①

# 미이바루 비치

新原ビーチ 🔊 미이바루 비-치

해안선이 2km에 달하고 수심이 얕은 예쁜 해변이다. 얼핏 보면 심심해 보이는 해변의 풍경을 장식해 주는 커다란 바위들로 인해, 넓지만 아늑한 느낌을 준다. 해변 한가운데 있는 선착장은 글라스 보트를 탑승하기 위한 곳이다. 바닥이 유리로 된 글라스 보트는 물을 무서워하는 사람이 바닷속 풍경을 즐기기 위한 가장 안전한 선택이다. 공식 해수욕 기간이 아닐 때도 글라스 보트만큼은 영업한다. 해변에서 스노클링은 불가능하다.

🚶 나하 버스터미널 6번 승강장에서 버스 39번 百名線 버스를 타고 종점인 新原ビーチ에서 하차 (1시간 소요, 780엔) 또는 나하공항에서 차로 40분 🕐 4~9월 09:00~18:00
💴 무료 🅿 있음, 1일 500엔 🏠 www.mi-baru.com 🔍 미이바루 비치

| 액티비티/시설 | 소요 시간 | 요금(1인) |
|---|---|---|
| 샤워 | 1회 | ¥300(어린이 ¥200) |
| 파라솔 / 의자 세트 | 1일 | ¥2500 |
| 구명조끼 / 물안경 / 오리발 | 1일 | 각 ¥500 |
| 글라스 보트 | 09:00~16:00 약 20분 | ¥1800(어린이 ¥1000) |

아찔한 드라이브 코스 ······ ②

# 니라이·카나이 다리 ニライ·カナイ橋 🔊 니라이카나이 바시

오키나와 드라이브 코스 중 손꼽히는 하이라이트 구간으로 86번 국도의 끝이다. 터널의 시작인가 싶은 다리 입구를 지나면 바로 하늘이 뻥 뚫리며 창밖 풍경이 돌변한다. 저 멀리 수평선이 보이고, 길은 마치 용처럼 허공을 휘감아 돌며 지면으

로 하강한다. 교각 아래로 보이는 까마득한 땅과 숲, 아득한 바다가 하나의 풍경으로 어우러진다. 방향을 바꿀 때마다 시시각각 달라지는 풍경 때문에 당장 차를 세우고 싶은 충동을 느끼겠지만, 왕복 2차선에 불과한지라 불법 정차는 위험천만! 눈물을 머금고 인간의 땅으로 하강(?)해야 한다. 다리의 길이는 660m, 고도차는 무려 162m에 달한다. 오키나와 사람들은 제주도 사람들이 믿던 전설의 섬 이어도처럼, 니라이카나이 섬에 신들이 산다고 믿었다.

🚶 나하공항에서 차로 40분 ⏱ 오픈 ¥ 무료 🅿 내려가는 쪽 입구에 몇 대의 차를 댈 공간은 있음. 공식 주차장은 아님 🔍 니라이카나이 다리

## 니라이·카나이 전망대

내려가는 방향의 다리 초입. 작은 터널이 보일 때쯤, 오른쪽에 작은 길이 나타나고, 그 주변에 몇 대의 차가 정차한 모습이 보인다. 이곳에 차를 세우고 길을 따라 위로 올라가면 터널의 지붕에 해당하는 부분에 다다른다. 자! 아래를 내려다보자. 용처럼 굽이치는 니라이·카나이 다리와 저 멀리 태평양의 수평선이 보인다. 참고로 이 일대는 오키나와의 동해다. 오전에 가면 역광 시간에 딱 걸리니, 가급적 오후에 방문하는 센스를 발휘해 보자.

## 왕국촌 王國村

일종의 민속촌. 국가 등록 유형문화재인 고거故居 다섯 채를 분해해 여기에 옮겨졌다. 즉 왕국촌의 건물들은 이미테이션이 아닌 진품이다. 각각의 건물들은 체험 공방으로 쓰이고 있는데, 체험에 참여하지 않더라도 오키나와 전통 건축을 살펴보는 데는 손색이

없다. 류큐 유리, 전통염색 빙가타紅型, 쪽염색인 아이조메藍染, 그리고 류큐 전통 복장을 하고 사진을 찍는 류큐 사진관琉球写真館이 있다. 일본 전통 복장인 기모노와는 또다른 느낌의 오키나와 전통복 류소琉裝를 입고 사진을 찍어보자. 여행자들에게는 아주 훌륭한 기념품이 될지도. 매일 4회 오키나와 집단 북춤인 에이사スーパーエイサー공연도 있으니 매표소에서 브로슈어를 잘 챙기도록 하자.

# 오키나와 월드

おきなわワールド 🔊 오키나와 와루도

오키나와에서 가장 큰 테마파크. 민속촌과 체험공방 그리고 종유동굴 탐험과 오키나와 특산품 판매장이 결합된 일종의 교육형 놀이공원이다. 내부는 민속촌 개념인 왕국촌王國村, 종유 동굴인 옥천동玉泉洞 그리고 오키나와 토종 독사 하브ハブ를 관람할 수 있는 하브 박물공원ハブ博物公園의 세 구역으로 나뉘어 있다. 가족여행지니 만큼 사회적 약자들을 위한 이동보조 장치가 갖춰져 있다. 휠체어는 무료, 유모차는 유료다.

🚶 나하 버스터미널 9번 승강장에서 50번 버스를 타고 종점인 아라구스쿠新城 정류장 하차 후 도보 15분 또는 나하공항에서 차로 40분
🕐 09:00~17:30(입장은 16:00 제한)
¥ 2000엔(어린이 1000엔) 🅿 있음
🏠 www.gyokusendo.co.jp/okinawaworld
🔍 오키나와 월드

## 옥천동 玉泉洞

약 30만 년 전 생성된 종유동굴. 전체 길이가 5km에 달할 정도로 초대형인데, 이 중 890m만 일반에 개방되어 있다. 종유석의 수가 약 100만 개에 이를 정도로 대규모인데다 오키나와의 기후 특성상 종유석의 성장 속도가 무척 빨라 3년마다 1㎜씩 자란다고 한다. 실제 동굴에서는 반투명하게 자라나는 종유석의 끝자락을 쉽게 관찰할 수 있다. 수량이 풍부한 동굴이라 상당히 습하고 구간에 따라 바닥이 미끄러울 수 있으니 슬리퍼 착용자들은 주의할 것.

## 기타 볼거리들

내부의 난토 주조소南都酒造所에서는 오키나와의 식재료를 활용한 맥주 4종과 뱀술(!)을 판매한다. 열대과일 농원熱帯フルーツ園도 있는데, 실제 과일나무에 열려있는 열대 과일을 볼 수 있고 이를 이용해 주스 등의 음료를 판매한다. 작은 규모의 왕궁 역사 박물관도 있다. 구색 맞추기 느낌이 들 정도로 작지만, 이 일대의 민속학에 관심이 있다면 들어가 볼 만하다.

# 구다카 섬 久高島 🔊 쿠다카지마

오키나와 창세 설화의 중심지. 창세 신의 명령을 받은 여신 아마미키요アマミキヨ가 바다 너머의 이상향 니라이카나이에서 지상으로 처음 내려온 곳이다. 오키나와 창세신화의 본고장치고는 별 게 없다. 면적은 겨우 1.83㎢, 해안선 전체의 길이가 8km고 주민은 200명에 불과하다. 지형은 평평 그 자체. 게다가 쓰나미라도 몰려오면 섬 전체가 수몰될 것처럼 표고가 낮다. 류큐 왕국의 왕들은 자신의 뿌리를 이곳에서 찾았고, 매년 제사를 지냈다. 창세 신화에서 알 수 있듯이 류큐의 토속신앙은 강력한 여신 체제인 관계로 신의 대리인인 제사장도 여성만이 맡을 수있었다. 현재도 매년 구다카 섬의 성지 우다키에서는 여사제의 집전 하에 제사가 치러진다.

구다카 섬을 돌아보기 위해서는 자전거(1시간 ¥300, 1시간 30분 ¥450, 2시간 ¥600)를 렌트해야 한다. 체력이 보통 이상이라면 1시간 30분~2시간이면 섬을 대략 둘러볼 수 있다. 오전에 들러 섬 일주를 하고 점심을 먹으면 반나절 일정이 끝이 난다. 큰 나무가 없어 그늘도 없기에 여름에 가면 불고기가 될지도 모른다. 이 섬에서 밥을 먹어야 한다면 밥집 도쿠진食事処とくじん이 거의 유일한 장소다. 물뱀탕이 특기인 집이지만, 한국인에게는 무리. 바다포도 정식海ぶどう丼定食 정도를 먹으면 적당하다.

🚶 나하 버스터미널 10번 승강장에서 38번 버스를 타고 아지마산산 비치 입구あざまサンサンビーチ入口 정류장에서 하차(1시간 소요, 780円), 안자진 항安座真港(도보 5분)으로 가 구다카 섬으로 가는 배를 타면 된다. 또는 나하공항에서 차로 50분+배 25분 🕐 오픈 ¥ 무료 🅿 차를 가지고 갈 수 없음 🔍 구다카 섬

## 구다카 섬으로 가는 페리 시간표

| 아지마 항 출발 / 구다카 섬 출발 | 종류 | 요금 |
|---|---|---|
| 08:00 / 08:30 | 페리 | 고속선 |
| 09:30 / 10:00 | 고속 | 편도 ¥770(어린이 ¥390) / |
| 11:00 / 12:00 | 페리 | 왕복 ¥1480(어린이 ¥750) |
| 13:00 / 14:00 | 고속 | 페리 |
| 15:00 / 16:00 | 페리 | 편도 ¥680(어린이 ¥340) / |
| 17:00 / 17:00 | 고속 | 왕복 ¥1300(어린이 ¥650) |

## 우둔먀 御殿庭

음력 7월 15일의 시라타루, 보리 수확제, 풍어제 등 섬의 크고 작은 공식 제사들이 모두 여기서 벌어진다. 건물 뒤의 숲은 신령한 곳으로 간주해 외부인의 출입이 금지되니 주의하자.

## 후보 우타키 フボー御嶽

오키나와에 있는 일곱 개의 신령한 우타키 중에서도 가장 신령한 곳으로 아마미키요가 살았던 곳이다. 제사장 격인 무녀들이 제의를 올릴 때를 제외하고는 아예 금역처럼 막혀 있다.

## 이시키 해변 イシキ浜

전설에 의하면 이 해변을 통해 쌀을 비롯한 오곡이 전해졌다고 한다. 오키나와 사람들은 이시키 해변을 기점으로 태평양 쪽에 전설 속의 이상향 니라이카나이가 있다고 믿고 있다. 이 때문에 신성한 해변으로 간주해 수영복 차림이나 수영은 금지된다.

## 가베루 곶 イカベール岬

섬의 최북단으로 여신 아마미키요가 최초로 강림한 땅이다.

처음부터 끝까지 신비로운 ……⑤
# 세화 우타키 斎場御嶽

오키나와 본섬 제일의 성지. 류큐 왕조 직할 성지로 왕실 사제이자 정승급 관료인 키코에오키미聞得大의 직할 사원. 현재는 유네스코 세계문화유산으로 지정되어 있다. 참고로 키코에오키미는 류큐 왕조가 망한 지금까지 전승돼 현재는 2020년에 취임한 21대 키코에오키미가 지키고 있다. 입장하면 비디오 시청각실에서 간단한 비디오 한 편을 본 후, 세화 우타키 안으로 들어간다. 류큐 전통에 따라 우타키의 입구에서 관등성명을 크게 외쳐야 한다. 오키나와 사람들 말에 의하면 남의 집을 방문할 때 어디에서 온 누구다 정도는 말하는 것이 예절이라는 것. 실제로 본토 관광객들은 '도쿄에서 온 누구예요~'라며 입구에서 외치기도 한다.

🚶 나하공항에서 차로 1시간 또는 나하 버스터미널 7번 승강장에서 38번 버스를 타고 세후타키리구치斎場御嶽入口 정류장에서 하차 🕐 3~10월 09:00~18:00, 11~2월 09:00~17:30 ¥ 300엔(어린이 150엔) 🅿 500m 떨어져 있는 세화 우타키斎場御嶽 주차장에 차를 대고 입장권도 여기서 구입한다. 🏠 okinawa-nanjo.jp/sefa
🔍 세화 우타키, 세화 우타키 주차장

## 우후구이 大庫理

키코에오키미聞得大君가 취임식을 열었던 장소. 바닥에 깔린 모래는 오키나와 제일의 성지 구다카 섬에서 가져온 것이다. 키코에오키미는 대부분 왕족 여성 중에서 뽑았는데, 다른 직책과 달리 대신과 협의 과정을 거치지 않고 국왕이 일방적으로 임명할 수 있었다고 한다. 매년 2회씩 국왕도 우후구이를 방문해 제사에 참여했는데, 재미있는 점은 세화 우타키 자체가 금남구역이라는 것. 국왕도 여장을 해야 입장이 가능했다고 한다.

## 유인치 寄満

국가의 길흉화복을 점치는 예언의 장소다. 유인치로 가는 도중, 오른쪽에 포탄지砲彈池라고 쓰인 연못은 제2차 세계대전 당시 미군의 함포 사격에 의해 포탄이 떨어진 곳이다. 오키나와 사람들은 오키나와 전역을 쑥대밭으로 만든 전투에서 겨우 포탄 한 발만(?) 떨어졌다는 점이 세화 우타키가 얼마나 신령한 곳인지를 보여주는 증거라고 믿고 있다.

## 키요다유루 아마다유루 キヨダユル アマダユル

종유석에서 떨어지는 성수를 받아두는 장소. 항아리를 정면으로 바라봤을 때 오른쪽 항아리가 남자와 빛을 상징하고, 왼쪽 항아리가 여성과 어둠을 상징한다고. 여기서 받은 물이 있어야만 제사를 지낼 수 있었고, 가뭄이 들어서 항아리에 물이 차지 않으면 제사는 중단되었다. 국가적으로는 나쁜 징조라 여겨져, 왕의 밥상에 올라가는 반찬 수까지 제한했었다고 한다.

## 산구이 三庫理

세화 우타키의 상징. 두 개의 거대한 바위가 맞대어지면서 커다란 삼각형의 천연 터널이 생겼는데, 터널 안으로 들어가면 작은 제단이 하나 있고, 신의 섬 구다카 섬을 향하고 있다. 결국 본섬 최고의 성지인 세화 우타키는 구다카 섬으로 연결되는 일종의 영적 통로였던 셈이다. 일본인 여행자들에게 이곳은 오키나와 최고의 파워 스폿이라, 기를 받는 포즈를 취하는 여행자를 드물지 않게 볼 수 있다.

## 해변 멍때림의 진수! ……①
# 해변의 차야
浜辺の茶屋 🔊 하마베노차야

오키나와 해변 카페의 원조. 개업 당시 이런 곳에 누가 오냐고 했지만, 지금은 줄서서 가는 집이 됐다. 삐걱대는 나무로 지어진 카페는 '허클베리핀의 모험'에 나올 법한 나무 위의 집을 연상시킨다. 커다란 창밖으로 펼쳐진 시원한 바다 풍경은 그 무엇과도 바꾸고 싶지 않은 절경이다. 좌석이 많지 않아 창가 앞 명당에 앉기 위해서는 대기가 필수다. 한두 시간 앉아서 풍경을 관조할 수 있는 여유를 가진 이에겐 오키나와 최고의 카페 중 하나다.

🚶 나하공항에서 차로 40분 또는 미이바루 비치에서 도보 10분
📞 (098)948-2073 🕐 08:00~17:00 ¥ 1000엔
🅿 있음 🏠 sachibaru.jp/hamacha 🔎 하마베노차야

## 해변의 차야가 만든 언덕의 밥집 ……②
# 산의 찻집 山の茶屋楽水 🔊 야마노차야 라쿠스이

오키나와풍 시골 밥집. 차가운 중화 소바 같은 단품 요리부터 밥과 찬이 어우러진 세트 정식(점심때만 가능)까지 다양한 끼닛거리를 제공하는 집이다. 가게는 계단길의 끝에 있는 나무 오두막집으로, 2층 구조다. 특히 2층에서는 해변을 볼 수 있다. 현지인들보다는 여행자들을 위한 콘셉트의 밥집이라 세트 정식의 경우 다소 가격대가 비싼 느낌이 있다.

🚶 나하공항에서 차로 40분,
해변의 차야에서 도보 3분
📞 (098)948-1227
🕐 11:00~15:00(수·목요일 휴무) ¥ 1500엔
🅿 없음 🏠 sachibaru.jp/yamacha
🔎 야마노차야 라쿠스이

140

숲과 해변을 바라보면서 맛보는 일본풍 경양식 ⸻ ③

# 카페 야부사치 Cafe やぶさち

숲과 바다 전망으로 둘러싸인 2층 카페 겸 경양식 레스토랑. 에어컨이 나오는
실내, 혹은 언제나 바닷바람이 불어오는 야외 셸터에 앉아 런치를 즐기고 차를
마시며 흐르는 시간을 관조하기 좋은 곳이다. 하루 단 5접시만 판매하는 한정판
스테이크와 함박스테이크가 인기 메뉴. 카페 메뉴로는 셔벗이 단연 인기. 깔끔
한 맛을 원한다면 소다류를 선택해보자.

🚶 나하공항에서 차로 40분, 미이바루 비치에서 차로 3분 📞 (098)949-1410 🕐 11:00~
18:00(수요일 휴무) ¥ 200~2500엔 🅿 있음 🏠 yabusachi.com 🔎 카페 야부사치

절경이 내려다보이는 언덕에서 먹는 타이요리 ⸻ ④

# 카페 쿠루쿠마 カフェくるくま

태평양이 내려다보이는 언덕 위에 자리한 타이 레스토랑. 식당이라기에는 과하
게 큰 부지를 점유하고 있는데, 내부에는 공룡 화석과 어지간한 공원을 방불케
하는, 끝내주는 조경의 전망 공원이 있다. 그래서 이 집은 요리를 먹고, 디저트
하나 시켜 접시째 들고 밖으로 나가는 것이 전통이다. 바다에서 불어오는 살랑
바람에 몸을 맡기면 어느새 힐링 만점! 일본인 입맛 위주의 점심 세트보다는 단
품을 추천하며, 양이 많은 편이니 요리 두 가지에 밥 하나면 두 사람이 배부르게
먹을 수 있다.

🚶 나하공항에서 차로 25분, 니라이카나이 대교 상단에서 차로 2분
📞 (098)949-1189 🕐 주중 10:00~17:00, 금·토·공휴일 10:00~18:00(수요일 휴무)
¥ 1000~1500엔 🅿 있음 🏠 curcuma.cafe 🔎 카페 쿠루쿠마

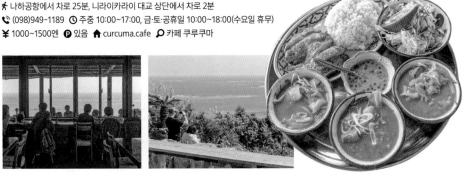

고거에서 먹는 한 끼의 즐거움 ...... ⑤
## 야기야 屋宜家

국가유형문화재에 등록된 오래된 민가를 식당으로 이

용하고 있다. 사실, 오키나와에는 전통가옥을 개조한 콘셉트의 식당이 꽤 있는 편인데, 집 자체가 국가 문화재로 등록된 경우는 여기가 유일하다. 오키나와 사람들이 즐겨 먹는 해초인 아사ｱｰｻ를 활용한 아사 소바ｱｰｻそば나, 건강식을 표방한 섬두부 소바大豆丸ごと豆乳そば는 야기야만의 독특한 메뉴다. 자가제면을 내세우는데, 일반적인 오키나와 소바보다는 면이 쫄깃한 편이라 한국인의 입에 더 잘 맞는다. 참고로 이 집은 행정구역상 난조 시가 아니라 시마지리 군에 속한다.

🏃 나하공항에서 차로 40분, 오키나와
월드에서 차로 5분 📞 (098)998-2774
🕐 11:00~15:00(화요일 휴무) ￥ 1000엔
🅿 있음 🏠 www.ne.jp 🔎 야기야

외딴섬, 작은 튀김집 하나 ...... ⑥
## 나카모토 센교텐 中本鮮魚店

오키나와에서 가장 유명한 튀김집. 항시 문을 열자마자 문전성시. 14종의 튀김을 파는데, 미리 튀겨 놓을 새가 없을 정도로 순식간에 팔린다. 대부분 포장 손님이지만, 매대 옆에 테이블이 있어 바로 먹을 수도 있다. 습한 동네라 튀김 구입 후 20분 이상 방치하면 눅진눅진해져서 먹을 수 없는 상태가 되니, 구입 즉시 흡입을 추천! 참고로 건물 2층은 식당 마루텐食べ処 まる天ば이라는 직영 밥집이다. 튀김 정식을 비롯해, 오징어미소볶음 정식 같은 몇 가지 런치 메뉴를 판매한다. 아예 끼니가 필요하다면 여기를 가보는 것도 좋은 방법.

🏃 나하공항에서 차로 40분.
미이바루 비치에서 차로 7분
📞 (098)948-3583
🕐 10:30~18:00(목요일 휴무) ￥ 500엔
🅿 있음 🏠 nakamotosengyoten.com
🔎 나카모토 센교텐 덴푸라

# 평화를 꿈꾸는 사람들이 모여 사는
# 이토만 糸満

오키나와 남부에서 가장 중요한 어항魚港. 인구는 약 6만 명
가량으로, 서울의 서초구만 하다. 오키나와 사람들에게는
가장 가슴 아픈 제2차 대전 최대의 격전지였던 곳.
현재는 오키나와 평화 공원이 자리 잡은 채 전쟁이 얼마나
비극적인지를 설파하는 공간으로 쓰이고 있다.
평화 기념 공원은 여름~가을철 수많은 일본 고교생의
수학여행 필수 방문지기도 하다. 몇몇 볼거리를 제외하면
가도 가도 끝없는 사탕수수밭만 이어지는 한적한 곳이다.

# 이토만
# 상세 지도

82

134

507

256

01 이토만 어민식당

02 오션뷰 레스토랑 레이

52

331

77

54

250

15

331

3

54

01 류큐 유리촌

• 히메유리탑

평화 기념 공원 02

331

N

0        1km

# 류큐 유리촌  琉球ガラス村 🔊 류큐 가라스무라

오키나와에서 가장 큰 류큐 유리 체험 공방 및 판매장. 크게 공방, 아웃렛 그리고 갤러리로 나뉜다. 예약제로 운영되지만, 극성수기가 아니라면 웬만해선 당일 예약이 가능하다. 체험 프로그램은 홈페이지를 통해 예약할 수 있다. 오키나와의 유리공예가 꽃을 피운 건 뜬금없게도 제2차 세계대전 직후. 미군 부대에서 흘러나오는 코카콜라 유리병이 시발점이다. 처음에는 콜라병 밑단을 잘라, 날카로운 부분만 가열해 뭉툭하게 만든 후 물컵으로 썼다고 한다. 갤러리에서 볼 수 있는 엄청난 작품들, 아웃렛에서 보이는 예쁘장한 오키나와의 유리공예는 이렇게 탄생했다. 어찌 보면 막다른 곳에 몰린 암울함 속에서 탄생한 인간의 독창성이랄까.

🚶 나하공항에서 차로 25분 또는 나하 버스터미널에서 34번, 이토로타리糸満ロータリー 하차, 건너편에서 108번 승차, 나미헤에리구치 波平入口 하차, 도보 7분 🕐 09:30~17:30
¥ 무료(각종 체험 유료) 🅿 있음 🏠 www.ryukyu-glass.co.jp 🔍 류큐 유리촌

## 오키나와가 2차 대전의
### 전쟁 피해자인 이유 ······· ②
# 평화 기념 공원

平和祈念公園 🔊 헤이와키넨코우엔

오키나와 전투 기념관. 정식 이름은 오키나와 전적 국립공원沖縄戦跡国定公園으로, 일본에 있는 국립공원 중 유일한 전적지이기도 하다. 오키나와 일본군 총사령부가 있던 곳에 조성됐는데, 총면적이 81.3㎢에 달한다. 오키나와 전투는 1945년 3월 26일 시작해, 6월 23일 총대장인 우시지마 미쓰루가 자결하면서 끝이 났다. 태평양 전쟁 최대의 전투이다 보니 양측 사망자도 엄청나 일본군 18만, 미군 1만 2,000명으로 거의 20만 명에 가까운 사람이 죽었다. 이 중 민간인 사망자만 무려 9만 4,000명에 달했다고 한다. 평화 기념 공원은 미군 점령기인 1965년 류큐 도립공원으로 지정됐고 일본으로 반환된 후 국립공원으로 승격됐다. 오키나와는 일본 수비군 총대장의 자결 이후, 일본군의 조직적인 저항이 종료된 6월 23일을 위령의 날로 지정해 평화 기념 공원에서 추모 행사를 연다.

🚶 나하공항에서 차로 40분 또는 나하 버스터미널에서 89번 버스를 타고 하나이토만이치바이리구치糸満市場入口에서 하차 후, 82번 버스를 타고 평화 기념당 입구平和祈念堂入口 정류장에서 하차 🕘 09:00~17:00 ¥ 자료실 300엔(어린이 150엔)
🅿 있음 🏠 heiwa-irei-okinawa.jp 🔍 평화 기념 공원

## 평화 기념당 平和祈念堂

오키나와의 평화를 염원하며 만든 칠각형의 당탑堂塔. 내부에는 높이 12m, 폭 8m의 거대한 목조 불상이 있는데 오키나와 출신의 예술가 야마다 마야마山田真山 씨가 그의 마지막 생애 8년을 불살라 만든 작품으로 오키나와 특유의 전통 옻칠 공예로 채색됐다. 불상 뒤로 돌아가면 평화 기념당 내부로 진입할 수 있는데, 평화를 기원하며 전 세계에서 가져온 돌을 모아 진열해 두었다. 평화 기념당 밖으로 나오면 나비를 사육하는 온실로 향할 수 있다. 오키나와에서 나비는 죽은 이의 영혼을 상징한다.

## 한국인 위령탑 韓国人慰霊塔

국가의 길흉화복을 점치는 예언의 장소다. 유인치로 가는 오키나와 전투에서 사망한 민간인 중 1만 명가량은 조선인으로 추정된다. 대부분 강제 노역에 동원된 노동자와 성 노예 여성들이었다. 한국인 위령탑은 1976년 8월 15일을 기념해 건립됐고, 현재 위령탑이 있는 구역은 한국령으로 간주해 오키나와의 민단이 관리를 대행하고 있다. 당대의 문필가였던 노산 이은상의 비문과 박정희 전 대통령의 휘호가 있고 탑 주변을 한국의 각 도에서 가져온 돌이 둥그렇게 둘러싸고 있다. 탑 정면에 있는 검은 화살표는 한반도 방향을 가리키고 있다.

## 오키나와 현 평화 기념 자료관 沖縄県平和祈念資料館

인류 역사상 가장 비참했던 전투 중 하나로 손꼽히는 오키나와 전투를 추념하는 전시관이다. 전시관은 크게 「오키나와 전쟁으로 가는 길沖縄戦への道」, 「전장의 주민戦場の住民」, 「증언의 방証言の部屋」, 「수용소에서收容所から」 등 총 4개 관으로 구성되어 있다. 가장 인상적인 곳은 오키나와 전투를 겪은 개인의 이야기를 담은 「전장의 주민관」과 「증언의 방」이다. 우리가 흔히 생각하는 일본의 역사 인식과는 상반된, 오키나와 사람들이 겪은 역사적 증언들이 넘쳐나고 있다. 특히 미군에게 잡히면 모두 죽는다는 거짓말로 집단 자결을 강요받은 오키나와 사람들의 투신 장면을 담은 비디오와 동굴 벙커에 갇혀서 죽음을 강요받다 가까스로 살아남은 노인들의 시청각 증언을 접하면, 국가의 존재 이유에 대해서 회의감이 들기도 한다. 전시장은 오키나와 전투에서 가장 약자였던 조선인에 대한 조명도 놓치지 않고 있다. 우리로서는 참 고마운 부분이기도 하고, 일본 본토와 다른 오키나와인들의 역사 인식과 정서를 만날 수 있어 반갑기도 하다.

### 평화의 초석 平和の礎

전 세계의 평화를 기원하는 기념비를 둘러싸고 있는 평화의 광장에는 24만 931명에 달하는 오키나와 전투 희생자들의 이름이 병풍형 화강암에 빼곡하게 새겨져 있다. 이름이 새겨진 비문은 출신지역 순으로 정렬되어 있는데, 해안과 가까운 D구역이 외국인 희생자를 위한 구역이다. 미국 1만 4,009명, 영국 82명, 타이완 34명 그리고 대한민국이 365명, 조선 민주주의 인민공화국이 82명이다. 한반도계 사람들의 경우 해방 전에는 조선인이라는 이름이었을테니 365명+82명인 447명이 올바른 표기이겠으나, 분단된 현실이 이렇게 죽은 사람들마저 나눠놓고 있다. 약 1만 명으로 추산되는 조선인 사망자의 숫자에 비하면 여기에 새겨진 447명은 턱없이 적은 숫자인데, 한국쪽 유족들이 비석에 조상의 이름이 각인되는 걸 원치 않았기 때문이라고 한다.

리얼
**TALK**

### 오키나와 역사상 가장 큰 시위

종종 우리는 일본의 역사 교과서 개정 문제 때문에 분노합니다. 한 가지 특이한 사실은 역사 교과서 문제에 한해서는 오키나와 사람들도 우리와 같은 입장이라는 거죠.

2007년 10월 평화 기념 공원에 제2차 세계대전 이후 최대 인원인 무려 11만 명의 오키나와 사람들이 모여, 일본의 교과서 왜곡에 항의하는 시위를 벌입니다. 당시 오키나와 본섬 인구가 150만 명이었으니, 열 집 건너 한 집이 시위에 참석했단 말이지요. 집회의 이름은 '오키나와 집단 자결 사건 왜곡 규탄 대회'. 집회의 발단은 2008학년도 일본 역사 교과서 검토 과정에서 주무 부처인 문부성이 '오키나와 전투시 집단 자결과 관련해 군의 명령과 강제가 있었다'는 문장을 삭제하라는 방침을 정했기 때문입니다. 이에 전쟁 피해자인 오키나와 사람들은 분개하며 원상복구를 요구하고 나섰습니다.

하지만 어떤 한국인들은 일본이라는 나라와 일본 국민을 동일시합니다. 이런 걸 국가주의라고 하는데요. 이야말로 일본 제국주의 시절의 잔재인 셈이죠. 오키나와 사람들의 일본 정부 역사 왜곡에 대한 분노는 상상을 초월합니다. 그러므로 오키나와는 분명 보통의 일본이라는 범주에서 가장 먼저 분리해 사고해야 하는, 한국과 같은 전쟁 피해자입니다.

## 동네 어촌계에서 이런 식당을 만들다니! ······ ①

# 이토만 어민식당 糸満漁民食堂 🔊 이토만교민쇼쿠도

항구 어촌계 직영인데, 분위기, 설비, 맛 모두 수준급 파인 다이닝 레스토랑을 방불케 한다. 오픈 키친 형태의 주방도 인상적이다. 인기 메뉴는 오키나와 사투리로 이마이유イマイユ, 그날 잡은 생선으로 만든 버터구이와 조림이다. 이마이유를 주문하면 전채 요리+메인 요리+디저트가 코스 형태로 나온다. 안주 삼을 만한 요리도 다양한 편이라 이자카야로 활용해도 훌륭하다.

🚶 나하공항에서 차로 15분  📞 (098)992-7277  🕐 11:30~14:30, 18:00~21:00(화요일 휴무)  ￥ 2000엔  🅿 있음  🏠 www.facebook.com/itomangyominshokudo  🔎 이토만 어민식당

## 오키나와 요리로 채워진 뷔페 ······ ②

# 오션뷰 레스토랑 레이

오ーシャンビューレストラン「レイール」
🔊 오산뷰-레스토랑 레이루

탁 트인 바다 전망을 바라보며 즐기는 오키나와의 뷔페 레스토랑. 제철의 현지 식재료를 이용해 건강식+오키나와 전통 요리 비중이 높은 메뉴를 선보이고 있다. 아침·점심·저녁의 요리 콘셉트가 조금 다른데, 오키나와 요리 위주로 즐기고 싶다면 저녁이 적당하고, 요리의 다양성을 중시한다면 점심이 더 낫다. 디저트 코너도 상당히 훌륭하다.

🚶 나하공항에서 차로 15분  📞 (098)992-7542
🕐 06:30~10:30, 11:30~15:00, 17:30~22:00(휴무일 없음)
￥ 3000엔~  🅿 있음  🏠 www.southernbeach-okinawa.com/restaurant/reir  🔎 오션뷰 레스토랑 레이

드라마틱한 해안선의 향연

# 중부
## 中部

중부는 오키나와에서 가장 다양한 색깔을 지닌 곳이다. 일단 가장 중요한 볼거리는 바다. 서해와 동해의 거리가 고작 20㎞이기에 바다는 일상의 연장이다. 그러다 보니, 사람들은 바닷가에 구스쿠라는 오키나와 전통 성을 세우고 그 주변에 모여 살았다. 그 덕에 바다뿐인 줄 알았던 공간에 유적이 있고, 그 유적은 다시 바다로 이어진다.

또한 오키나와 본섬에서 가장 실패 확률이 적은 식당들이 모여 있고, 동양과 서양이, 오키나와와 일본 본토가 만나는 다양함이 공존한다. 아메리칸 빌리지와 만자모 만으로만 기억되기엔 아까운 곳이다.

### 📷 한눈에 보는 중부 여행

#만자모 #코끼리 바위 #명승지 #나카구스쿠 공원
#마에다 플랫 #최고의 스노클링 포인트 #아메리칸 빌리지
#맛집 #쇼핑타운 #선셋 비치 #해중도로 #드라이브 코스
#오키나와 도자기 #마에다 곶 #카레 우동 #힐링 #건강식
#수프 카레 #해산물덮밥

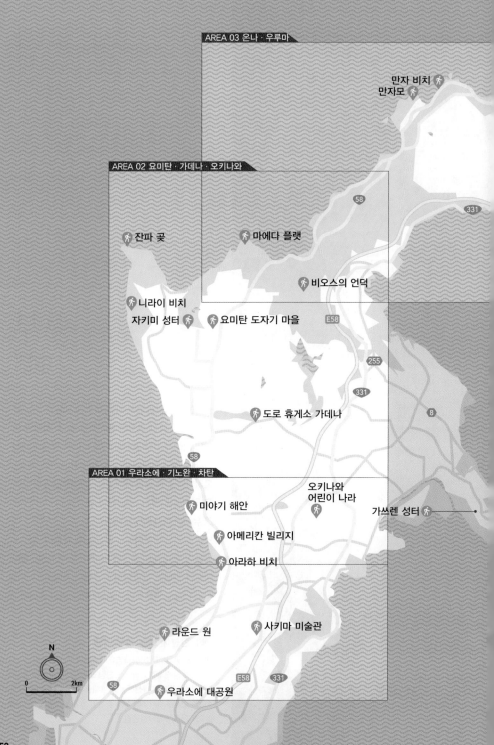

AREA 03 온나 · 우루마

만자 비치
만자모

AREA 02 요미탄 · 가데나 · 오키나와

58

331

잔파 곶

마에다 플랫

비오스의 언덕

니라이 비치
자키미 성터

요미탄 도자기 마을

E58

255

331

도로 휴게소 가데나

8

58

AREA 01 우라소에 · 기노완 · 차탄

오키나와
어린이 나라

미야기 해안

가쓰렌 성터

아메리칸 빌리지

아라하 비치

N

라운드 원

사키마 미술관

0        2km

58

E58

331

우라소에 대공원

58

E58

329

10

 해중도로

# 중부 추천 코스

........................
🕐 예상 소요 시간 **9시간**

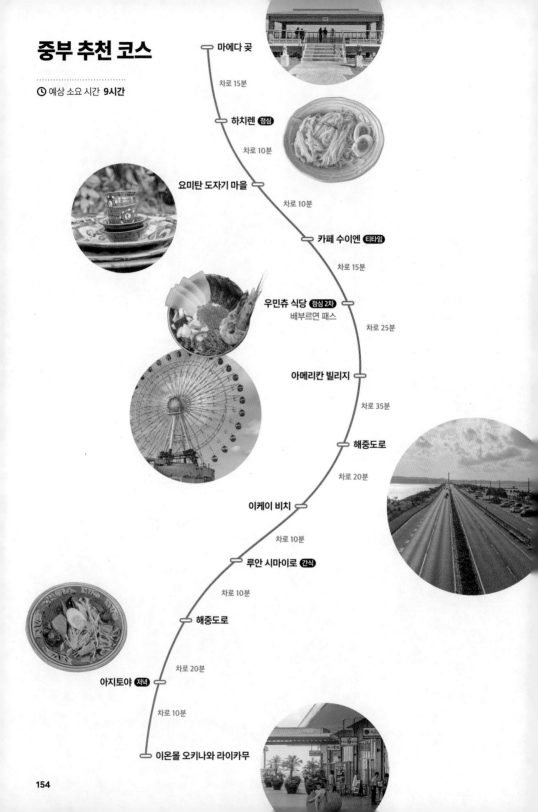

마에다 곶

차로 15분

하치렌 점심

차로 10분

요미탄 도자기 마을

차로 10분

카페 수이엔 티타임

차로 15분

우민츄 식당 점심 2차
배부르면 패스

차로 25분

아메리칸 빌리지

차로 35분

해중도로

차로 20분

이케이 비치

차로 10분

루안 시마이로 간식

차로 10분

해중도로

차로 20분

아지토야 저녁

차로 10분

이온몰 오키나와 라이카무

작지만 알찬 위성도시들

# 우라소에·기노완·차탄 浦添·宜野湾·北谷

나하 북쪽과 연결되는 일종의 위성도시들이다.
제2차 대전 당시 궤멸적 피해를 당한 지역 중 하나인데,
현재도 차탄 같은 경우는 시의 60%가 미군기지일
정도로 전쟁의 상흔이 여전하다.
나하와 인접한 탓에 아직 여기까지는 도시의 느낌이 난다.
쇼핑센터, 식당, 볼거리가 넘쳐나고, 괜찮은 해변도 있어
물놀이를 즐기는 데도 지장이 없다.

# 우라소에·기노완·차탄
상세 지도

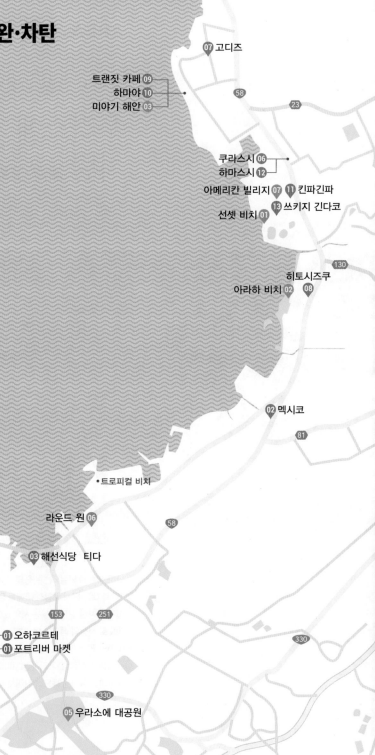

07 고디즈

58

23

트랜짓 카페 09
하마야 10
미야기 해안 03

쿠라스시 06
하마스시 12
아메리칸 빌리지 07 · 11 킨파긴파
13 쓰키지 긴다코
선셋 비치 01

130

히토시즈쿠
아라하 비치 02 · 08

02 멕시코

81

•트로피컬 비치

라운드 원 06

58

03 해선식당 티다

153 251

01 오하코르테
01 포트리버 마켓

330

58

330

05 우라소에 대공원

330

331

85

• 오키나와 어린이 나라

02 이온몰 오키나와 라이카무

20

Okinawa
Comprehensive
Athletic Park

227

81

04 플라우만스 런치 베이커리

유구팔사
후텐마궁

05 산스시

• 나카구스쿠 공원

04 사키마 미술관

331

N

0 ────────── 1km

# 선셋 비치 サンセットビーチ  산셋토비치

아메리칸 빌리지 끝에 있는 인공 비치. 본격적인 물놀이를 하기에는 수질이 오키나와 평균에 비해 떨어진다. 그저 아메리칸 빌리지를 방문한 김에 잠시 들르는 장소인데, 해변이 서쪽에 있기 때문에 일몰 포인트로서는 제격. 앉아서 석양을 감상할 수 있는 방파제 자리는 해 질 녘이면 길고양이들과 연인들이 집중적으로 몰리는 공간으로 변한다. 인공 비치다 보니 방파제 설계가 거의 완벽해 파도가 거의 없고, 그래서 어린이 동반 여행자들은 물놀이 용도로 이곳을 선호하기도 한다.

🚶 나하공항에서 차로 40분 또는 나하 버스터미널에서 20, 28·29,120번 버스를 타고 군보우인마에軍病院前 정류장이나 쿠와에桑江 정류장에서 하차 후 도보 10분
🕐 09:00~19:00(11~3월 입수금지) ¥ 무료 🅿 있음
🏠 www.uminikansya.com 🔍 오키나와 차탄 선셋 비치

| 액티비티/시설 | 소요 시간 | 요금(1인) |
|---|---|---|
| 샤워 | 1회 3분 | ¥300 |
| 코인 락커 | 하루 | ¥200 |
| BBQ | 1회 | ¥2800~4200 |

어린이 놀이터가 인상적인 ⋯⋯ ②
# 아라하 비치 アラハビーチ

미군 거주지인 험비 타운에 있는 인공 비치. 주말에는 주일미군 가족들이 주로 찾는다. 백사장의 길이는 약 600m로 매우 넓은 편. 수영이 가능한 구간은 네트가 쳐져 있다. 최대 수심은 2m로, 걸어서 꽤 들어갈 수 있을 정도로 수심이 얕은 편이다. 한편 해변과 붙어 있는 어린이 공원에는 범선인 인디언 오크 호의 모형이 전시돼 있다. 아이들에게는 그저 놀이터의 일부로, 배 안에서 이리 뛰고 저리 뛰는 아이들을 볼 수 있다. 거주민 공간에 들어와 있는 느낌이다.

🚶 나하공항에서 차로 40분 또는 나하 버스터미널에서 63번 버스를 타고 험비 타운ハンビータウン 정류장에서 하차 후 도보 5분 🕐 4~10월 09:00~18:00 ¥ 무료 🅿 있음
🏠 www.okinawastory.jp/spot/600006207 🔎 아라하 비치

# 미야기 해안 宮城海岸 🔊 미야기 카이간

오키나와 중부에서 가장 매력적인 산책로 중 하나. 이 일대의 거주민 상당수가 미군 부대원이라, 걷다 보면 일본인 반, 미군 혹은 미군 군속 반이다. 방파제 위에 산책로가 있고, 그 아래 대로를 따라 다이빙숍이 줄지어 입점해 있다. 해변 자체는 별 볼일이 없는데, 다이빙과 서핑 등 해양스포츠 쪽으로는 중부에서 손꼽히는 곳이다. 시내에 속하지만 바닷속 사정도 나쁘지 않아, 꽤 거대한 산호초 군락이 있기도 하다. 서해안과 인접해 있어 선셋 비치와 비교해도 전혀 부족하지 않은 일몰을 즐길 수 있다. 관광객 인파를 벗어나 현지 아베크족 사이에 숨고 싶은 사람들에게 추천한다.

🏃 나하공항에서 차로 50분 또는 나하 버스터미널에서 20번 28·29, 120번 버스를 타고 이헤야伊平 정류장에서 하차 후 도보 20분 🕐 오픈(수영은 4~10월) ¥ 무료 🅿 있음
🔍 미야기 해안

## 미야기 해변의 스노클링 정보

- **수심** 2~10m
- **등급** 중급자 이상
- **특징** 일명 산호로 만든 꽃밭, 하지만 바위가 많고 파도를 막아줄 방파제도 없다. 파도에 맞설 수 있는 중급자 이상에게 권하는 이유도 그 때문. 보트 스노클링과 스쿠버 다이빙에 더 적합하다.
- **관찰 가능 수중생물** 연산호ソフトコーラル, 자리돔スズメダイ, 나비고기チョウチョウウオ

# 사키마 미술관 佐喜眞美術館 🔊사키마비쥬츠칸

오키나와라는 섬이 생긴 이래 벌어졌던 최대의 비극,
제2차 세계대전 중 오키나와 전투에 얽힌 역사를 예술
로 승화한 작품들을 조우할 수 있는 일종의 '상흔 회고'
의 무대다. 길이 8.5m, 높이 4m의 거대한 '오키나와 전
쟁도沖縄戦の図'가 미술관을 존재하게 하는 유명한 소
장품이다. 화가인 마루키리, 토시노료 부부의 역작이
기도 한데, 오키나와 전쟁을 체험했던 사람들의 수많
은 증언을 종합해 그렸다고 한다.

대부분의 일본인들은 태평양 전쟁을 가해의 죄책감보
단 피해의 아픔으로 기억한다. 도시의 흔적을 지울 정
도였던 미군의 대규모 공습과 세계 최초의 원자폭탄
피폭 같은 것을 말이다. 작가 역시 오키나와 사람들의
증언을 들으며 세계관이 뒤바뀌는 경험을 했다고. 그래서인지 그림 속 인물들은
하나같이 눈동자가 없다.

박물관의 옥상에서는 후텐마 미 해병대의 비행장을 내려다볼 수 있다. 옥상 양
쪽 계단 끝의 작은 홈은 오키나와 전투가 종료된 양력 6월 23일 오후 7시가 되면
태양과 일직선이 되도록 설계됐다고. 다시는 개인이 국가라는 괴물에 의해 희생
되지 않기를 바랄 뿐이다.

집단 자결 / 스파이 혐의로 살해된 조선인 징용공 구중회 씨와 그 일가 / 피난 가는 여성과 아이, 그리고 노인 / 바람개비 / 미군 함대 / 바다에 가라앉은 사람들 / 피난 동굴 / 이 그림을 그린 마루키 순과 이리 부부 / 피로 물든 바다 / 진실을 직시하는 사람들

🚶 나하공항에서 차로 40분, 우라소에
대공원에서 차로 15분 🕐 수~월 09:30~
17:00(매주 화요일 휴무) ¥ 900엔
(대학생·70세 이상 800엔, 중고생 700엔,
초등학생·어린이 300엔) 🅿 있음
🏠 sakima.jp 📍 사키마 미술관

## 야경 맛집이자 초대형 놀이터 ……⑤
# 우라소에 대공원
浦添大公園 🔊 우라소에 다이코우엔

우라소에 성터가 있던 자리에 조성된 초대형 공원. 해발 130m 고도(?)에 있어 나하 권역에서 전망을 조망하기 가장 좋은 장소로 손꼽힌다. 공원은 크게 세 영역으로, 과거 우라소에 성터를 그대로 재현한 역사 학습 존, 그리고 숲으로 둘러싸인 휴식의 광장 존, 마지막으로 초거대 미끄럼틀이 있는 교류의 광장 존이 그것이다. 이 중 아이들이 가장 좋아할 만한 공간은 역시 교류의 광장 존. 만약 역사 덕후라면 류큐 왕가의 무덤이 보존된 역사 학습 존이 적당하다. 올리이오 박쥐와 오키나와 땃쥐같은 고유종도 서식하니 눈썰미가 좋다면 찾아내 보자.

🚶 나하공항에서 차로 30분, 나하공항에서 유이레일을 타고 우라소에 마에다浦添前田 역 하차, 도보 7분 🕐 09:00~21:00
💴 무료 🅿 있음 🏠 www.urasoedaipark-osi.jp
📍 우라소에 대공원

## 건물 전체가 놀거리 충만! ……⑥
# 라운드 원 ラウンドワン 🔊 라운도완

볼링, 가라오케, 다트, 롤러스케이트, 당구, 탁구, 농구, 풋살, 코인노래방, 키즈방, 블록방부터 파친코까지 남녀노소 모두가 한 가지쯤은 즐길 수 있는 온갖 시설로 가득찬 어뮤즈먼트 빌딩. 굳이 오키나와까지 와서 이런 델 왜 가나 싶지만, 태풍이라도 몰아치면 실외에서는 할 게 없는 도시라, 그럴 때 라운드 원은 시간을 때울 수 있는 보석 같은 곳이다.
나하에서 무료 셔틀버스도 운행하는데, 무료임에도 승차권을 발급한다. 이걸 버리면 큰일 나는 게, 돌아오는 셔틀버스를 타기 위해선 갈 때 받은 승차권에 도장을 받아야 한다. 도장은 건물 내 어떤 시설이든 이용 요금을 낼 때 승차권을 내밀면 받을 수 있다. 잊지 말 것.

🚶 공항에서 차로 25분 또는 오모로마치おもろまち 역 앞 DFS 갤러리아 앞에서 셔틀버스 이용(15~20분 정도 소요)
🕐 화~목 10:00~06:00 💴 게임에 따라 다름 🅿 있음
🏠 www.round1.co.jp/shop/tenpo/okinawa-ginowan.html
📍 라운드1

## 데포 아일랜드

데포 아일랜드는 베셀 호텔 뒤편에 있는 구역으로 A~E까지 다섯 개 동이 있다. 아메리칸 빌리지에서 가장 큰 구역이며 해변 앞 카페 거리를 포함해 오르골당과 핫한 레스토랑, 상점들이 입점해 있다. 오키나와 본섬에서 관광객이 가장 많이 몰리는 곳이다보니 호텔도 속속 입점. 현재는 힐튼 오키나와 차탄ヒルトン沖縄北谷에 이어 더블 트리 바이 힐튼 오키나와 차탄 리조트ダブルツリーバイヒルトン沖縄北谷リゾート가 들어와 있다.

## 시사이드 스퀘어 シーサイドスクエア ◀) 시-사이도스퀘어

세가SEGA사의 직영 게임센터와 볼링장이 입점해 있는 나름 어뮤즈먼트 빌딩이다. 아케이드 게임보다는 인형 뽑기나 즉석 스티커 사진기가 더 많은 느낌이긴 하지만, 그럼에도 한국에서는 보기 드문 탑승형 아케이드 머신이 가득하다는 점은 소싯적 오락실 좀 들락거린 중년들에게는 어필 포인트. 버추얼 파이터 세계 제패국의 위엄을 과시해 보자.

🕐 10:00~00:00

# 아메리칸 빌리지 アメリカンビレッジ ◀) 아메리칸 비렛지

미군으로부터 반환받은 35㎡의 매립지 위에 세워진 쇼핑타운. 미국 샌디에고에 있는 쇼핑센터인 시포트 빌리지Seaport Village를 모방해 만들었다고 한다. 볼링장, SEGA 사 직영 게임센터, 아메리칸 데포アメリカンデポ, 데포 아일랜드デポアイランド라는 커다란 쇼핑센터 그리고 이온 자탄점イオン北谷店, 영화관인 미하마 7 플렉스ミハマ 7プレックス 등이 있다. A, B, C 세 동으로 나눠진 아메리칸 데포는 아메리칸 빌리지 입구에 있는 구역으로 미국풍 의류숍, 드럭스토어, 식당들이 입점해 있다.

🚶 나하공항에서 차로 40분 또는 나하 버스터미널에서 20번, 28·29번, 120번 버스를 타고 미하마 아메이칸 비렛지 이리구치美浜アメリカンビレッジ入口 정류장이나 쿠마에桑江 정류장에서 하차 후 도보 10분 ◷ 매장들은 대략 10:00~22:00 ¥ 무료 Ⓟ 있음
🏠 www.okinawa-americanvillage.com 🔎 아메리칸 빌리지

## 보쿠넨 미술관 ボクネン美術館 ◀) 보쿠넨 비쥬츠칸

오키나와를 대표하는 화가·조각가·판화 작가인 보쿠넨의 개인 미술관. 아카라라 불리는 박물관 건물도 보쿠넨이 직접 설계했다고. 원체 재주가 많은

사람이라 오키나와의 다빈치라고 불리고 있는데, 요금은 조금 비싼 편이지만 갤러리가 드문 도시라 애호가들은 종종 찾는다.

◷ 11:00~20:00 ¥ 800엔(초·중·고생 500엔)
🏠 museum.bokunen.com 🔎 보쿠넨 미술관

## 테르메 빌라 츄라유 Terme VILLA ちゅらーゆ

지하 1,400m에서 뽑아낸 온천수가 콸콸 넘치는 복합 온천 타운. 노천 온천을 비롯해 야외 수영장도 있고, 수영장에서 바로 해변으로 연결된다. 그 때문에 온 가족이 각자 취향대로 놀 수 있어서, 당연히 가족여행자들이 넘친다. 수온도 40~45℃정도로

뜨겁지 않다. 더 비치타워 오키나와 투숙객은 무료.

◷ 07:00~23:00(실외공간은 10:00~22:00) ¥ 07:00~09:00 아침 목욕 700엔(4~11세 600엔), 평일 1300엔(4~11세 800엔), 주말·공휴일 1600엔(4~11세 800엔) 🏠 www.hotespa.net/spa/chula-u 🔎 츄라유

신선한 과일이 가득 올라간 특급 타르트 ...... ①

# 오하코르테 oHacorte オハコルテ

누구나 한눈에 반하게 만들 수 있는 예쁘장한 과일 타르트 전문점. 제철 과일만 고집하다 보니 상시 메뉴가 적고, 계절 메뉴가 많은 편이다. 그저 풍부한 과일을 얹은 게 아니라, 색, 맛, 모양을 고려한 하나의 예술작품 같은 느낌이다. 매월 18일에는 그달을 상징하는 신메뉴를 선보이는데, 이날은 호기심을 못 이긴 오키나와의 레이디들이 가게 앞으로 모여드는 날이기도 하다. 홍차를 곁들이면 그야말로 최고! 공항에도 분점이 있다.

🚶 나하 버스터미널이나 현청 앞에서 버스 20·28·64·77·120번을 타고 미나토가와港川 정류장에서 하차. 횡단보도를 건너 오른쪽으로 가다 골목으로 올라가면 된다. 도보 7분
📞 (098)875-2129 🕐 10:30~19:00(화요일 휴무) ¥ 1000엔 ℗ 있음
🏠 www.ohacorte.com 🔍 오하코르테 미나토가와점

> ### 오하코르테가 있는 외인 주택단지
>
> 1945~1972년까지 오키나와는 미군정의 지배를 받았다. 그 기간 오키나와의 미군 기지화가 이루어지는데, 수만 명의 미군을 위해 군정 당국은 표준주택안을 고안해냈고, 그게 지금 보는 80~100㎡ 부지를 차지한 단층 주택이다. 지금은 오키나와에 반환돼 이처럼 카페 등으로 쓰이고 있는데, 특유의 이국적인 느낌으로 인해 미나토가와 외인 주택단지 일대가 일종의 핫플레이스로 등극하게 되었다.

인생 타코! 인생 타코! 인생 타코! ⋯⋯ ②

# 멕시코 メキシコ 🔊 메키시코

45년째 한 곳에서 영업 중인 타코스 장인의 가게. 메뉴라곤 딱 두 개, 타코스타코스(4개, 600엔)와 병 음료뿐이다. 미국식의 파삭하게 부서지는 타코와 달리 일본인들의 취향을 반영해 겉바속촉을 구현했는데, 식감도 식감이지만 살사의 밸런스가 깜짝놀랄 정도로 인상적이다. 타코스 하나를 먹기 위해 여기를 가야 하냐고? 반드시 가볼 만하다.

🏃 나하공항에서 차로 35분, 아메리칸
빌리지에서 차로 6분 📞 (098)897-1663
🕐 10:30~17:00(화·수요일 휴무)
¥ 1000엔 🅿 없음 🏠 www.instagram.
com/mexico_ginowan 🔎 메키시코

냉동 해산물 제로! 생물 새우로 만든 텐동 ⋯⋯ ③

# 해선식당 티다 海鮮食堂 太陽 🔊 카이센쇼쿠도우 티다

우라소에 항구에 있는 작은 어민 식당으로, 점심 장사만 하고 끝낸다. 자판기 주문 방식인데, 소바 같은 건 쳐다봐야 시간 낭비. 오키나와 최강의 가성비 및 양을 자랑하는 돈부리를 먹어야 한다. ¥1000짜리 새우 돈부리 큰 사이즈는 대하 일곱 마리가 고명으로 올라오는데, 새우 먹다 배 터질 지경이다. 이 인근에 있다면, 다이어트 따위 일단 무시한다면 강력 추천.

🏃 나하공항에서 차로 30분, 아메리칸 빌리지에서 차로 14분
📞 (098)875-7744 🕐 11:00~15:30(월요일 휴무) ¥ 1150엔
🅿 바로 앞 항구 주차장 이용
🔎 해선식당 티다

## 완벽한 밸런스의 원 플레이트! ……④

# 플라우만스 런치 베이커리

**ブラウマンズ ランチ ベーカリー**

🔊 플라우만즈 란치 베에카리

직접 구워낸 신선한 빵과 오키나와산 유기농 채소가 어우러진 건강한 식사를 모토로 하는 작은 레스토랑이다. 오키나와에서는 드물게 아침 장사를 한다. 대부분의 건강식은 일정 부분 맛을 포기하는데, 이 집은 깜짝 놀랄 수준. 절제된 간, 은은히 올라오는 허브와 채소의 향, 적당한 올리브유의 밸런스가 완벽하다. 앤티크하게 멋을 부린 인테리어도 훌륭하다. 가게 한편에서는 직접 만든 빵과 기초적인 식자재도 함께 판매하고 있다. 당연히 점심 장사도 하는데 메뉴는 아침과 동일하다. 예약은 전화로 해야 하는데, 다행히 영어가 가능하다. 10그릇 한 정인 아침 세트a.m.plate(10:00~12:00)를 일단 노려보자.

🚶 아메리칸 빌리지에서 차로 10분
📞 (098)979-9097  🕐 09:00~16:00
(일요일 휴무)  ¥ 1500엔  🅿 있음
🏠 www.ploughmans.net
🔍 플라우만스 런치 베이커리

## 오키나와에서 만나는 교토 요리의 콜라보 ……⑤

# 산스시 **サンスーシー Sans Souci**

'오키나와와 교토의 협업'이 이 식당의 콘셉트다. 산스시는 오키나와에서 만나는 가장 훌륭한 교토 요리의 대가라고 할 수 있다. 요릿집보다는 밥 카페를 지향하는 곳으로, 교토식 우동이나 오야코동 같은 한 그릇 요리를 주로 취급한다. 면을 삶는 기법, 달걀을 다루는 작은 소소함에서 강력한 디테일이 느껴진다. 간장과 같은 기본적인 소스는 모두 교토산. 카페 메뉴에 있는 말차 흑설탕 롤의 쌉쌀함도 일품이다. 인기가 많은 집이니 미리 가든가 줄을 서야 한다. 강력 추천!

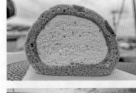

🚶 아메리칸 빌리지에서 차로 15분
📞 (098)935-1012  🕐 점심 11:00~16:00,
카페 15:00~17:30, 저녁 17:30~21:00
(부정기 휴무)  ¥ 1200엔  🅿 있음
🏠 sanssouci-kitanaka.com  🔍 산스시

그래도 한국의 저가 초밥에
비할 수는 없지! ⋯⋯⋯ ⑥

## 쿠라스시 くら寿司

일본 전국에 약 300개의 분점이
있는 100엔 회전 스시 체인점. 오키
나와 초밥이 원체 형편없다 보니 본토에서는 응급용으로
취급받는 체인점들이 오키나와에서는 인기 스시집으로
둔갑한다. 가격을 생각하면 네타(생선)의 질과 종류 모두
평균 이상. 쿠라스시를 이용하기 위해서는 꽤 많은 터치
스크린 장비를 다뤄야 한다. 입구에 있는 터치스크린으
로 테이블テーブル에 앉을지 카운터カウンタ에 앉을지를 정
해, 번호표를 받는다. 자리에 앉으면 앞에 있는 터치스크
린으로 주문을 해야 한다. 터치스크린은 영어로 언어 변
경이 가능하고 한글로 된 조작 안내가 비치되어 있다.

🏃 이온몰 오키나와 라이카무 메인 건물을 바라보고 왼쪽의
인포메이션센터 쪽에 있는 2층 건물(1층엔 다이소)에 있다
📞 (098)923-5177 🕐 11:00~23:00(부정기 휴무)
¥ 1000엔 🅿 있음 🏠 shop.kurasushi.co.jp/detail/416
📍 쿠라스시 오키나와 라이카무점

오키나와 3대 버거 중 대왕 ⋯⋯⋯ ⑦

## 고디즈 ゴーディーズ 🔊 고오디이즈

오키나와 최고의 햄버거집으로 외인주택을 개조한 건물에 입
주해 있다. 점주가 직접 숯불에 구워 내는 패티의 풍미와 쏟아
져 나오는 육즙은 이게 진짜 햄버거란 요리구나 싶다. 주변 미
군들에게 절대적인 지지를 받는 집으로, 여기가 오키나와인지
미국인지 헷갈릴 지경. 주인장 스스로 빈티지 애호가라고 하는
데, 많이 사서 모으기도 하고 또 되팔기도 하는 모양. 어쨌거나
오키나와에서 만나는 가장 훌륭한 미국 요리(?) 집임에 틀림없
다. 강력 추천!

🏃 아메리칸 빌리지에서 차로 7분 📞 (098)926-0234
🕐 11:00~20:00 ¥ 1300엔 🅿 있음
🏠 www.instagram.com/gordies_okinawa 📍 고디즈

접근할 만한 가격대의
가이세키 요리 ······⑧

## 히토시즈쿠 ひとしずく

아메리칸 빌리지에 숨어있는, 오키나와
식재를 사용한 가이세키 맛집이다. 오키
나와의 식재를 고루 사용한 가이세키 요
리를 이 정도 가격에 맛볼 수 있다는 건
행운이다. 주의할 점은 반드시 예약하고
방문해야 한다는 것. 매달 구성 요리가
바뀌는데 웹페이지를 방문하면 그달의
요리 사진을 볼 수 있다.

🚶 아메리칸 빌리지에서 차로 4분, 도보 15분
📞 전화번호 없음  🕐 11:30~14:00, 18:00~
21:00(일요일·매월 마지막 주 월요일 휴무)
¥ 2000~6000엔  🅿 있음
🏠 aoikaze.ti-da.net  🔍 히토시즈쿠

푸른 바다, 그리고 창공과 함께하는 훌륭한 정찬 ······⑨

## 트랜짓 카페 トランジット・カフェ 🔊 트란짓토 카페

미야기 해변에 있는 2층 카페 겸 레스토랑. 테라스석에 앉아 바다를 바라보고
있노라면, 그 자체만으로 어느 리조트에서 푹 쉬고 있는 기분이다. 주말에는 영
업 시간 내내 사람들로 미어터지는데, 2층 테라스석은 칵테일을 말술처럼 퍼마
시는 사람들에게 주로 점거당한다. 분위기만큼 좋은 건 이 집의 요리. 무리하지
않는 선에서 최고의 서양 요리를 먹고자 한다면, 고민할 필요 없이 여기를 떠올
려 볼 만하다. 예약은 라인을 통해 할 수 있다. page.line.me/581jxjwr를 친추
하자. 비건 메뉴판도 별도로 구비하고 있다.

🚶 아메리칸 빌리지에서 도보 7분
📞 (098)936-5076  🕐 11:00~16:00,
17:00~22:00(부정기 휴무)
¥ 2500엔  🅿 있음
🏠 www.transitcafe-okinawa.com
🔍 트랜짓 카페

보들보들한 고기 맛이 일품인 특별한 오키나와 소바 ┄┄ ⑩

# 하마야 浜屋

중부의 오키나와 소바 명가. 오랜 시간 푹 삶아낸 소키(돼지 갈빗살)의 부드러움, 고소한 달걀지단, 그리고 상대적으로 꼬들꼬들한 면발 등 오키나와 소바의 원형과는 좀 다르지만, 대신 입에는 착 감긴다.

오키나와 소바는 유독 동네별 지역색이 강해 면발부터 국물 내는 법까지 모든 게 제각기 다른 편인데, 하마야는 맛으로만 따진다면 오키나와 톱 랭크 중 하나다. 오키나와 소바 특유의 달착지근함이 싫다면 생강을 듬뿍 넣어보자. 추천할 만한 맛집이다. 상호를 딴 하마야 소바浜屋そば가 간판 메뉴. 순두부 소바ゆしどぅふそば는 두부 마니아들에게 추천.

🚶 미야기 해변에서 도보 19분
📞 (098)936-5929
🕙 10:00~17:30(부정기 휴무)
💴 1000엔 🅿 있음
🏠 hamayasoba.gorp.jp
🔍 하마야 소바

아메리칸 빌리지에서 즐기는
정통 이자카야 ┄┄ ⑪

# 킨파긴파 きんぱぎんぱ

오래된 전통가옥을 개조해 만든, 요리 실력 좋은 이자카야. 전통 오키나와 요리를 즐기며 한잔하기 제격인 곳이다. 특히 오키나와 중부는 오키나와 전투의 격전지 중 하나로, 보존된 고민가가 거의 없어 꽤 의미가 깊은 집이기도 하다. 상당히 성의 있게 만든 한글 메뉴판을 구비하고 있어 일본어를 몰라도 이용에 지장이 없다. 특히 초밥, 야키소바, 주먹밥은 물론 돈코츠·시오 라멘 등 끼닛거리도 취급해 이자카야가 아닌 식당으로 활용해도 지장이 없을 정도다. 생과일로 만드는 이집의 츄하이는 강추 메뉴.

🚶 아메리칸 빌리지 초입에 있다 📞 (098)926-0076
🕙 17:30~00:00(수요일 휴무) 💴 2000엔 🅿 있음
🏠 kinpaginpa.ryoji.okinawa 🔍 킨파긴파

### 저가라고 얕보지 마라 ……⑫
## 하마스시 はま寿司 北谷伊平店

전국에 체인점을 둔 저가 회전 초밥집. 저가라곤 하지만 한국의 어지간한 미드레인지 스시야만큼은 나온다. 입구로 들어가 정면에 보이는 기계에 인원수를 입력하고 번호표를 뽑은 후 대기하면 자리가 난다. 가벼운 주머니에도 불구하고 비교적 양질의 초밥을 배 터지게 먹고 싶다면 무조건 직행하자. 유자 소금을 얹은 참치 ゆず塩炙り大切りまぐろはらみ 추천. 토치로 살짝 그슬린 아부리 연어炙りとろサーモン도 훌륭하다.

🏃 나하공항에서 차로 50분, 아메리칸 빌리지 입구에서 한 블록 더 가면 58번 국도변 오른쪽에 있다 📞 (098)982-7331 ⏰ 10:00~24:00
¥ 1000~1500엔 🅿 있음 🏠 www.hama-sushi.co.jp/menu/
🔍 하마스시

### 새끼손톱만 한 문어가 풍덩! ……⑬
## 츠키지 긴다코 築地銀だこ 🔊 츠키지 긴다코

다코야키たこ焼 체인으로, 전국에 무려 416개의 분점이 있을 정도로 규모가 크다. 선셋 비치에서 일몰을 기다리다 보면 입이 심심해지는데, 다코야키를 준비해 놓으면 센스 있는 여행 동반자로 등극할지도. 나하, 오로쿠小禄 역 옆에 있는 이온몰에도 분점이 있다.

🏃 아메리칸 빌리지, 선셋 비치 앞에 있는 더 비치타워 오키나와 호텔 뒤에 이온몰이 있다. 선셋 비치에서 도보 9분
📞 (098)982-7226 ⏰ 10:00~22:00 ¥ 600엔 🅿 있음
🏠 stores.gindaco.com/1010295 🔍 츠키지 긴다코 차탄점

### 무심히 보다 하나씩 지르게 되는 ……①
## 포트리버 마켓 Portriver Market

도쿄 출신 주인장이 운영하는 개성 만점의 셀렉트숍. 낭만적인 보헤미안 정서를 가득 안고 있는 곳이다. 현지 밀로 만든 샌드위치, 현지에서 볶은 커피, 그리고 인근 농부들이 직접 재배한 농산물도 판매한다. 딱 일본스러운 지역 협동조합 느낌의 가게이기도 한데, 그보다는 조금 더 사적이라고 생각하면 된다. 캔버스백을 들고 현지인처럼 어슬렁거리며 이리저리 둘러보기 좋은 집이다.

🏃 나하공항에서 차로 20분 📞 (098)911-8931
⏰ 12:30~18:00(일·공휴일 휴무) 🅿 있음
📷 portriver_market 🔍 포트리버 마켓

태풍 오는 날, 갈 수 있는 첫 번째 장소 ⋯⋯ ②

# 이온몰 오키나와 라이카무 イオンモール 沖縄ライカム

일본의 마트 & 쇼핑몰 체인인 이온의 오키나와 플래그십 스토어로 미군 부대 반환지에 건설됐다. 수년 전, 오키나와에서 한 가지 부족한 게 있었으니, 그건 바로 쇼핑이었다. 일본 본토에 있는 주요 브랜드조차 들어오지 않은 일종의 쇼핑 오지였던 이곳에 이온몰 오키나와 라이카무의 등장은 오키나와 쇼핑 갈증에 목을 축이게 해줬다는 평이다. 무엇보다 쇼핑몰과 함께 따라오는 다양한 레스토랑군은 미식파 여행자에겐 더없이 반가운 포인트. 오키나와에서 볼 수 없던 최초 분점들이 많아 미식가들에게도 꽤나 호평이다. 1층 로비에 있는 커다란 수족관은 츄라우미 수족관과의 제휴에 의해 만들어졌다. 츄라우미 수족관 방문 전에 들른다면, 이것만으로도 열광할 수 있다.

🚶 나하공항 3번 플랫폼에서 버스 152번, 이온몰 오키나와 라이카무イオンモール 沖縄ライカム 하차, 아메리칸 빌리지에서 차로 10분 📞 (098)930-0425 🕐 10:00~22:00
🅿 있음 🏠 okinawarycom-aeonmall.com 🔍 이온몰 오키나와 라이카무

| 점포 번호 | 점포명 | 설명 |
|---|---|---|
| 220 | 몽벨 Mont-Bell | 우리나라에 출시되지 않은 상품이 많다. 말 그대로 진짜 몽벨. |
| 255 | 루피시아 Lupicia | 일본의 대표적인 차 유통 브랜드. 매년 봄 등장하는 햇차부터 홍차, 가향 홍차, 그리고 타이완 우롱차를 전문적으로 유통한다. 오키나와 최초 입점. |
| 267 | 푸조 Puzo | 오키나와 토종 치즈케이크 브랜드. '맨해튼의 사랑マンハッタンの恋'은 2015년 디저트 대회 수상작으로, 미야코 섬에서 나는 소금을 가미한 '달콤한 함정キャラメリーナの甘い罠'은 이온몰 PUZO 점만의 한정 상품이다. |
| 329 | 코지마 빅카메라 コジマ×ビックカメラ | 오키나와에 단 두 개뿐인 빅, 아니 익숙한 이들에게는 '비꾸 카메라'로 잘 알려진 매장. 애플 물건만 전문으로 파는 뉴컴Newcom도 별도로 입점해 있다. |
| 424 | 동구리 공화국 どんぐり 共和国 | 지브리 스튜디오의 캐릭터 아이템을 판매하는 오키나와 유일의 매장. |

오키나와의 다양함을 엿볼 수 있는

# 요미탄·가데나·
# 오키나와 読谷·嘉手納·沖縄

오키나와의 중부 서해안의 도시들. 이제 슬슬 시골 풍경이 펼쳐진다.
요미탄은 중부 서해안의 작고 예쁘장한 마을로 미군기지의
비중이 작아 오키나와 시골의 원형이 잘 살아있다.
반면 가데나는 마을의 88%가 미군기지 영역. 항공 마니아들에게는
성지지만, 보통의 여행자라면 건너뛰어도 무방하다.
오키나와는 시 이름이다(오키나와 현의 오키나와 시란 이야기).
원래는 코자コザ라고 불렸는데 1970년 12월 20일 5000명의
오키나와인과 미 헌병대가 충돌한 코자 폭동 이후 오키나와 시로
개명했다. 오키나와 특산 요리 중 하나인 타코 라이스가
오키나와 시에서 탄생했다.

# 요미탄·가데나·오키나와
상세 지도

04 잔파 곶

6

58

73

330

6

E58

08 한의 비

01 니라이 비치

자키미 성터

06

05 요미탄 도자기 마을

치비치리
가마 07

05 스이엔 베이커리

255

06 멘야 하치렌

03 우민츄 식당

Kurashiki
Dam

02 도로 휴게소 가데나

36

26

02 츠케멘 징베에

58

75

E58

330

오키나와 어린이 나라 03

카보텐노미세 나카소네

01

아지토야 04

01 디앤디파트먼트 오키나와

24

85

N

0          1km

58

바다거북 산란 장소가
곁에 있는 ⸺ ①
# 니라이 비치 ニライビーチ

니코 호텔 아리비라 앞에 있는 아치형 비치. 해변의 길이는 100m, 수심은 최대 2m다. 오키나와 중부 서해안 최고의 비치 중 하나로 오키나와 본섬에서 투명도 높은 수질을 자랑하는 곳 중 하나이기도 하다. 원래 이곳은 우미가메ウミガメ라고 하는 바다거북의 산란 장소였다. 환경 면에서 중요한 곳이라 니라이 비치 앞에 니코 호텔이 들어선다고 했을 때 논란이 분분했고, 호텔 측에서도 환경을 최대한 해치지 않는 선에서 개발을 약속하고 진행했다. 지금도 산란기가 되면 바다거북이 니라이 비치로 올라와 알을 낳는다고 한다. 산란기에는 해변 일부 지역에 출입 금지 라인이 형성된다. 해변의 관리를 호텔에서 하는 만큼 편의 시설도 탁월한데, 특히 해양스포츠 프로그램은 스포츠 마니아들을 열광시키기에 충분하다.

🚶 나하공항에서 차로 1시간 10분 또는 나하공항에서 리무진 버스 B노선을 타고 니코 아리비라日航アリビラ에서 하차 🕐 연중 무휴, 계절에 따라 최대 08:30~1800, 최소 09:00~17:00 사이 ¥ 무료 🅿 1000엔 🏠 www.alivila.co.jp/activity/beach.ph
📍 니라이 비치

| 액티비티/시설 | 소요 시간 | 예약 | 요금(1인) |
|---|---|---|---|
| 스노클링 | 1시간 | 필요 없음 | 투숙객 ¥4000 / 비투숙객 ¥4500 |
| 웨이크보드 스쿨 | 30분 | 필요 없음 | 투숙객 ¥6000 / 비투숙객 ¥6500 |
| 웨이크보드 프리토잉 | 10분 | 필요 없음 | 투숙객 ¥3300 / 비투숙객 ¥3800 |
| 클리어숍<br>(투명한 패들보트) | 30분 | 필요 없음 | 투숙객 ¥3500 / 비투숙객 ¥4000 |
| 클리어 카누<br>(바닥이 투명한 카누) | 30분 | 필요 없음 | 투숙객 ¥3300 / 비투숙객 ¥3800 |
| 선셋 세일링 | 1시간 | 필요 | 투숙객 ¥4000 / 비투숙객 4500 |

# 도로 휴게소 가데나 道の駅 かでな 🔊 미치노에키 카데나

밀리터리와 항공사진 덕후들의 성지. 가데나 공군기지 활주로가 훤히 내려다보이는 곳에 위치했다. 이곳 전망대에는 언제나 초대형 망원렌즈를 거치하고 오가는 비행기를 찍는 마니아들이 그득하다. 극동에서 가장 중요한 공군기지다 보니 미 공군이 신형 전투기를 배치하기 시작하면 전국에서 망원렌즈를 든 애호가와 군사 잡지 기자들이 몰려온다. 이들을 통해 '미군의 최신형 전투기 F-22 오키나와 배치' 같은 기사가 나오곤 하는 셈이다. 이렇다 보니 휴게소 자체가 밀리터리 콘셉트다. 기지에서 찍은 최신 미군기 사진엽서와 미군 부대 마크도 판매한다.

🚶 나하공항에서 차로 40분 또는 나하 버스 터미널에서 20·28·29·120번 버스를 타고 가데나嘉手納 정류장에서 하차 후 도보 26분
🕐 전망대 08:30~22:00, 식당 10:00~18:00 (재료 소진 시 영업 종료) ¥ 무료 🅿 있음
🏠 michinoeki-kadena.jp
🔍 가데나 휴게소 전망대

# 오키나와 어린이 나라

沖縄こどもの国 🔊 오키나와 코도모노 쿠니

동물원과 작은 호수 그리고 어린이 과학관이 포함된 어린이 놀이공원이다. 한국처럼 익사이팅한 면은 적다. 한국의 탈 거리에 비하면 무척 느린 기차와 맹수가 전혀 없는 평화로운 동물원이 인상적. 그럼 여길 왜 소개했냐? 어린이 과학관인 원더 뮤지엄의 존재 때문이다. 한국처럼 미어터지지 않는다는 게 최대 장점. 아이들이 마음껏 뛰어놀 수 있고, 아이의 힘을 반드시 빼야(?) 하는 가족 여행객에게는 이만한 장소가 없다. 최소 두 시간은 이곳에서 아이만 지켜보면서 육아를 해결할 수 있다. 부모에게는 그야말로 휴식의 장소라는 이야기.

🚶 나하공항에서 차로 약 1시간, 아메리칸 빌리지에서 차로 15분 🕐 09:30~17:30, 토·일·휴일 09:30~21:00 (화요일 휴무) ¥ 1000엔(15세 이하 무료), 원더 뮤지엄 200엔(4세 이상~고교생 100엔), 유모차 200엔 🅿 있음
🏠 www.okzm.jp 🔍 오키나와 어린이 나라

언덕 위 그림 같은 등대 ······ ④

# 잔파 곶 殘波岬 🔊 잔파미사키

오키나와 본섬 동쪽 끝에 있는 곳. 길이 2㎞, 높이 30m에
달하는 융기 산호초로 이루어진 해안 절벽이다. 산책로를
벗어나면 울퉁불퉁한 융기 산호초 표면의 여기저기를 거
닐게 되는데, 길이 상당히 거칠다. 날씨가 좋지 않을 때면,
잔파 곶의 해안 절벽에 부딪히는 파도 때문에 절벽 너머
까지 물보라가 몰아칠 정도다. 잔파 곶의 상징인 그림 같
은 등대는 일본에 열 여섯 개밖에 없는, 사람이 올라갈 수
있는 등대로 여행자에게 꽤 인기 있는 스폿이다. 잔파 곶
바로 옆에는 잔파 해변이 있다. 여기도 필수 설비는 모두
갖춘, 현지인들에게 인기 있는 가족 해변이니 한번 들러
보자.

🚶 나하공항에서 차로 1시간 10분 또는 요미탄 버스터미널読谷バ
スターミナル에서 차로 8분 🕐 등대 3~9월 평일 09:30~16:30,
주말 09:30~17:30, 10~2월 09:30~16:30 ¥ 무료(등대 300엔)
🅿 있음 🔍 잔파 곶

# 요미탄 도자기 마을

**読谷やちむんの里** 🔊 요미탄 야치문노사토

오키나와 도자기인 야치문やちむん의 총본산. 원래 오키나와 도자기의 중심지는 나하 시에 있는 쓰보야 도자기 거리였다. 하지만 쓰보야가 도심에 편입되며, 장작을 때는 전통 가마가 대기오염의 주범 취급을 받았고, 결국 전통 기법을 고수하는 도예가들은 1981년 쓰보야를 떠나 하나둘 요미탄에 모여들게 되었다. 처음 요미탄에 가마를 만든 긴조 지로金城次郎(1912~2004) 씨는 오키나와 사람으로는 최초로 인간문화재에 오른, 현지에서는 그야말로 신으로 추앙받는 인물이다. 전통 기법으로 자기를 빚고 싶은 고집에서 시작된 긴조 지로의 요미탄 이주는 많은 후배 작가를 자극했고, 결국 도공 마을이 탄생하게 됐다.

요미탄 마을 가장 끝에 있는 키타가마北窯는 긴조 지로를 포함한 요미탄 도자기 마을의 개척자 4인이 공동으로 만든 가마. 키타가마와 그 아래에 있는 작은 가마인 요미탄 키타가마読谷北窯에서 만들어진 자기는 요미탄야마야키 키타가마 매점読谷山焼北窯売店에서 공동 판매한다. 참고로 마을에는 갤러리를 겸한 카페가 두어 곳 있다. 이곳의 요리와 음료는 당연히 요미탄 도자기 마을에서 만든 식기에 담겨 나온다. 원색의 자기와 함께 빛나는 요리 그리고 찬란한 색감 덕분에 꽤 인상적인 시간을 보낼 수 있을 것이다.

🚶 나하공항에서 차로 1시간 또는 나하 버스터미널에서 20·120번 버스를 타고 오야시 이리구치親志入口 정류장에서 하차 후 도보 10분
🕐 09:30~17:30(부정기 휴무) ¥ 무료 🅿 있음
🔍 요미탄 도자기 마을

오키나와에서 가장 아름다운 성 ⋯⋯ ⑥

# 자키미 성터 座喜味城跡 🔊 자키미구스쿠

오키나와 구스쿠 최대의 걸작품이자 일본 100대 성 중 하나. 당대의 건축가 고사마루護佐丸(?~1458)에 의해 1416~1422년 사이에 건축됐다. 나키진 성 점령 작전에 참전했던 고사마루는 전투 요새로서 난공불락이 되도록 나키진 성의 단점을 보완하

는 연구에 골몰했다. 공성전에 유리하게 만들기 위해 성벽을 구불구불하게 배치했고, 진격로가 자연스레 정체될 수 있게끔, 병목 현상이 발생하는 구간을 추가했다. 전국시대 최고의 걸작 중 하나라는 찬사를 받은 자키미 성이 실제 전쟁을 한 번도 안 치렀다는 건 역사적 아이러니다.

오키나와에서 가장 오래됐다는 아치형 석문도 빼어난 볼거리지만, 오키나와 소나무가 줄지어 성으로 향하는 진입로야말로 자키미 성 최고의 볼거리라 할 수 있다. 입장료를 징수하지 않기 때문에 사실상 오픈 상태. 이른 새벽 소나무 숲길을 거쳐, 성 위에서 아침 풍경을 바라보는 느낌이 끝내준다.

🚶 나하공항에서 차로 1시간 또는 나하 버스터미널에서 29번 버스를 타고 자키미座喜味 정류장에서 하차 후 도보 15분 🕐 09:00~18:00 ¥ 무료 🅿 있음
🏠 www.yomitan-kankou.jp/tourist/watch/1611289699 🔍 자키미 성터

# 치비치리 가마 チビチリガマ

제2차 세계대전 말기 일본인들이 숨어 있던 방공호 중 하나다. 일본군 대본영은 당시 오키나와 사람들에게 항복하면 미군이 처참하게 살해한다고 겁을 줬다. 치비치리 가마에는 당시 약 140명의 주민이 숨어 있었고, 이들 중 85명이 집단 자살했다. 자살이라고는 하지만 60%의 사망자가 미성년자인데 부모들이 미군에 사로잡혔을 때의 고통을 막고자 자식을 죽이고, 뒤이어 목숨을 끊은 경우가 대부분이다. 현재 이 일은 일본 극우파에 의해서는 절개 있는 옥쇄로, 당사자인 오키나와 사람들에게는 제국주의 시절 일본이 행한 대표적인 전쟁 범죄의 하나로 인식되고 있다.

가마(동굴) 입구까지만 접근할 수 있는데, 사연 탓인지 상당히 으스스하다. 후일 유족회에서 만든 평화의 상이 모셔져 있을 뿐이다. 참고로 1987년 오키나와 주민들이 일장기를 불태워 버리자, 극우파가 오키나와로 와 보복 성격으로 이곳에 있는 평화의 상을 부수기도 했다. 지금 있는 상은 이후 전국적 모금으로 다시 만든 것이다.

🚶 가데나에서 잔파 곶으로 가는 현도 6로 도로변에 있다. 주변에 이정표가 아무것도 없어 구글 지도에 의존해야 한다. 잔파 곶을 기준점으로 삼는다면 차량으로 5분 정도 걸린다. 앱이 이끄는 대로 가면 숲 안으로 들어가는 철제 내리막 계단이 보인다.
🕐 오픈 ¥ 무료 🅿 있음 🔍 치비치리 가마

오키나와의 또다른 비극, 조선인 ⋯⋯ ⑧

# 한의 비 恨の碑 ◀ 한노이시부미

제2차 세계대전 당시 일본으로 끌려온 조선인의 넋을 기리는 위령비다. 참고로 당시 조선인 징용자는 100만 명을 헤아렸고, 자료에 따라 다르지만, 오키나와에도 최대 1만 명의 징용 노동자와 정신대 여성들이 있었던 것으로 추정된다.

'한의 비'는 오키나와에서 징용 생활을 했던 것을 증언한 두 명의 한국인과 일본인 평화 운동가들이 주축이 돼 우리나라의 경상북도 영양과 오키나와의 요미탄 시에 건립하게 된 것.

비석 전면에 새겨진 부조의 내용은 일본군에 의해 눈을 가린 채 강제로 징용에 끌려가는 조선인 청년과 청년의 바짓가랑이를 잡고 오열하는 어머니, 그리고 망설이는 청년을 개머리판으로 때리려고 하는 해골 모양 일본군의 모습이다. 바로 옆에는 일본어와 한글로 '한의 비'에 대한 글이 아래와 같이 새겨져 있다.

'이 땅에서 돌아가신 오빠 언니들의 영혼에,
이 섬은 왜 조용해졌을까.
왜 말하려 하지 않는가
여자들의 슬픔을
조선 반도의 오빠 언니들의 애기를'

🚶 치비치리 가마에서 약 2km 정도 떨어져 있다. 차로 5분
🕐 오픈 ¥무료 ℗없음 🔍한의 비

사다안다기의 진화 ⋯⋯⋯ ①

## 카보텐노미세 나카소네

かぼ天の店 なかそね 🔊 카보텐노미세 나카소네

늙은 호박을 갈아 넣은 호박 사다안다기 카보텐かぼ天(500엔)
하나로 장인의 경지에 오른, 아주 찾기 힘든 맛집. 영업일은 제
멋대로인 데다가 준비한 재료가 떨어지면 바로 문을 닫는다. 식
당도 아닌 주택 주차장 옆 공간에서 노상 사다안다기만 튀겨낸
다. 솔직히 오리지널 사다안다기는 오키나와 전통 간식이라니
까 먹지 맛있지는 않은데, 이 집 것은 정말 남다르다.

🚶 아메리칸 빌리지에서 12분 📞 (098)932-4109 🕐 07:00~15:00
(일요일 휴무) ￥ 300엔 🅿 없음 📍 카보텐노미세 나카소네

찍먹 라멘의 세계에 빠져보자 ⋯⋯⋯ ②

## 츠케멘 징베에 つけ麺 ジンベエ

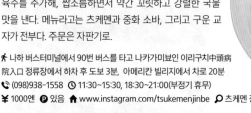

치바나知花에 있는 츠케멘つけ麺 전문점이다. 면을 담가 먹는다는
점에서 자루 소바와도 비슷하지만, 자루 소바가 맑은 가쓰오부
시 간장 베이스라면 츠케멘은 라멘 국물을 농축한듯 아주 걸
쭉한 국물이다. 징베에 츠케멘은 돼지 뼈 육수에 생선 달인
육수를 추가해, 짭조름하면서 약간 꼬릿하고 강렬한 국물
맛을 낸다. 메뉴라고는 츠케멘과 중화 소바, 그리고 구운 교
자가 전부다. 주문은 자판기로.

🚶 나하 버스터미널에서 90번 버스를 타고 나카가미보인 이리구치中頭病
院入口 정류장에서 하차 후 도보 3분, 아메리칸 빌리지에서 차로 20분
📞 (098)938-1558 🕐 11:30~15:30, 18:30~21:00(부정기 휴무)
￥ 1000엔 🅿 있음 🏠 www.instagram.com/tsukemenjinbe 📍 츠케멘 징베에

해물 마니아에겐 이보다 좋을 수 없는 가성비 ⋯⋯⋯ ③

## 우민츄 식당 海人食堂 🔊 우민츄쇼쿠도우

온통 바다에 인접해 있는 지형 탓에 오키나와에는 많은 어항이
있고 그마다 작은 식당이 딸려 있다. 보통은 투박한 음식을 선
보이다가, 관광객이 많아지면 이들을 타깃으로 한 고가의 음식
에 주력하는데, 우민츄 식당은 초심을 고수하고 있다. 단지 어
항의 투박한 부설 식당일 뿐이지만, 이 집의 해물덮밥인 우민츄
동都屋의 海人丼을 맛보면 풍성함에 감탄사가 절로 나온다. 대부
분 맛있다. 오징어 먹물탕イカスミ汁만 빼고.

🚶 아메리칸 빌리지에서 차로 30분, 잔파 곶에서 차로 13분
📞 (098)957-0225 🕐 11:00~15:00(부정기 휴무) ￥ 1000~1400엔
🅿 있음 🏠 www.yomitangyokyou.com/shop.php 📍 우민츄 식당

삿포로에서 탄생해 오키나와에서 꽃을 피우다 ·······④
# 아지토야 あじとや

오키나와에서 가장 맛있는 삿포로 수프 카레 전문점. 번화가가 아닌 마을 안쪽에 있는 식당이지만, 이리저리 입소문을 듣고 온 현지인과 여행자들로 식사 때면 늘 붐비는 집이다. 일반적인 수프 카레는 매콤함이 강하게 느껴지는 따끈한 국물에 가까운데, 아지토야는 오키나와 특산품인 흑당으로 수프 카레에 달콤함을 가미했다. 일단 설탕과는 달리 진한 향미가 있는 흑당 덕분에 맛은 한층 더 업그레이드된 느낌. 밥은 한 번까지 무료이고, 두 번째 때부터 100엔이 추가된다. 사이드로 인도식 난을 판매하는데 과연 난이란 걸 먹어 보고 만든 걸까 싶은 맛이지만 라씨는 꽤 먹을 만하다.

🚶 나하 버스터미널에서 31번 버스를 타고 아와세산구 이리구치泡瀬三区入口 정류장에서 하차 후 도보 3분
📞 (098)927-3381 ⏰ 평일 11:00~15:00, 금·토·일 11:00~15:00, 17:30~20:00
¥ 1000엔 🅿 있음 🏠 ajitoya.net
🔍 아지토야

요정의 빵집이 아니었을까? ·······⑤
# 스이엔 베이커리 パン屋 水円 🔊 팡야 스이엔

오키나와 본섬 최고의 베이커리 카페. 야트막한 집이 늘어선 마을 안쪽에 숨어있는 보석이다. 콘크리트 집 속에 등장하는 나무집, 그리고 그 뒤로 펼쳐진 풀밭 등 가게 외관부터 예사롭지 않다. 내부는 마치 미야자키 하야오의 만화에서 볼 법한 풍경이다. 활짝 열린 오픈 키친에서는 서너 명의 스태프들이 열심히 볶고, 굽고, 무언가를 만들고 있다. 벽에 걸린 팬, 광주리, 가지런히 놓인 예쁘장한 잔과 그릇들. 단지 이 집을 슬로푸드, 발효 천연 효모 빵집이라고만 소개하기에는 너무나 아깝다. 이 집은 작은 동물원을 연상케 한다. 실내 아무데서나 잘 눕는 고양이 한 마리와 식당 뒤 풀밭에 사는 당나귀와 토끼, 닭 모두 이 집의 반려동물이다.

🚶 잔파 곶에서 차로 15~20분
📞 (098)958-3239 ⏰ 10:30~17:30
(월·화·수 휴무일) ¥ 1000~1300엔
🅿 있음 🏠 www.suienmoon.com
🔍 스이엔 베이커리

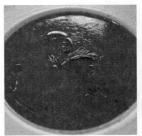

오키나와 츠케멘의 3대 천왕 중 하나 ······ ⑥

# 하치렌 はちれん

요미탄을 대표하는 라멘·츠케멘집. 여행자들보다는 현지인 단골이 많다. 우리의 탕수육 부먹·찍먹 같은 논쟁이 일본에서도 있었는데, 일본은 부먹파를 위한 라멘과 찍먹파를 위한 츠케멘으로 아예 메뉴를 나눠버렸다. 국물은 딱 세 가지, 기본과 매운맛, 그리고 매실 맛이다. 취향이야 제각각이지만 기본이 가장 잘 팔린다고. 양이 큰 사람들을 위해 반 공기 분량의 밥이나 돈부리도 판매하고 있다. 주문은 자판기로 하면 된다.

🚶 마에다 곶(푸른 동굴)에서 차로 20분
📞 (098)958-6471 🕐 월~목 11:00~15:30,
금·토·일 11:00~15:30, 17:30~20:30
¥ 1000엔 🅿 있음 🏠 hachiren.co.jp
🔍 멘야 하치렌

오키나와 유일의 편집 디자인 숍 ······ ①

# 디앤디파트먼트 오키나와
D&Department Okinawa by Okinawa Standard

도쿄, 오사카, 삿포로, 시즈오카, 가고시마 그리고 서울에 분점을 두고 있는 일본의 디자인 편집매장인 디앤디파트먼트의 오키나와 분점이다. 굳이 서울에도 분점이 있는 곳을 소개하는 이유는 같은 상호 아래 각기 다른 개성을 자랑하는 이 집의 독특함 때문이다. 디앤디파트먼트를 지탱하는 가장 큰 개념은 '롱 라이프 디자인Long Life Design'. 올바른 소비와 지역의 제조업을 지키기 위해 물건을 디자인하는 게 아니라 잘 디자인된 물건을 발굴하고 소개하는 게 더 중요하다고 여긴다. 각 지역의 디앤디파트먼트는 그저 관광객용 공예품이 아닌 그 지역의 소재와 디자인이 가미된 실용품 위주로 전시 및 판매한다. 구경 삼아서라도 가볼 만한 곳이다.

🚶 나하공항에서 차로 30분 📞 (098)894-2112
🕐 11:00~19:30(화요일 휴무) 🅿 있음
🏠 www.d-department.com/ext/shop/okinawa.html
🔍 디앤디파트먼트 오키나와

끝없이 펼쳐지는 오키나와의 바다

# 온나·우루마

**恩納·うるま**

바다 여행이 테마라면 중부에서는 이 일대가 하이라이트다.
우루마는 태평양을, 온나는 동중국해를 바라보고 있어
두 지역이 같이 해양 휴양지로 엮이긴 하지만, 느낌은 다르다.
우루마는 아직도 낙도의 느낌이 완연한 시골,
온나는 오키나와에서 가장 먼저 조성된 리조트 구역이다.
한때 오키나와 제일의 숙소들이 즐비했지만,
지금은 약간 낡아 수학여행 온 학생들이 주로 머무른다.

58

킨게츠 소바 **04**
온나점
만자 비치 **01** 하와이안 팬케이크하우스 파니라니
만좌모 **08** **03**
**02** 나카무라 소바
**03** 808 포케볼 오키나와
104

리잔 씨파크 호텔 탄차베이 • • 오키나와 과학기술대학원 대학
**01** 마에다 플랫
**02** 마에다 곶
E58
58
331
329
73 • 레드 비치

**07** 류큐무라
**05** 비오스의 언덕
가쓰렌 성터 **06** 해중도로 **04**
58
N
0 1km

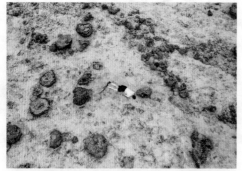

해변 스노클링의 명소 ⋯⋯⋯ ①
# 마에다 플랫 裏真栄田ビーチ 🔊 우라 마에다 비치

중부의 대표적인 히든 플레이스. 마에다 곶 왼쪽에 있는
작은 해변으로 농로와 약간의 숲길을 거쳐 진입해야 한
다. 개발이 이루어지지 않은 천연 해변이다 보니 감시요
원, 샤워 시설 등 아무것도 없기 때문에 스스로 안전을 책
임져야 한다. 물이 무척 얕은데 아직 산호가 살아있고 바
다 생물도 많아서 개별적으로 스노클링을 즐기는 사람들
이 주로 찾는다. 바다 생물이 얼마나 많냐면, 물이 빠질
때 생기는 작은 웅덩이에서도 형형색색의 열대어 감상이
가능할 정도다. 얕은 물에도 산호가 살아있다는 건, 우리
들의 방문이 이들에게 재앙이 될 수도 있다는 이야기. 주
의를 기울이지 않으면 몇 년 후 이곳은 사막이 될지도 모
른다.

🚶 마에다 곶에서 도보 5분 🕐 오픈 ¥ 무료
📍 마에다 곶 주차장 이용 🔍 우라 아메다 비치

# 마에다 곶 真栄田岬 🔊 마에다 마사키

오키나와 본섬 스노클링·다이빙의 최고 성지. 본섬 최고의 수중 포인트라고 하는 푸른동굴로 가는 관문이기도 하다. 곶 자체가 해안 절벽이기도 하지만, 절벽 아래에 바다로 연결되는 계단이 있다는 점에서 다른 곳과는 완전히 다르다. 계단 아래 20~40m 앞까지는 수심이 얕아서 스노클링 지역이고, 그 바깥은 갑자기 수심이 7m 이상으로 깊어져 다이버들의 천국이 된다. 스노클링이나 다이빙 모두 여행사를 끼고 하는 게 상례지만 한국과 달리 개별적으로 장비를 갖추고 즐겨도 그 누구도 뭐라 하지 않는다.

해상인 관계로 날씨의 영향을 강하게 받으며 수영 금지인 날은 아예 계단이 폐쇄된다. 계단 개폐 유무 등은 홈페이지를 통해서 확인할 수 있다. 스노클링이나 다이빙 목적이 아니라면 굳이 찾아올 만큼 풍경이 빼어난 편은 아니다.

🚶 나하공항에서 차로 1시간 또는 나하 버스터미널에서 20·120번 버스를 타고 쿠라하久良波 정류장에서 하차 후 도보 20분 또는 나하공항에서 리무진 버스 B노선을 타고 르네상스 리조트 하차 후 차로 10분 🕐 07:00~17:30(6~9월 07:00~19:00) ¥ 무료 🅿 있음, 1시간에 100엔 🏠 maedamisaki.jp
🔍 마에다 곶

## 마에다 곶의 스노클링

성수기 때 내해는 물 반 사람 반이라 깊은 바다 쪽으로 가는 프로그램을 선택하는게 낫다. 오키나와에서 스노클링과 스쿠버다이빙을 하는 경우 물고기에게 먹이를 주는 것은 금지되어 있지만, 마에다 곶은 여행사들끼리의 경쟁이 원체 심하다 보니, 암묵적으로 먹이를 줘서 물고기를 끌어모으는 경우도 있다. 단, 개별적으로 먹이를 주면 안 된다. 먹이 습득 능력을 잃어버린 물고기는 사람이 찾지 않는 비수기에 모두 굶어 죽기 때문이다.

- 수심 1.5~30m
- 등급 중급자 이상(여행사 프로그램의 경우 초급자 가능)
- 특징 파도가 있기 때문에 초심인 개별 여행자들에게 적당한 곳은 아니다.
- 관찰 가능 수중생물 오리엔탈 버터플라이 피시チョウチョウウオ, 진주 스팟 크로미스スズメダイ, 제비활치ツバメウ 오, 스위퍼ハタンポ

# 만자 비치 万座 ビーチ

ANA 인터컨티넨탈 만자 비치 리조트에서 관리하는 해변. 오키나와의 호텔 비치 TOP3에 드는 해변이다. 규모, 수질, 모래의 질에 있어 모두 오키나와 본섬 기준 최고 수준인 데다 관리 면에서도 완벽에 가까워 호평을 받고 있다. 특히 어린이 친화적인 해변으로 콘셉트를 잡으며 가족 여행자 유치에 여념이 없는데, 수상 놀이기구가 가득한 오션파크는 어린이라면 반할 수밖에 없는 설비를 자랑하고 있다. 여기서만 볼 수 있는 다양한 수상 액티비티도 빼놓을 수 없다.

🚶 나하공항에서 리무진 버스 C·CD·D·DE 노선을 타고 아나 만자 비치에서 하차 에어포트 셔틀을 타고 나비 비치 마에ナビービーチ前 정류장에서 하차 후 차로 3분(도보 15분) 🕐 1~3월, 10~3월 09:00~17:00, 4~5월, 9월 09:00~18:00, 6~8월 09:00~19:00
¥ 비투숙객 500엔(주차장을 이용했을 경우 무료) Ⓟ 비투숙객에 한해 자동차/오토바이 각 3000엔, 버스 4500엔(11~3월 18일까지는 무료)
🏠 www.anaintercontinental-manza.jp/beach 🔎 만자 비치

| 액티비티/시설 | 소요 시간 | 예약 | 요금(1인, 성수기 기준) |
|---|---|---|---|
| 만자 오션파크 | 종일 | 필요 없음 | 투숙객 ¥3500<br>비투숙객 ¥4500 |
| 제트스키 체험 코스 | 10분 | 필요 없음 | 투숙객 ¥4500<br>비투숙객 ¥5500 |
| 보트 유람<br>(스노클링 포함) | 1시간 | 필요 | 투숙객 ¥25000<br>비투숙객 ¥30000 |
| 비치 스노클링 | 1시간 | 필요 없음 | 투숙객 ¥6000<br>비투숙객 ¥7500 |
| 산호밭 스노클링 | 60분 | 필요 없음 | 투숙객 ¥7500<br>비투숙객 ¥10000 |
| 반 잠수정<br>서브마린 Jr.II | 30분 | 필요 | 투숙객 ¥3000<br>비투숙객 ¥4000 |
| 선셋 요트 크루즈 | 45분 | 필요 | 투숙객 ¥4500<br>(숙박자 한정 프로그램) |
| 체험 다이빙 | 90분 | 필요 | 투숙객 ¥15000<br>비투숙객 ¥18000 |
| 비치 / 선셋 요가 | 60분 | 필요 | 투숙객 ¥3500<br>(숙박자 한정 프로그램) |

끝없이 이어지는
연륙교 드라이브 ······ ④

# 해중도로

海中道路 🔊 카이츄우도우로

오키나와 해변 베스트 드라이브 코스 중 하나로 본섬의 가쓰렌 반도에서 헨자 섬까지 이어지는 약 5km의 직선 연륙 도로다. 바다 건너 섬을 연결하는 길이 대교가 아니라 도로인 가장 큰 이유는 도로 동쪽에 있는 하마히가 섬浜比嘉島이 일종의 천연 방파제 역할을 하므로 파도가 잔잔한 데다, 썰물 때는 갯벌이 훤히 드러날 정도로 수심이 얕기로도 유명하기 때문이다. 안 달려보면 후회막급.

썰물 때에는 마을 주민들이 나와 조개 잡는 모습을 볼 수 있고, 바람도 적당한 편이라 패러세일링을 즐기는 동호인들도 쉽게 목격할 수 있다. 해중도로 중간에는 배를 채울 만한 바다의 휴게소 아야하시칸海の駅あやはし館이 있다. 휴게소 전망대에 올라 해중도로의 다이내믹한 전경을 즐겨보자.

🚶 나하공항에서 차로 1시간, 오키나와 어린이 나라에서 차로 20분　🕐 오픈　¥ 무료
Ⓟ 있음　🏠 uruma-ru.jp/see/sea-road　🔎 해중도로

## 해중도로에서 즐길 수 있는 액티비티

| 액티비티 | 요금 | 연락처 | 웹페이지 | 예약유무 |
|---|---|---|---|---|
| 체험 스노클링 | 크로스 자전거 ¥2000/일<br>전동 자전거 ¥3000/일 | (090)9404-5225 | www.seakayakokinawa.jp/ | 전화 예약 |
| 플라이 보트 | ¥5500 | (080)9141-5443 | blo-lagoon.hippy.jp | 웹 예약 |
| 호버 보트 | ¥7000 | | | |
| 놀이 무제한 플랜 2시간<br>(플라이보드, 웨이크보드 등) | ¥11000(연말연시 ¥15000) | | | |
| 패러세일링 | ¥4500 | | | |
| 푸른동굴 스노클링 | ¥6000(승선료, 장비, 보험, 세금 포함) | | | |
| 체험 다이빙 | ¥12000(승선료, 장비, 산소탱크,<br>보험, 세금 포함) | | | |
| 펀 다이빙<br>(라이선스 소지자) | ¥11000(승선료, 장비, 산소 탱크,<br>보험, 세금 포함) | | | |

충만한 숲과 자연의 이어짐 ⋯⋯⋯ ⑤
# 비오스의 언덕 ビオスの丘 🔊 비오스노오카

'곁에 있는 자연'을 테마로 오키나와의 산과 숲의 아름다움을 극대화한, 일종의 숲 테마 공원이다. 얼핏 심심하게 느껴질 수 있지만, 아열대의 자연이 인간에게 보여줄 수 있는 것들은 의외로 무궁무진하다. 각각의 색을 뽐내는 난초로 이루어진 꽃길이나, 우리가 아는 색의 숫자를 다시 헤아리게 만드는 형형색색의 나비들, 자그마한 밀림 속 연못에서 피어나는 연꽃의 아름다움을 감상해보자. 원내를 흐르는 강에서 타는 짧은 보트 투어는 이 일대에 서식하는 동식물, 더 나아가 류큐 무용의 아름다움을 함께 보여준다.

비오스의 언덕엔 쇠나 철로 된 물건들이 없다. 벤저민 나무를 엮어 만든 앙증맞은 작은 집과, 나무만으로 이루어진 어린이 놀이터는 한국에도 이런 곳이 하나쯤 있으면 좋겠다는 생각이 들게한다. 돈을 주면 목줄을 한 아기 염소에게 먹이를 줄 수도 있고, 잠시나마 염소를 끌 수도 있다. 놀이터 한쪽 우리에는 어미 염소가 행여나 자기 새끼에게 해코지를 할까 봐 노심초사하여 '메에에' 거리고 있으니, 이 글을 읽는 분들은 아이와 아기 염소를 골고루 살펴줬으면 하는 바람이다.

🚶 공항에서 차로 약 1시간 또는 버스 20번 이시카와 인터체인지 石川インター 하차, 혹은 120번 나카도마리仲泊 하차, 각각 택시로 약 10분(문제는 전화가 있다면 콜택시를 부를 수 있으나 일본어를 못하면 그림의 떡. 지나가는 빈 택시를 잡을 확률도 무척 낮음)
🕐 09:00~17:30(화요일 휴무) ￥ 2000엔(4세~초등생 1000엔)
🅿 있음 🏠 www.bios-hill.co.jp 🔍 비오스힐

193

오키나와 판 삼국시대의 무대 ······ ⑥

## 가쓰렌 성터 勝連城跡 🔊 카쓰렌죠우아토

가쓰렌 반도에 있는 중세의 성곽. 한때 슈리성, 우라소에 성浦添城과 함께 오키나와 본섬에서 가장 강력한 3대 세력의 거점이었다. 가쓰렌의 역대 성주들은 일찌감치 중계무역에 눈을 떠 상당한 부를 축적했다고 하는데, 이를 증명하듯 당시로서는 선진 문물인 고려, 가마쿠라풍의 회색 기와가 성 주변에서 출토되기도 했다.

야심가였던 아마와리는 류큐 왕국을 멸망시키고, 자신의 통일 왕조를 만들 꿈을 꿨다. 류큐 왕국 제1대 쇼씨 왕조의 6대 왕 쇼타이쿠는 아마와리와 자신의 딸을 정략결혼시키며 회유하려 했지만, 이 또한 소용없었다. 결국 류큐 왕국도 정벌에 나섰고, 가쓰렌성에서의 긴 공방전 끝에 아마와리의 패배와 할복으로 내전은 마무리된다.

🏃 나하공항에서 차로 1시간 또는 나하 버스터미널에서 27번 버스를 타고 니시하라西原 정류장에서 하차 후 도보 10분
🕘 09:00~18:00 ¥ 600엔(6세~중학생 이하 400엔)
Ⓟ 있음 🏠 www.katsuren-jo.jp 🔍 가쓰렌 성터

오키나와 제일의 민속촌 ······ ⑦

## 류큐무라 琉球村

류큐 왕국의 옛 마을 풍경을 재현한 일종의 민속촌+체험 공방. 오키나와 월드와 무라사키무라도 비슷한 성격의 어트랙션이긴 한데, 이곳만의 특징이라면 민속촌의 느낌이 더 강하고, 다양한 공연 프로그램을 가지고 있다는 점이다. 마을은 100년 이상 된 오키나와의 고택 7곳을 그대로 옮겨지었다. 이 때문에 〈여인의 향기〉, 〈괜찮아, 사랑이야〉 같은 우리나라 TV 드라마의 촬영 무대로 주목받기도 했다. 수시로 열리는 문화예술 공연은 류큐무라가 다른 유사 민속촌들과 가장 차별화되는 포인트다. 매일 벌어지는 공연 외에도 매월 세시풍속을 재현한 특별 행사가 펼쳐진다. 홈페이지나 원내에 붙어 있는 이벤트 달력을 체크해 보자.

🏃 나하공항에서 차로 1시간 또는 나하 버스터미널에서 20·120번 버스를 타고 류큐무라琉球村 정류장에서 하차
🕘 09:30~17:00(에이사 공연 10:30, 12:00, 14:00, 15:30)
¥ 2000엔(고교생 1500엔, 6~15세 800엔) Ⓟ 있음
🏠 www.ryukyumura.co.jp 🔍 류큐무라

오키나와 본섬 제일의 스폿 ...... ⑧

# 만자모 万座毛 🔊 만자모

흔히 '코끼리 바위'라고 한다. 오키나와 본섬 제일의 명승지로, 산호
융기초로 이루어진 거대한 해안 절벽의 바위가 코끼리와 비슷하다
고 해 각종 매체에 소개되기도 했다.

이 일대가 유명해진 것은 꽤 오래된 일로, 1726년 류큐 왕국의 국
왕 쇼우케이尚敬가 이곳에 놀러 와 넓게 펼쳐진 풀밭을 보며 '여기
는 만 명이 앉아서 놀 수 있겠다'라고 한 것이 이름의 시초다.

주차장에 차를 세우면 직진 방향에 만자모가 있고, 공중화장실을
끼고 왼쪽 길로 빠지면 만자모의 뒷면을 감상할 수 있는 일종의 샛
길이 나온다. 뒷면의 풍경은 정면보다 못하지만, 관광객 등쌀에 치
인 오키나와 현지 사람들은 이 구역을 더 사랑한다.

🚶 나하공항에서 차로 1시간~1시간 20분 또는 나하 버스터미널에서
20·120번 버스를 타고 온나손야쿠바아메恩納村役場前 정류장에서 하차
후 오르막길을 10여 분 가량 올라가면 만자모 주차장이 보인다. 또는
나하공항에서 에어포트 셔틀을 타고 나비 비치 마에ナビービーチ前에서
하차 후 차로 5분 ⏱ 오픈 ¥ 100엔 🅿 있음 🏠 www.manzamo.jp
🔍 만자모

# 하와이안 팬케이크하우스 파니라니
ハワイアンパンケーキハウス パニラニ Paanilani

제복을 입은 여성 점원이 '알로하'라고 합창하며 인사하는 팬케이크 전문점. 하와이 근교의 어느 식당을 옮겨놓은 것 같은 이국적 느낌 때문에 여성 여행자들의 지지를 받는 집 중 하나다. 정통 미국식 아침을 즐기자는 게 이 집의 모토. 오키나와 소바나 고야 찬푸르가 질렸거나, 빵으로 된 아침을 먹고 싶다거나, 오후에 아침 메뉴를 먹고 싶다면 가볼 만하다. 전체적으로 아주 밝고 쾌활한 분위기다.

🚶 나하 버스터미널에서 20·120번 버스를 타고 세라가키비치 마에瀬良 垣ビーチ前 정류장에서 하차 후 도보 5분 🕐 07:00~17:00 (부정기 휴무) ¥ 1000엔 🅿 있음
🔍 하와이안 팬케이크 하우스 파니라니

# 나카무라 소바 なかむらそば

오키나와 중부 지역에서는 가장 유명한 소바집 중 하나로 해초가 들어간 아사 소바アサそば가 간판 메뉴다. 참고로 아사는 일본어로 대마초라는 뜻이 있는데, 오키나와에서 아사는 파래과 해초를 일컫는 말이니 전혀 무서워하지 않아도 된다. 해초 베이스다 보니 일단 국물이 개운하다는 게 가장 큰 장점. 면발도 일반적인 오키나와 소바치고는 훌륭한 편이다. 대표 메뉴인 나카무라 소바는 단맛이 강한 편이라 한국인들 사이에서는 호불호가 갈린다. 주문은 자판기를 통해 하면 된다.

🚶 만자모에서 차로 7분 📞 (098)966-8005
🕐 10:30~16:00(목요일 휴무) ¥ 1000엔
🅿 있음 🏠 www.nakamurasoba.com
🔍 나카무라 소바

# 808 포케볼 오키나와 808 Poke Bowls Okinawa

하와이식 회덮밥인 포케ポケ 전문점. 요즘 한국에서도 포케 라이스가 등장하고 있는데, 한국에서 파는 건 온갖 야채+연어회 덮밥에 가깝다면 오키나와의 그것은 조금 더 정통으로 초절임한 회와 날계란의 맛이 엄청난 조화를 이룬다. 한국인의 입맛에 안 맞을 리가 없다. 고명에 따라 참치, 연어, 문어로 나뉘는데 뭘 골라도 후회하지 않는다. 만자모 주변에서 확실하게 보증할 수 있는 몇 안 되는 맛집 중 하나.

주문 시 밥의 양, 밥의 종류, 고명, 간을 하는 양념까지 모두 정해줘야 한다. 매콤한 게 좋다면 간장 와사비Syoyu Wasabi나 미소(일본 된장) 와사비Miso Wasabi를 선택하자. 가격은 균일가로 보통은 ¥1250, 큰 사이즈는 ¥1550이다. 여기에 얹는 고명의 종류를 늘리면 요금이 증가한다.

🚶 만자모에서 차로 5분
📞 (098)3225-8088
🕐 11:00~17:00(화·수요일 휴무)
¥ 1200~1500엔  🅿 있음
🏠 808pokebowlsokinawa.com
🔍 808 포케볼 오키나와

# 킨게츠 소바 온나점 金月そば 恩納店

오랜 기간 외지 생활을 하다 귀향한 주인장이 운영하는 소바 전문점. 객지를 다니며 여러 가지 국수를 섭렵하고, 이를 오키나와 소바의 조리기법에 도입해 오키나와 츠케 소바라는 다른 곳에서는 볼 수 없는 퓨전 면 요리를 만들어 냈다. 오키나와에서 자체 재배되는 밀을 고집하고 있으며, 자가 제면을 원칙으로 한다. 전통과 현대적 기호 사이에서 외줄 타기를 하는 느낌인데, 다행히 맛도 좋은 편이다. 특별한 소바에 관심이 간다면 도전해 볼 만한 집이다.

🚶 만자모에서 차로 15분  📞 (098)967-8492
🕐 11:00~16:00(월요일 휴무)
¥ 1000엔  🅿 있음  🏠 kintitisoba.com
🔍 킨게츠 소바 온나점

고래상어가 유영하는

# 북부
## 北部

북부 지역은 크게 둘로 나뉜다. 오키나와를 방문한 여행자라면 누구나 손가락을 꼽아가며 방문 일자를 가늠하는 츄라우미 수족관을 비롯해, 낭만적인 산책로인 비세마을의 후쿠기 가로수길이 있는 모토부 반도와 오키나와 본섬의 맨 끝이자 대지의 약 80%가 숲으로 둘러싸인 천연기념물들의 서식지, 얀바루 지역이 그곳이다. 볼거리의 중요도, 다양성, 그리고 박진감을 따진다면, 오키나와 본섬에서 북부가 반이고 중부, 나하, 그리고 남부가 다 합쳐서 반 일 정도로 비중이 높다. 일정이 짧은 여행자들은 아예 북부 위주의 여행 코스를 짜기도 한다.

 **한눈에 보는 북부 여행**

#츄라우미 수족관 #수족관 #오리온 해피 파크
#오리온 맥주 #코우리 대교 #드라이브 코스 #비세자키
#스노클링 #토리요시 #달인의 꼬치 #미야자토 소바
#소바가도 #캡틴 캥거루 #수제 햄버거 #깊은 산
#광고의 무대 #고래상어 #돌고래쇼

# 북부
## 전도

REAL PLUS 이에 섬

와지

미군 보조비행장

AREA 02 모토부

탓츄

니야티야
동굴

이에 비치

비세자키

AREA 03 나키진

츄라우미 수족관

코우리 섬

나키진 성터

505

민나 비치

세소코 비치

요헤나 수국원

모토부 항 페리터미널

449

505

AREA 01 나고

나고 파인애플 파크

오리온 해피 파크

🚶 헤도 곶

🚶 대석림산

58

얀바루 국립공원

58  🚶 히지 폭포

🚶 히루기 공원 일대

Plum Tree Lined Road

331

331

N

0 ─────── 5km

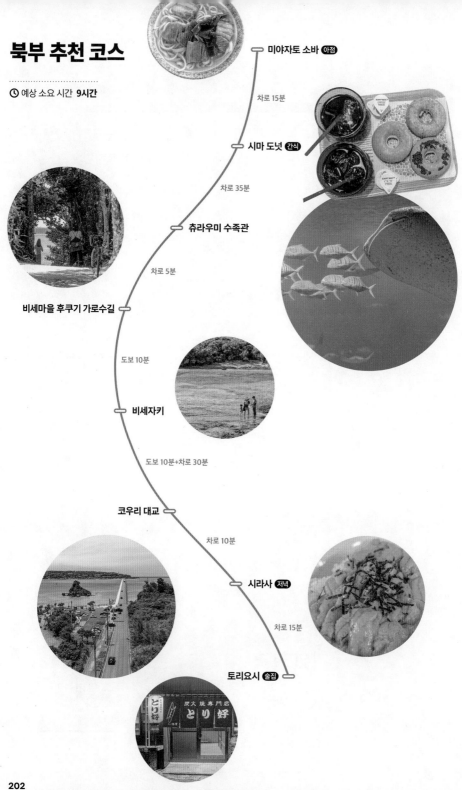

# 북부 추천 코스

⏱ 예상 소요 시간 **9시간**

미야자토 소바 아점

차로 15분

시마 도넛 간식

차로 35분

츄라우미 수족관

차로 5분

비세마을 후쿠기 가로수길

도보 10분

비세자키

도보 10분+차로 30분

코우리 대교

차로 10분

시라사 저녁

차로 15분

토리요시 술집

202

# 북부에서 가장 큰 도시
# 나고 名護

오키나와 북부의 유일한 시市이자, 오키나와에서 두 번째로
큰 도시다. 총 면적은 210㎢로, 서울시의 1/3에 해당하는
넓이를 자랑한다. 일찌감치 삼산 시대부터 도시의 기능을 했으니
역사가 꽤 오래된 편이다. 크게 돋보이는 볼거리는 없지만
북부에서 유일하게 사람이 밀집해 사는 도시다 보니, 여행자
식당이 아닌 서민 식당을 만날 수 있는 몇 안 되는 지역이라는
점에서 빼놓기 어렵다. 저렴한 숙소와 맛집이 많은 곳.

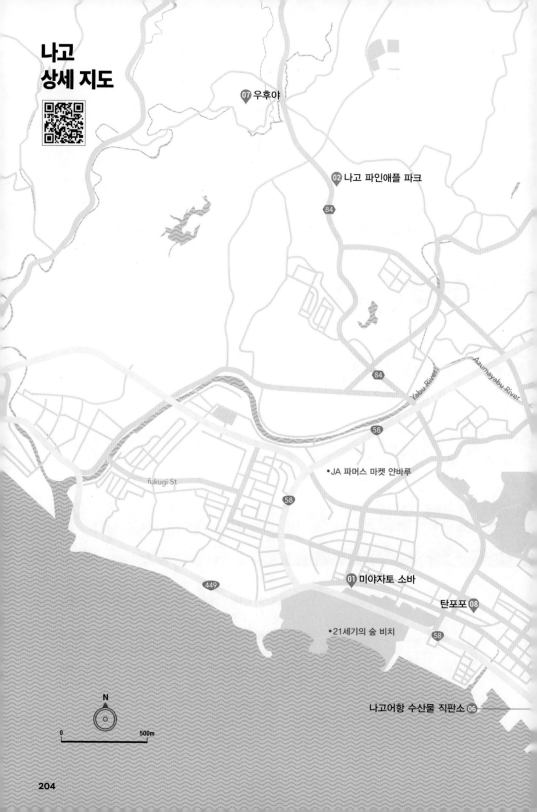

# 나고
# 상세 지도

07 우후야

02 나고 파인애플 파크

84

84

Yabu River

Azumayabu River

58

• JA 파머스 마켓 얀바루

fukugi St

58

01 미야자토 소바

탄포포 08

• 21세기의 숲 비치

58

N

0          500m

나고어항 수산물 직판소 06

네오파크 오키나와
나고 자연 동식물공원

02 시마 도넛

71

09 만미

58

71

03 판초리나

• 나고 센트럴파크 전망대

04 히가시 식당

01 오리온 해피 파크

58

광둥요리 류구 05

어른들의 해피한 공간 ······ ①

## 오리온 해피 파크 オリオンハッピーパーク 🔊 오리옹 핫피파쿠

오키나와의 맥주 브랜드인 '오리온 맥주'의 나고 공장. 공장 견학 후 마실 수 있는 두 잔의 시음 맥주로 인해, 주당들의 주목을 받는 곳이다. 견학은 총 1시간에 걸쳐 이루어지는데, 견학 자체는 40분이고 나머지 20분 동안 자체 식당에서 생맥주 시음을 즐길 수 있다. 해피파크 안에 있는 레스토랑에서는 수준급의 요리와 갓 만든 신선한 맥주를 즐길 수 있다. 저녁에 들러 줄곧 마시고 싶지만, 19:00에 영업을 종료한다는 것에 통탄할 따름이다. 2025년 1월 현재 임시 휴관 중이다.

🚶 나하 버스터미널에서 20·77·120번 버스를 타고 나고구스쿠이리구치 名護城入口 정류장에서 하차 후 도보 5분 🕐 09:20~16:40(견학) ¥ 18세 이상 500엔(7~17세 200엔) Ⓟ 있음 🏠 www.orionbeer.co.jp/happypark 🔍 오리온 해피 파크

어린이 동반 여행자라면 한번쯤 들르는 곳 ······ ②

## 나고 파인애플 파크

ナゴパイナップルパーク 🔊 나고파이낫푸루 파쿠

파인애플 테마파크. 파인애플 호라는 애칭이 붙은 파인애플 모양의 차량으로 파인애플 농원을 둘러본다. 파인애플이 어떻게 자라는지 몰랐던 사람에게는 조금 신기한 곳이기도. 실제로 일본에서 파인애플 재배는 오키나와 북부와 야에야마 제도에서 주로 이루어진다. 파인애플 호에서 내린 직후 바로 파인애플 제품을 판매하는 특산품 매장으로 연결된다. 시식코너도 많고 먹거리부터 화장품까지 온갖 파인애플 아이템이 한가득이다. 대단한 볼거리는 아니지만 어린아이를 동반했다면 한 번쯤 가볼 만하다.

🚶 나고 버스터미널에서 70·76번 버스를 타고 메이오다이가쿠 이리구치 名桜大学入口 정류장에서 하차 or 츄라우미 수족관에서 차로 30분 🕐 10:00~18:00 ¥ 1200엔(어린이 600엔, 4세 미만 무료) Ⓟ 있음 🏠 www.nagopine.com 🔍 나고 파인애플 파크

북부 지역 소바의 강자! ······ ①
# 미야자토 소바 宮里そば 🔊 미야자토 소바

나고 시에서 사람들에게 소바집을 추천해 달라면 '나고 하면
미야자토 소바 아니겠어?'라고 말한다. 외관은 허름하지만
천장이 높아 탁 트인 내부와 시끌벅적한 사람들의 대화 소
리, 휴일에 집에서 TV를 보다가 아이들 둘러업고 나온 가족
들의 풍경, 온통 현지인 천지다. 그것도 이 근처 어딘가에 사
는 사람들이 가게를 가득 메우고 있다. 주문은 자판기 방식.
메뉴가 많은 편이 아니라 그리 어려울 건 없다. 정성껏 우려낸
가쓰오부시의 깊은 맛과 그 속에 우러난 달콤함이 속을 풀어준
다. 참고로 이 집은 우리네 칼국수 같은 면발을 사용하는데, 이게 오
키나와 북부 소바의 대표적인 특징이다. 다시마 소바にんぶそば가 개운하다.

🚶 나고 버스터미널에서 도보 10분
📞 (098)54-1444
🕐 10:00~17:00(일요일 휴무)
¥ 1000엔 🅿 있음 🔍 미야자토 소바

엄마들이 만드는 건강 도넛 ······ ②
# 시마 도넛 しまドーナッツ 🔊 시마 도-낫츠

섬 두부와 유기농 두유, 그리고 오키나와에서 나고 자란 과일 몇 조각이 도넛을
장식한다. 가게의 직원은 모두 아이 엄마라고. 안전한 먹을거리에 대한 고민은
우리나라 일본이나 마찬가지여서, 아이들에게 안전한 간식을 제공하고 싶다
는 마음으로 뭉쳤다고 한다. 북부에 머문다면, 혹은 북부로 갈 예정이라면 츄라
우미 수족관 같은 유명 여행지로 가기 전 들러보도록 하자. 커피 같은 기본적인
음료도 판매한다. 바나나 도넛과 지마미 두부 도넛이 스터디셀러 메뉴. 속이 진
짜 편하다.

🚶 나고 버스터미널에서 차로 10분
📞 (098)54-0089 🕐 11:00~15:00
(월요일 휴무) ¥ 400엔 🅿 없음
🏠 www.instagram.com/shimadonuts_
okinawa 🔍 시마 도넛

### 오키나와에서 빵을 논하고 싶다면 ...... ③
# 판초리나 Panchori-na パンチョリーナ 🔊 팡쵸리-나

나고 시에 있는 로컬 빵집. 돼지고기 커틀릿 샌드위치ヵッサンド
와 BLT 샌드위치 BLTサンド 같은 인기 메뉴가 숨어 있는 맛집
이다. 주식빵을 주로 판매하는 집이다 보니 개점 시간도 오전
07:00! 북부에 머무는, 밥 안 주는 게스트하우스 투숙객이라면
아침거리 헌팅 장소로도 제격이다. 처음에는 나고 시에서만 명
성을 떨치다가, 차츰 오키나와 전역, 그리고 요즘은 도쿄의 프
렝탕 긴자점ブランタン銀座에서 열린 오키나와 빵 특별전에도 출
점하면서 본토 사람들의 입맛도 사로잡았다고.

🚶 나고 버스터미널에서 차로 10분　📞 (098)52-7172　🕐 07:00~19:30
(일요일·매월 넷째 주 월요일 휴무)　¥ 600엔　🅿 있음　📍 판초리나

### 구닥다리 일본 빙수의 대가 ...... ④
# 히가시 식당 ひがし食堂 🔊 히가시쇼쿠도우

정식을 주로 하는 밥집인데, 밥집보다는 일본식 빙수 전문점으
로 더 알려져 있다. 실제로 손님들도 밥 먹는 손님보다 빙수 손
님이 더 많다. 이 집의 특기는 약간 불량식품 느낌인 삼색빙수三
色金時, 농밀한 우유맛이 가득한 밀크 젠자이ミルクぜんざい다. 사
실 밥집으로도 꽤 유명한 곳인지라 밥 먹는 사람은 현지인, 빙
수 먹는 사람은 관광객이라는 공식이 있을 정도다. 만약 출출하
다면 진짜 가정식 느낌의 야끼 소바焼きそば나 두부 찬푸르豆腐
チャンプルー같은 요리를 먹어보자.

🚶 오리온 해피 파크에서 도보 5분　📞 (098)53-4084
🕐 11:00~18:30(휴무일 없음)　¥ 800엔　🅿 있음　📍 히가시 식당

### 바다를 바라보며 즐기는 본격적 광둥요리의 맛 ...... ⑤
# 광둥요리 류구 広東名菜 龍宮 🔊 칸톤메이사이 류큐

골프장을 끼고 있는 리조트 카누차의 부설 레스토랑. 바다를 내
려다보며 광둥요리를 먹을 수 있는, 꽤나 독특한 포지션의 레스
토랑이다. 저녁은 가격대가 상당히 높으니 점심을 추천한다. 대
략 세트메뉴가 ¥2000선인데 단품만 즐긴다면 더 저렴해진다.
의외로 딤섬 메뉴가 약한 편으로 새우만두인 하카우 등 유명한
몇 가지를 구색만 맞춰놓은 느낌. 사전 예약을 해 바다가 보이
는 자리를 확보할 수 있다면 더할 나위 없이 좋다.

🚶 나고 버스터미널에서 차로 25분　📞 (098)55-8484
🕐 11:00~22:00(휴무일 없음)　¥ 6000엔~　🅿 있음
🏠 www.kanucha.jp/restaurant/383　📍 광둥요리 류구

이윤이 걱정될 만큼 저렴한 참치 덮밥을 판매하는 ······ ⑥

# 나고어항 수산물 직판소 名護漁港水産物直販所 🔊 나고 교코 수이산부츠 초크한조

항구 직영 식당의 가장 큰 미덕은 역시 그날 잡은 생선 혹은 생선 부속으로 만드는 가격 대비 최고의 신선함이다. 메뉴는 최대 ¥1,500을 넘지 않고, 꽤 먹을 만한 오늘의 메뉴는 단돈 ¥800에 불과하다. 초밥 등 몇몇 메뉴를 제외하고는 정식 구성인데, 여기에 포함되는 두 쪽의 생선튀김이 별미. 냉동 생선과는 완전히 다른 부드러운 식감과 풍미를 자랑한다. 허름한 외관만 극복할 수 있다면 후회 없는 가성비 선택!! 참치덮밥 정식マグロ丼定食, 해산물덮밥 정식海鮮丼定食, 생선 버터구이 정식魚のバター焼定食 모두 훌륭하다.

🚶 나고 버스터미널에서 차로 5분 📞 (098)43-0175
🕐 11:00~15:30(휴무일 없음) ¥ 1000엔 Ⓟ 있음
🏠 www.instagram.com/nagosuisan
📍 나고어항 수산물 직판소

웅장한 여행자 식당 ······ ⑦

# 우후야 百年古家 大家 🔊 햐쿠넨코카 우후야

100년 전인 메이지 후기 시대의 고택을 레스토랑으로 개조했다. 일본 사극에나 나올 법한 아름다운 모습으로 인해 각종 CF와 드라마의 단골 섭외지로 꼽힌다. 현지인보다는 여행자들에게 특화된 식당이며 실제로 손님들도 한국인과 타이완 사람 위주다. 외국인만 우글거리는 식당을 기피한다면 패스해도 무방하다. 다행인 점은 맛을 허투루 내지는 않는다는 사실. 웹페이지를 통해 사전 예약이 가능하다. 점심 한정 아구 생강구이 돈부리アグーの生姜焼き丼와 저녁 한정 아구 샤브샤브アグーのしゃぶしゃぶ가 인기다.

🚶 나고 파인애플 파크에서 차로 5분
📞 (098)53-0280 🕐 11:00~16:00,
18:00~21:00 ¥ 1500~7000엔 Ⓟ 있음
🏠 ufuya.com 📍 백년고가 우후야

### 40년 역사의 노포 카레집 ⑧
## 탄포포 カレーと珈琲の店 たんぽぽ
🔊 카레토코히노미세탄포포

1980년대 일본 드라마에서나 나올 법한 고풍스러운 느낌의 카레집. 그 시절 경양식집과 다방을 섞어놓은 듯한 레트로 분위기의 식당이다. 주인이 독창적인 배합으로 자가 제작한다는 카레가 유명한데, 일본인들 말로는 맛도 80년대에 먹던 바로 그 맛이라고. 그러다 보니 방문객에게 노스탤지어를 선사하는 건 일본인이나 한국인이나 매한가지인데, 한국인은 분위기로만, 일본인들은 맛에서도 과거의 향수를 느낀다. 매콤카레는 매운 맛 조절이 가능한데, 한국인 기준으로는 최대치로 올려도 뭐 매콤하네 정도다. 주인 할머니가 좀 터프한 편. 비프카레 ビーフカレー와 버섯카레 キノコカレー가 맛있다.

🚶 나고 파인애플 파크에서 차로 7분   📞 (098)53-4073
🕐 12:00~16:00(화요일 휴무)   💴 1500엔   🅿 있음   🔍 카레집 단뽀뽀

### 섬 돼지의 각종 부위를 맛볼 수 있는 ⑨
## 만미 満味 🔊 만미

오키나와산 토종 돼지인 아구 アグー 전문점. 오키나와 속담에 '돼지고기는 발자국 빼고 다 먹는다'는 말이 있는데, 이 집이야말로 그 속담에 무척 충실한 집이다. 요리는 크게 두 가지. 일본식 숯불구이七輪焼お肉盛り合わせ와 돼지고기를 데쳐 먹는 샤브샤브やんばる島豬しゃぶしゃぶセット가 그것이다. 구이의 경우 부위별 단품도 주문이 가능하고, 분류할 수 있는 모든 부위가 나오는 세트 메뉴도 있다. 살코기 정도만 즐기는 사람이 세트를 주문하면 당황스러울 수도 있다. 샤브샤브를 먹었다면 마무리는 죽으로!

🚶 나고 버스터미널에서 차로 10분   📞 (098)53-5383
🕐 17:00~21:00(일·월요일 휴무), 사전 예약은 근무일 15:00~17:00
사이에만 전화로 가능   💴 2000엔   🅿 있음   🌐 manmi-yanbaru.com
🔍 시치와야키 만미

츄라우미 수족관이 있는 바로 그곳

# 모토부 本部

츄라우미 수족관이 있는, 오키나와 북부에서 가장 중요한
관광지. 한때 오키나와 북부의 가장 큰 마을로
주요 어항과 페리터미널을 거느리고 있었지만, 오키나와
해양박람회 이후로 숙소 단지가 중부에 건설되며
이도 저도 아닌 상황을 맞이했고 현재는 거주민 구역과 여행자
구역이 확연하게 분리되어 있다. 인구밀도가 낮은 편으로
현재 인구는 약 1만 3천 명.

# 모토부
# 상세 지도

• 이에 비치

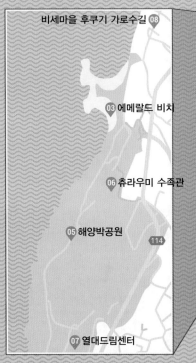

비세마을 후쿠기 가로수길 08

03 에메랄드 비치

06 츄라우미 수족관

05 해양박공원

114

07 열대드림센터

02 민나 비치

세소코 비치 01

04 비세자키

114

505

• 나키진 성터

115

• 모토부 그린파크 호텔

449

06 카진호우

07 이시나구    115

04 쥬베이    244

03 아라가키 젠자이
02 키시모토 식당

84

얀바루 소바 09

05 키노카와    • 야에타케 사쿠라노모리 공원

요헤나 수국원 09    84

야치문킷사 시사엔 08

10 모토부 항

449

N

01 캡틴 캥거루

0    1km

본섬에서 멀지 않지만 낙도의 느낌이 물씬 풍기는 ①

# 세소코 비치 瀬底ビーチ ◀) 세소코 비치

모토부 반도에서 600m 떨어진 세소코 섬 瀬底島에 있는 메인 비치로 수영과 스노클링이 모두 가능한 아름다운 곳이다. 한국에서는 볼 수 없는 산호모래로 이루어진 새하얀 백사장이 800m가량 펼쳐진다. 발에 닿는 순간 모래가 발을 포근하게 감싸주는 느낌은, 잊지 못할 감동을 선사한다. 무척 한적한 곳이었지만 최근 해변 앞에 힐튼 오키나와 세소코 리조트가 들어서며 번잡해지는 분위기다. 그럼에도 성수기를 제외한다면 아직은 낙도의 한적함이 남아있는 곳이다. 즐길 수 있을 때 즐기자. 현재 이 해변의 유일한 단점은 비싼 주차료다.

🚶 나고 버스터미널에서 버스 76번을 타고 세소코코민칸마에 瀬底公民館前 정류장에서 하차 후 도보 10분, 나고 시에서 차로 20분
🕐 4~6월 09:00~17:30, 7~9월 09:18:00, 10월 09:00~17:30
¥ 무료 🅿 1000엔 🏠 www.sesokobeach.jp 🔎 세소코 비치

본섬 최고의 수질을
자랑하는 ┄┄┄ ②

# 민나 비치 水納ビーチ 🔊 민나 비치

모토부 반도에서 1.5㎞ 정도 떨어진 작은 섬, 민나 섬에 있는 메인 비치. 참고로 민나 섬을 공중에서 보면 크루아상을 닮아 크루아상 아일랜드라는 애칭이 붙어 있기도 하다. 섬 자체는 무척 작은 편으로 면적이 0.47㎢, 섬 주민이 40명에 불과하다. 산호초 위에 섬만 둥실 떠 있는 지형으로 수영과 스노클링을 포함한 가벼운 물놀이를 위한 천혜의 조건을 갖추고 있다. 육지에서 15분 거리에 있다 보니 당일치기로 놀다 가는 게 일반적이다. 선착장에서도 물속이 훤히 보일 정도로 투명도가 높고 해변의 길이가 무려 1㎞, 폭도 30~50m 정도나 된다. 해변이 선착장과 연결되어 있기 때문에 배에서 내리면 바로 해수욕이 가능하다. 해변 자체는 무료이며, 유료로 다양한 액티비티도 즐길 수 있다. 설비와 액티비티는 사전 예약을 하는 게 좋다. 사전 예약은 전화만 가능하며 대부분의 경우 영어 가능한 직원이 없다.

🚶 도구치 항渡久地港에서 배로 15분  📞 090-8669-4870  🕐 수영기간 4~10월
¥ 무료  🅿 차 가지고 못 들어감  🏠 www.minna-beach.com  📍 민나 비치

## 민나 섬 감잡기

### ① 종합안내소
선착장에 내리면 정면에 섬을 가로지르는 유일한 길 하나가 보이고, 길 왼쪽이 해변이다. 길을 따라 직진하면 언덕을 오르기 전 종합안내소総合案內所라는 간판이 보인다. 여기서 해변 렌털 용품과 투어 신청 업무를 대행한다. 그냥 내리면 다 알게 된다.

### ② 저렴하게 용품 대여하는 비결
민나 섬으로 연결되는 항구인 도구치 항 여객대합실에서 비치 용품을 사전 예약하면 소정의 할인 혜택이 있다. 예약을 하면 교환권을 주는데, 이걸 들고 섬 종합안내소에 내밀면 된다.

### ③ 뒷해변
오르막을 따라가다 보면 식당 몇 곳이 보이고 이어서 마을이 나타난다. 그래봐야 인구 40명의 마을, 집도 몇 채 없다. 길을 따라 조금 더 직진하면 뒤편에 해변이 등장한다. 해변이라기 보다는 펄에 가깝고, 돌이 많아 물이 찬다 해도 수영하기엔 적당하지 않은데, 한적한 곳에서 멍때리기에는 이만한 곳도 없다.

## 민나 섬으로 가는 방법

일단 모토부 항 도구치 지구 여객대합소 本部港(渡久地地区)旅客待合所, 줄여서 도구치 항渡久地港에서 페리가 출발한다. 고

속선 뉴윙 민나高速旅客船ニューウイン グみんな호 1대가 섬과 육지를 반복 운행한다. 운행 시간은 15분 가량. 생각보다 금방 간다.

🚶 도구치 항 츄라우미 수족관에서 차로 15분  📍 도구치 항 여객터미널

### 여객선 시간표

| 기간 | 도구치 출발 | 민나섬 출발 | 요금 |
|---|---|---|---|
| 1~3월 | 08:30 / 13:00 / 16:30 | 09:00 / 13:30 / 17:00 | 성인 ¥900 (왕복 ¥1710) 어린이 ¥450 (왕복 ¥860) |
| 4~6월/ 7월 1~19일 9월 21~10월 31일 | 08:30 / 10:00 / 13:00 / 16:30 | 09:00 / 10:30 / 13:30 / 17:00 | |
| 7월 20~8월 31일 | 08:30 / 09:30 / 10:30 / 11:30 / 13:30 / 14:30 / 15:30 / 16:30 | 09:00 / 10:00 / 11:00 / 13:00 / 14:00 / 15:00 / 16:00 / 17:00 | |
| 9월 1~20일 | 09:00 / 10:00 / 11:00 / 13:00 / 15:30 / 16:30 | 09:30 / 10:30 / 11:30 / 13:30 / 16:00 / 17:00 | |

그림 같은 풍광을 자랑하는 ……… ③

# 에메랄드 비치
エメラルドビーチ 🔊 에메라르도 비치

오키나와 엑스포 당시에 조성된 인공 비치로, 엑스포 기간 내내 오키나와 바다의 상징 그 자체였던 곳이다. 저 멀리 보이는 이에 섬의 풍경과 곱디고운 산호모래, 진정한 코발트 빛 바다색은 왜 이곳이 일본 환경성 주관 최고의 해변에 매번 선정되는지, 그 이유를 말해주는 듯하다. 인공적으로 자연을 창조하는 데 재능이 있는 일본 사람들은 인공 비치를 마치 일본 정원처럼 꾸며놨다. 해변 끝에 조성된 몇 그루의 야자나무는 주변 풍경과 놀라울 정도로 조화를 이루며, 단조로운 해변을 해안 정원으로 탈바꿈시켰다. 인공 비치인 관계로 스노클링은 금지.

🚶 츄라우미 수족관에서 에메랄드 비치로 가는 전기차 탑승 또는 도보 10분, 차를 가지고 간다면 츄라우미 수족관 P9번 주차장이 가장 가깝다. 🕐 3~9월 08:00~19:30, 10~2월 08:00~18:00(수영 기간 4~9월 08:30~19:00) ¥ 무료 🅿 있음
🏠 www.sesokobeach.jp 🔎 오키나와 에메랄드 비치

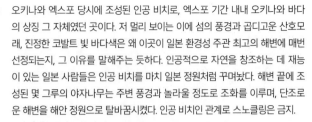

셀프 스노클러들이 모여드는 ……… ④

# 비세자키
備瀬崎 🔊 비세자키

모토부 반도의 북서쪽 끝이자, 비세마을 끝자락에 있는 작은 해변. 누구의 손때도 타지 않았을 법한 천혜의 자연환경을 가진 곳으로, 오키나와 여행 좀 했다는 사람들에 의해 입소문으로 전파돼 지금은 약간의 성지가 된 곳이다. 수질이 오키나와 본섬의 알려진 곳들과 비교하면 월등히 좋은 편이다. 썰물 때가 되면 대략적인 수심이 1m 내외로 얕아지는데, 이때 작은 물고기들이 해안으로 모여들어, 굳이 스노클링을 하지 않아도 물고기들이 헤엄치는 것을 볼 수 있다. 하지만 밀물 때나 날씨가 안 좋을 경우에는 파도가 심해지며 수심도 깊어지고 물고기들도 잘 보이지 않게 된다는 사실 또한 명심해야 한다. 본격적으로 관리되는 해변이 아니라서 수상 안전요원도 없고 해파리 네트도 없다. 자기 책임하에 물놀이를 즐겨야 한다.

🚶 비세마을 입구에서 안쪽 끝 지점까지 도보 12~15분 or 츄라우미 수족관에서 차로 8분 🕐 오픈 ¥ 무료 🅿 있음(500엔) 🔎 비세자키

오키나와 본섬 여행의 핵심 ⋯⋯⋯ ⑤

# 해양박공원 海洋博公園 🔊 카이요우하쿠코엔

1975년 오키나와 엑스포의 유산. 만화 〈철완 아톰〉의 작가로
도 유명한 데즈카 오사무手塚治虫(1928~1989)가 설계한 미
래형 해양도시. 아쿠아 폴리스가 유명했었지만, 이제는 옛말.
2000년 아쿠아 폴리스는 해체됐고, 2002년 그 자리에 츄라
우미 수족관이 개관했다. 참고로 해양박공원은 77만㎡의 넓
이에 인공 해변인 에메랄드 비치エメラルドビーチ가 포함될 정도
로 엄청난 규모를 자랑한다.

🚶 나하공항에서 차로 1시간 50분~2시간 20분 또는 나하공항에서
얀 바루 급행 버스 やんばる急行バス・에어포트 셔틀 117번을 타고 기
넨코엔마에 記念公園前 정류장에서 하차 🕐 10~2월 08:00~18:00,
3~9월 08:00~19:30 ¥ 무료 🅿 있음 🏠 oki-park.jp
🔎 해양박람회 기념공원

## 넓디넓은 해양박공원을 걸어 다니지 않는 꿀팁

해양박공원의 핵심 볼거리는 크게 세 구역으로 나뉜다. 바로
① 츄라우미 수족관 ② 에메랄드 비치 ③ 열대드림센터가 그
것. 시간은 없고 무더위에 종종거리기도 싫다면 원내의 마을
카트(?)인 유람차를 타보자. 1회 탑승료는 ¥100, 종일 탑승
권은 ¥200이다.

# 츄라우미 수족관 美ら海水族館 🔊 츄라우미스이조쿠칸

오키나와의 상징이자 가장 인기 있는 볼거리. 초대형 아크릴 수조 속에서 유유히 유영하는 고래상어와 대형 쥐가오리의 풍경을 감상한다는 것은 오키나와를 여행하는 이유의 팔 할일지도 모른다. 매년 270만 명 정도의 입장객이 이곳을 방문하는데, 이는 엑스포 당시의 총관람객 수를 능가한다고. 수족관은 산호초 여행サンゴ礁への旅, 구로시오 여행黒潮への旅, 심해 여행深海への旅라는 세 개의 테마로 이루어져 있다. 각 테마는 다시 여러 개의 전시관으로 나뉜다.

🚶 해양박공원 유람차 A or B 코스,
스이조쿠칸 이리구치水族館入口 하차
🕐 10~2월 08:30~18:30(17:30까지 입장),
3~9월 08:30~20:00(19:00까지 입장)
¥ 2180(고교생 1440엔, 초·중학생 710엔,
미취학 아동 무료), 16:00 이후 입장 1510엔
(고교생 1000엔, 초·중학생 490엔, 미취학 아동
무료), 장애인 복지카드 소지자 무료,
웹페이지에서 티켓 구매 가능 🅿 있음
🏠 churaumi.okinawa 🔍 츄라우미 수족관

---

**THEME 01**

## 산호초 여행 サンゴ礁への旅

산호가 자랄 수 있는 얕은 바다가 첫 번째 테마관이다.

### ● 이노의 생물들 イノーの生き物たち

이노イノー는 오키나와 말로 '얕은 바다'라는 뜻이다. 얕은 바닷물에 자라는 불가사리, 해삼과 같은 수생 생물들을 만날 수 있는 곳으로, 수족관 설비 중 유일하게 생물들을 직접 만질 수 있다. 수조에 손을 넣을 수도 있기 때문에 아이들이 특히 좋아한다. 만질 수 있다 해도 터치 정도만 해야지 괴롭히면 죽어버릴 수 있다. 부모들의 지도가 필요한 구역이다.

### ● 산호의 바다 サンゴの海

산호의 꽃밭. 산호로 만든 물속의 작은 식물원이다. 300㎡ 넓이의 수조 속에 사는 산호 대부분은 2002년 츄라우미 수족관이 개관할 때부터 함께 했던 것들이다. 오키나와에서 볼 수 있는 약 70종의 산호가 거의 대부분 서식하고 있고, 산호 주위에서 함께 사는 수중 생물도 볼 수 있다.

### 열대어의 바다 熱帯魚の海

열대어가 주인공인 700㎡ 규모의 수조. 약 200여 종의 열대어들이 여유롭게 유영하는 모습을 엿볼 수 있다. 애니메이션 '니모를 찾아서'의 주인공인 니모, 즉 크라운 피쉬도 여기서 감상할 수 있다. 실제 바다처럼 수조를 보면서 안쪽으로 들어갈수록 물이 깊어지는데, 깊은 바다로 갈수록 열대어의 색상도 원색에서 단색으로 바뀌는 걸 볼 수 있다.

### 산호의 방 サンゴの部屋

산호 바다로의 여행에서 가장 밋밋한 전시실. 산호의 방은 이 예쁜 공간에서 함부로 행동할 경우 어떤 위험에 처하는지를 보여주는 교육적인 구역이다. 이를테면 암보이나アンボイナ 같은 고둥은 신경독을 품고 있는 치설齒舌을 가지고 있어 밟으면 쏘일 수 있고, 심하면 사망에 이를 수 있다. 화려한 모양의 하나미ハナミ도 등, 가슴지느러미에 상당히 강한 독을 가지고 있다. 오키나와에서 다이빙이나 스노클링을 할 예정이라면 예습 차원에서라도 진지하게 둘러보도록 하자. 핵심은 '물속에서는 아무거나 만지면 큰일 난다는 것'

### 산호초 여행, 개별 수조 サンゴ礁への旅, 個水槽

산호초는 죽은 산호의 골격과 그 분비물인 탄산칼슘이 퇴적돼 형성된 암초를 뜻한다. 즉 산호 바위틈 속에서 사는 바다 생물의 무대다. 이 전시관은 자그마한 개별 수조 안에 단일 종, 혹은 소수 종의 바다 생물만 따로 보여주고 있다. 한국인들이 종종 바닷가재와 헷갈리는 초대형 닭새우 이세에비イセエービ를 비롯해, 물속에 몸을 처박고 몸통만 들어올린 채 먹이를 잡아먹는 니시키 아나고ニシキアナゴ 같은 소소한 스타 어류들을 만날 수 있다. 참고로 니키시 아나고의 별명은 바다의 미어캣!

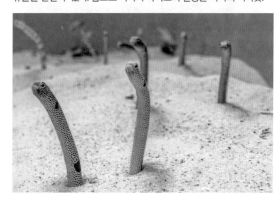

### 물가의 생물들 水辺の生き物たち

이번에는 짠물과 민물이 만나는 강 하구, 맹그로브 나무 아래의 물속 세계로 떠날 차례다. 일반적으로 맹그로브 나무의 뿌리에는 수많은 생물이 자체 생태계를 구성하고 있다. 민물 게, 망둥이, 류큐 은어 등이 맹그로브 뿌리 사이를 서식지로 삼는 대표적인 생물들이다. 실제 맹그로브 나무숲은 오키나와 본섬 북부 얀바루 지역에서 만날 수 있다.

## 구로시오 여행 黑潮への旅

오키나와의 주변 바다를 흐르는 구로시오 해류 속으로의 여행. 연안의 작은 바다 생물은 간데없고, 고래나 가오리 같은 거대한 생명체들이 부유하는 공간이다. 츄라우미 수족관만의 독보적인 하이라이트!

### ● 구로시오의 바다 黑潮の海

두 개 층에 걸친 초대형 규모의 수조로 길이 35m, 폭 27m, 깊이 10m에 이른다. 단일 수조로는 세계 최대 크기를 자랑한다. 무엇보다 놀라운 것은 수조를 감싼 초대형 아크릴의 사이즈다. 높이 8.2m, 폭 22.5m, 두께가 무려 60cm로 아크릴 패널의 무게만 135t인데, 2008년 전까지는 세계에서 가장 큰 단일 아크릴이었다고 한다. 덕분에 관람객은 마치 거대한 아이맥스 영화관의 스크린을 감상하듯, 스펙터클한 초거대 수조에서 유영하는 고래상어를 볼 수 있게 되었다. 고래상어는 총 세 마리인데, 가장 큰 녀석의 이름은 진타ジンタ로 1995년 3월 수족관에 유입된 이래, 28년째 이곳에서 살고 있다. 참고로 진타는 매일 세계 신기록 경신 중이라고. 고래상어와 함께 수조의 인기 스타는 가오리다. 가장 큰 가오리는 난요우만타ナンヨウマンタ로, 폭 6.8m, 무게가 2t에 달한다. 가오리의 유영을 보고 있으면 이곳이 마치 우주공간이 아닐까 하는 착각이 든다. 나중에 투입된 돌고래도 인기 만점이다. 좋게 말하면 장난꾸러기, 나쁘게 말하면 망나니에 가까운데, 사냥하는 듯한 행동으로 수조 안의 작은 물고기들에게는 공포의 존재다. 돌고래가 지나갈 때마다 물고기 떼가 반으로 갈리는 모습은 그 자체만으로도 장관이다.

### 고래상어의 식사 시간

매일 15:00와 17:00는 고래상어의 식사 시간. 수조 위에서 먹이를 나눠주는데, 이때 고래상어는 수직으로 서서 먹이를 받아먹는다. 고래상어의 수직 기립은 그 자체로 엄청난 박력을 선사해, 이때에 맞춰 수조로 직행하는 사람들이 있을 정도다. 고래상어의 먹이 시간이 지나면 초대형 가오리, 난요우 만타의 식사 시간이 이어진다. 이 역시 흥미진진. 시간에 맞춰 방문해 보자.

## 상어 박사의 방 サメ博士の部屋

어린이들이 무엇보다 좋아하는 공간. 황소상어ォ オメジロザメ, 범상어ィタチザメ. 흉상어ャジブ ヵ 등 다섯 종의 상어들을 만날 수 있다. 전시관 한편에는 멸종된 고대의 초대형 상어였던 메갈로돈Carcharocles Megalodon의 턱뼈 복원 모형도 전시되고 있다. 존재했다면 최대 21m까지 성장했다고 하는데, 이빨 한 개의 크기가 18.8cm였다니 현재까지 있었다면 아마도 최강 포식자의 자리를 차지했을 것이다.

## 아쿠아 룸 アクアルーム

'구로시오의 바다' 측면에 있는 또 다른 공간. 정확히 말하면 같은 수조지만, 시점이 다르다. 쿠로시오의 바다가 거대한 평면 스크린이라면, 아쿠아 룸은 천장까지 이어진 거대한 곡면 스크린이다. 의자에 앉아 머리 위로 지나가는 고래상어와 난요 우만타의 모습을 볼 수 있는데, 마치 잠수함 속에서 바라보는 것 같은 광경이 인상적이다.

## 구로시오 탐험 黒潮探検

'구로시오의 바다'의 또 다른 확장판이다. 엘리베이터를 타고 올라가면, 초대형 수조의 오픈된 최상단에 도착한다. 풀장을 방불케 하는 이 공간이 바로 구로시오 탐험을 하는 곳. 수면 위에 설치된 탐방로를 따라 고래상어와 난요우만타를 찾아다녀 보자. 가끔 발아래로 지나가는 고래상어의 모습은 그 자체로 꽤 신선한 경험이다. 단, 오픈된 공간인데다 수조 위라 덥고 습하다. 더위에 약하다면 비추.

## 심해 여행 深海への旅

수심 200m 이상의 바닷속 생물을 심해 어종으로 분류한
다. 여기서부터는 빛도 드문, 짙푸름만이 존재하는 세계다. 화려
한 산호초도 원색의 어류도 없지만, 여기는 여기대로 또 다
른 삶의 터전이 펼쳐지고 있다. 심해의 어종이 사는 수조는
보다 더 특별히 제작돼야 한다. 심해어를 수면 위로 올리면
기압 차로 인해 터져 죽는 상황이 발생하기 때문에 특수 수압이 유지되는 별도의 수조를 만들어야
했고, 그래서 수조의 크기도 작다. 마지막으로 심해의 바다에서 볼 수 있는 보석 산호인 아카 산호ア
カサンゴ, 모모이로 산호モモイロサンゴ의 아름다운 자태도 잊지 말고 감상해 보자.

### • 기념품점 블루만타 ブルーマンタ

여기까지 오면 끝이다. 일본 특유의 앙증맞고 아기자기한 디자인이 돋
보이는, 츄라우미 수족관 자동 회상 기능을 탑재한 각종 문구, 의류, 인
형, 액세서리들이 여행자들을 맞이한다. 아무리 둔감한 사람이라도 한
두 개쯤 마음을 흔들어 놓는 아이템이 있어, 그 자리에 서서 고민하는
사람들을 흔하게 볼 수 있다. 아무리 참아도 여기서만 살 수 있는 츄라
우미 수족관 한정 상품에는 무너지고야 만다.

> ### 국제거리에 문을 연, 츄라우미 수족관 안테나숍 우미츄라라
>
> 망설이다 기회를 놓친 사람들을 위해, 블루만타의 아이템을 구입 할 방법이 나
> 하 국제거리에 생겼다. 희한한 건, 같은 가격의 같은 물건이라도 츄라우미 수족
> 관에서 사야 제맛이라는 것.

### 오키짱 극장 オキちゃん劇場 ◀) 키짱게키죠

돌고래 공연장. 츄라우미 수족관과 함께 해양박공원의 3대 하이라이트 중
하나로, 특히 어린이들에게 인기 만점이다. 프로그램은 크게 두 개. 일반적
으로 우리가 흔히 볼 수 있는 돌고래 쇼 イルカショー와 다이버와 돌고래의 교
류(?)를 보여주는 다이버 쇼가 그것이다. 여기에 무료 공연이라는 장점까지
있어, 츄라우미 수족관을 건너뛰고 오키짱 극장의 공연만 보러 오는 사람도
있을 정도다.

| 돌고래 쇼(20분) | 10:30 / 11:30 / 13:00 / 15:00 / 17:00 |
|---|---|

🚶 해양박공원 유람차 A 또는 B 코스, 오키짱게키죠オキちゃん劇場 하차
🕐 3~9월 08:00~19:30, 10~2월 08:00~18:00  ¥ 무료  📍 오키짱 극장

### 바다거북관 ウミガメ館 ◀) 우미가메관

전 세계에 약 7종밖에 없는 바다거북 중 멸종 위기종인 5종이 여기서 살고
있다. 바다거북의 최대 천적이 인간이고, 그 인간이 다시 이들을 보호한다는
명분으로 사육하는 게 꽤나 모호하지만, 어쨌건 바다거북관의 거북이들은
편안해 보인다. 바다거북의 유영하는 모습을 보다 보면 시간 가는 줄 모른다.

🚶 해양박공원 유람차 A 또는 B 코스, 마나티칸マ ナティー館 하차
¥ 무료  📍 바다거북관

## 알고 가면 득이 되는, 츄라우미 수족관 꿀팁

① 오후 4시부터 츄라우미 수족관 입
장료가 30% 할인된다. 오후 4시에
입장을 한다면 수족관이 문을 닫는
시간까지 약 2시간 30분~3시간이
남아있는 셈인데, 대부분의 경우 이
정도면 충분히 관람할 수 있다. 특히
단체여행객이 주로 이른 아침에 몰
리기 때문에 오후 4시의 한산함이
관람 면에서도 더 나을 수 있다.

② 당일 내 어떤 이유로 재입장再入館
을 원할 경우 출입구에서 직원에게
다시 입장 스탬프를 손목에 찍어달
라고 하면 된다. 당일에 한해 입장권
을 반드시 소지해야 한다는 조건이
붙는다.

### 세 개의 온실로 이루어진 거대 식물원 ······ ⑦

# 열대드림센터 熱帯ドリームセンター 🔊 넷타이도리무센타

츄라우미 수족관에서 바다를 바라보면 왼쪽으로 황색의 바벨탑 같은 탑이 하나 보이는데, 바로 그 일대가 열대드림센터. 츄라우미 수족관과 함께 유료 입장하는 곳으로, 심지어 한겨울에 방문한다 해도 활짝 핀 수백 그루의 난초와 꽃나무들을 만날 수 있다. 한여름에는 나무마다 각각의 열대 과일이 열려 그 자체로 장관을 이룬다. 탑 정상에서 이에 섬으로 향하는 푸른 바다와 예쁘게 조경된 열대드림센터를 내려다보자. 시원한 바닷바람이 코끝을 스친다.

🚶 해양박공원 유람차 A 또는 B 코스 넷타이도리무센타 熱帯ドリームセンター 하차 ⏰ 3~9월 08:30~19:00, 10~2월 08:30~17:30 ¥ 760(중학생 이하 무료)
🏠 oki-park.jp/kaiyohaku
🔎 열대드림센터

# 비세마을 후쿠기 가로수길 備瀬フクギ並木 🔊 비세후쿠기나미키

오키나와 옛 마을의 원형이 잘 보존된 비세마을의 가로수길. 약 2만 그루의 후쿠기 나무가 좁은 길을 따라 길게 늘어서 있다. 이 길에 심어진 후쿠기 나무들의 수령은 2023년 기준으로 평균 304년. 길이 조성된 건 17세기 류큐 왕조 시절이었다. 300년 전 비세마을의 선조들은 강한 바람으로 고생할 후손들을 위해 나무를 심었다. 비세 나무는 50년쯤 자라야 방풍림의 역할을 할 수 있기 때문에, 나무를 심은 당사자들은 정작 노동만 했을 뿐 어떤 혜택도 받지 못했다. 300년 된 2만 그루의 나무. 이들이 뿜어내는 아우라는 대단하다. 온통 녹색뿐인 세상, 나뭇잎 사이로 스며드는 햇빛의 아름다움, 천천히 발을 디딜 때마다 느껴지는 숲의 체온은 사람을 힐링시킨다. 단 추운 겨울을 제외하면 항상 모기가 많은 편. 모기 기피제를 챙겨간다면 도움이 된다. 숲 사이, 바다 쪽으로 활짝 열리는 몇몇 구간의 강력한 콘트라스트는 놀라움 그 자체. 비세마을 끝자락에 있는 비세자키備瀬崎에서의 물놀이도 빼놓기 아깝다.

🚶 해양박공원에서 차로 5분　¥ 무료　🅿 있음　🔍 비세후쿠기길

동화에나 나올 법한 사연을 지니고 있는 ⋯⋯⋯ ⑨

# 요헤나 수국원 よへなあじさい園 🔊 요헤나아지사이엔

1917년생인 故 요헤나 우토 할머니는 8명의 자녀를 모두 출가시킨 후, 이웃으로부터 받은 수국 2주를 소일 삼아 키웠다고 한다. 할머니의 정성으로 수국은 점점 퍼져 나가기 시작했고 1970년대 말쯤 되자 산 하나를 모두 수국정원으로 만들었다. 이 멋진 스토리를 미디어가 소개하지 않을 리 없고, 찾는 사람이 많아지자 2001년부터는 입장료도 징수하며 본격적인 수국 정원 사업이 시작됐다고. 현재 수국원에는 약 1만 그루, 제철이면 30만 송이의 수국이 동시에 꽃을 피워낸다. 이상한 덕력으로 사업체 하나를 일군 요헤나 할머니는 2018년 100세를 일기로 숨을 거뒀고 현재는 갑자기 운이 좋아진(?) 후손들이 정원을 운영하고 있다. 일본의 30대 수국원 중 6위까지 랭크된 적이 있다.

🚶 해양박공원에서 차로 15~20분
🕐 09:00~18:30  ¥ 500엔(초·중·고생 200엔)
🅿 있음  🏠 yohena-ajisai.sakura.ne.jp
📍 요헤나 수국원

퇴락해버린 쓸쓸한 선창가 ⋯⋯⋯ ⑩

# 모토부 항 주변 本部港 🔊 모토부 미나토

한때 북부의 중심지였지만, 지금은 퇴락한 어항. 인근 섬으로 가는 정기 연락선도 연륙교가 건설되며 모두 끊어졌다. 타임머신을 타고 40년 전쯤으로 되돌아간 듯한 풍경이 매력적. 실제로 이 일대는 1950년대에 지은 목조주택들이 다수 남아있다. 다행히 일대에 괜찮은 식당도 몇 있고, 모토부 타운 마켓의 몇몇 가게는 리모델링을 거쳐 여행자 친화적인 공간으로 변해가고 있다. 일본 여행이 레트로로 바뀌어 가고 있는 요즘, 모토부 항 주변은 레트로 시대의 사람들에게도 레트로로 보인다. 그 묘한 풍경 탓에 살짝 거닐어볼 만하다.

🚶 츄라우미 수족관에서 차로 10분
📍 Motobu Town Market

해변이 보이는 햄버거집 ······ ①

# 캡틴 캥거루 Captain kangaroo

キャプテンカンガルー ◀)) 캬푸텐캉가루

오키나와에서 차탄의 구디스와 함께 수제버거의 양대
산맥이다. 본점은 오사카에 있으며 햄버거를 파는 바
Bar로서는 꽤 유명한 집으로, 바비큐 최강 왕자 결정
전이라는 일본 국내 대회에서 1등을 한 이력도 가지고
있다. 주문이 들어가면 그때부터 패티를 빚어 굽기 때
문에 전반적으로 테이블 회전이 느리다. 대신 패티의
퀄리티, 석탄 화덕의 풍미와 풍부한 육즙, 그리고 특유
의 볼륨감은 그야말로 일품. 대기를 감안하고 먹을 만
한 가치가 있다. 재료가 소진되면 문을 닫는다. BBQ
버거BBQバーガー와 루 데리야키 버거ルーテリヤキバーガー
를 노려보자. 타코라이스도 판매한다.

🏃 세소코 섬에서 차로 8분 📞 (098)43-7919
🕐 11:00~17:00 ¥ 1000엔 🅿 있음
🏠 www.facebook.com/captainkangaroo84
🔍 캡틴 캥거루

오키나와 소바의 탄생지 중 하나 ······ ②

# 키시모토 식당 きしもと食堂 ◀)) 키시모토쇼쿠도우

오키나와에서 가장 오래된 소바 전문점. 메이지 38년 그러니까 1905년에 개업
했다. 가장 전통의 제면 방식, 그러니까 장작을 땐 후 남는 재를 물에 내려 알칼
리수를 만들어 면 반죽을 한다. 이런 전통을 고수하는 집은 이 집과 나하의
텐토텐 P.000을 제외하고 오키나와에서도 손에 꼽을 정도로 적다. 직접
다듬은 카츠오부시와 돼지 뼈로 국물을 내고, 고기 고명 또한 꽤 오
랜 시간을 들여 삶아낸다. 벽면을 가득 메운 유명 인사의 사인은 오
랜 시간 한자리를 지킨 키시모토 식당에 대한 헌사일 것이다. 시간
을 거스른 국수 앞에서 경건한 자세를 취하는 일본인들을 엿보는
것도 색다른 경험. 겨우 국수 한 그릇을 앞에 두고 말이다. 주말에
는 현지인, 외지인, 외국인이 한데 몰려 엄청난 대기 줄을 자랑한다.

🏃 츄라우미 수족관에서 차로 10분
📞 (098)47-2887
🕐 11:00~17:30(수요일 휴무)
¥ 1000엔 🅿 있음 🔍 키시모토 식당

### 키시모토 소바와 짝꿍 ……③
## 아라가키 젠자이 新垣ぜんざい屋 ◀️) 아라가키젠자이야

키시모토 식당에서 엎어지면 코 닿을 거리에 있는 젠자이 전문점. 이 집도 노포 중의 노포로 70년의 역사를 자랑한다. 이 일대 주민들에게도 여행자들에게도 키시모토 식당에서 밥먹고 여기서 젠자이로 입가심하는 게 일종의 코스. 젠자이를 주문하면 하얗게 간 얼음만 있는데, 고명은 얼음 속에 숨어 있다. 아라가키 젠자이의 메뉴는 단 한 가지! 자판기의 수많은 버튼은 몇 그릇을 동시에 주문할 거냐는 의미일 뿐이다. 파란 버튼은 매장, 노란 버튼은 포장이란 뜻이니 헷갈리지 말자.

🚶 키시모토 식당에서 도보 1분 📞 (098)47-4731 🕐 12:00~18:00 (월요일 휴무) ￥ 300엔 🅿 없음 🔍 아라가키 젠자이

### 츄라우미 인근에서 개중 먹을 만한 스시야 ……④
## 쥬베이 十兵衛 ◀️) 쥬베이

먹을 만한 음식이 없기로 유명한 모토부에서 가장 나은 초밥 맛집. 나름 접대용 레스토랑이라 다른 집보다 가격대가 조금 비싼 편이다. 가게도 작은 데다 주인장 부부가 모든 요리와 서빙을 책임지기 때문에 인원이 많아지면 제때 대응을 못 하는 경향도 있다. 메뉴는 꽤 풍부한 편인데, 초밥 외에 찬푸르 같은 오키나와 요리, 튀김 심지어 오키나와 소바까지 가능하다. 성수기 때는 예약을 권장하지만, 줄을 설 정도는 아니다. 오마카세 스시ぉまかせ寿司, 카이센동(해산물 덮밥)海鮮丼이 추천 메뉴.

🚶 츄라우미 수족관에서 차로 10분 📞 (098)47-25339 🕐 11:00~14:30, 17:00~22:30 (휴무일 없음) ￥ 1500엔 🅿 있음 🔍 쥬베이

### 새하얀 쌀밥과 반찬의 힘! ……⑤
## 키노카와 紀乃川 ◀️) 키노카와

외진 곳에 있는 조용한 밥집. 어디서도 맛볼 수 없는 특별한 요리를 파는 집은 아니지만, 요리의 기본기가 튼튼해 흰쌀밥+메인 조합을 그리워하는 쌀밥 마니아들에게는 명성이 자자하다. 땅콩으로 만든 두부인 지마미 두부じーまみ豆腐도 직접 만들어서 내는데, 사서 한국에 가져올 방법을 궁리할 정도로 맛있다. 식당으로 올라가는 도중 나오는 자그마한 마을도 구경할 만하다. 물론 길을 찾다 헤매면 화가 날 수도 있지만. 두 개의 고등어 메뉴 강력 추천.

🚶 세소코 섬에서 차로 6분 📞 (098)47-5230 🕐 11:00~18:30 (일요일 휴무) ￥ 1000엔 🅿 있음 🔍 키노카와 식당

## 깊은 산 속 피자집 누가 와서 먹나요 ...... ⑥
# 카진호우 花人逢 🔊 카진호우

오키나와에서 가장 깊은 산인 야에다케八重岳 중턱에 있는 피자 레스토랑. 멀리 보이는 바닷가와 섬의 잔영, 전통 가옥 속의 기와지붕을 차지하고 있는 앙증맞은 시사, 그리고 사철 불어오는 시원한 산바람을 모두 품고 있다. 크게 샐러드와 피자, 그리고 음료로 구성된 단출한 메뉴를 선보이는데, 메인은 장작으로 굽는 정통 피자다. 바삭함과 촉촉함이 어우러진 도우와 오키나와 산 유제품으로 만든 모차렐라치즈의 담백함은 굳이 별다른 토핑이 없어도 그 자체만으로 훌륭한 맛이다. 주변 테이블을 보면 죄다 빨간색 주스를 마시는 걸 볼 수 있다. 이 집의 명물 아세로라 주스Acelora Juice로 새콤한 맛이 식욕을 북돋아준다. 식사를 마친 후 이곳저곳을 둘러보며 풍경을 즐기는 기쁨은 덤이다. 영어 메뉴판이 있다.

🚶 츄라우미 수족관에서 차로 18분  📞 (098)47-5537
🕐 11:30~19:00(화·수요일 휴무)  ¥ 1000엔  🅿 있음
🏠 kajinhou.com  🔍 카진호우 피자

## 오키나와 식재로 만드는 일본 본토 요리 ...... ⑦
# 이시나구
### うちなーの味 石なぐ 🔊 우치나노 아지 이시나구

모토부에서 야에다케八重岳로 올라가는 언덕길에 있는 고풍스러운 밥집이다. 고급스러운 정식 개념인 고젠御膳과 일반 정식 등 크게 두 종류의 요리를 선보이는데, 여행자들이 쉽게 접근할 만한 요리는 이 집의 상호가 붙은 이시나구 고젠石なぐ御膳과 돈가스 정식이다. 외국인들 사이에서는 특히 돈가스 맛집으로 알려져 있다. 돈가스는 크게 일반 돼지와 재래종인 아구アグ로 나뉜다. 아구의 경우 무척 담백해 육향을 즐기는 사람들은 외려 싱겁다고도 느낄 수 있다. 아구 생강구이 정식アグー生姜焼き定食과 아구 로스카츠 정식アグーロースカツ定食이 가장 많이 시키는 인기 메뉴다.

🚶 츄라우미 수족관에서 차로 10분  📞 (098)47-3911
🕐 11:30~14:00, 18:00~20:30(목요일 휴무)  ¥ 2000엔
🅿 있음  🏠 ishinagu.jp  🔍 이시나구

드라마 무대에서 나만의 인증샷! ⋯⋯⑧

# 야치문킷사 시사엔 やちむん喫茶シーサー園 🔊 야치문킷사 시사엔

야에다케 산중에 있는 숲속 카페. 2층 테라스석에서 정면으로 보이는 맞은편 지붕의 다양한 시샤들이 이 집을 상징하는 대표 이미지다. 특히 1~2월에는 일대가 오키나와 왕벚꽃 천지가 되는데, 이때의 풍경이 가장 아름답다.

1990년대 ANA 항공의 이미지 광고를 시작으로 권상우가 화장품 광고를 찍었고, 조인성과 공효진 주연의 드라마 〈괜찮아, 사랑이야〉에 배경으로 등장하기도 했다. 히라야치ヒラヤーチ라는 일종의 부침개와 젠자이가 메인 메뉴다. 맛은 아쉽지만 유명세, 아름다운 풍경과 미각을 적절히 타협해 보자.

🚶 츄라우미 수족관에서 차로 30분
📞 (098)47-2160  🕐 11:00~19:00
(월·화요일 휴무)  ¥ 700엔  🅿 있음
📍 야치문킷사 시사엔

소바 가도의 대표 맛집 ⋯⋯⑨

# 얀바루 소바 山原そば 🔊 얀바루 소바

오키나와에서 가장 큰 산인 야에다케八重岳로 가는 84번 지방도 로변에는 유독 소바집이 많이 있어, '소바 가도'라고 부른다. 얀바루 소바는 소바 가도를 대표하는 오키나와 소바집 중 하나다. 유독 일본인 여행자들에게 맛집으로 알려져, 영업 시작 시각에 가도 기본 10명 가량은 사전 대기를 해야 한다. 게다가 재료가 다 떨어진 오후 2시 쯤이면 바로 문을 닫아버리는데, 운 나쁘면 오후 1시도 안심하기 어렵다. 면발은 북부 소바답게 넓적한 칼국수 면이고, 국물은 상당히 시원한 편이다. 고기를 좀 더 부드럽게 익혔으면 하는 바람이 있다.

🚶 츄라우미 수족관에서 차로 20분
📞 (098)47-4552
🕐 11:00~재료 소진시까지
(월·화요일 휴무)  ¥ 1000엔
🅿 있음  📍 얀바루 소바

### 모토부 반도의 숨은 비경

# 나키진 今帰仁

모토부 반도의 북부를 차지하고 있는 마을. 39.55㎢의
면적으로 서울의 강남구와 맞먹는 수준이다. 현재는
인구 9,000명 가량의 작은 마을에 불과하지만 류큐 왕국의
통일 전, 즉 오키나와 본섬이 세 나라로 갈려 싸우던
삼산 시대에는 북산 지역의 중심지로 명성을 떨쳤다.
마을보다는 산이 더 많은 험지지만, 세계문화유산인
나키진 성터와 오키나와 본섬에서 가장 긴 코우리 대교
드라이브 코스 때문에 여행자들에는 친근한 지역이다.

## 오키나와의 만리장성 ······ ①
# 나키진 성터 <small>유네스코 세계문화유산</small>
今帰仁城跡 🔊 나키진죠우세키

삼산 시대 북산 왕국의 왕궁이자 성이었던 곳. 북산 왕국은 1322년 등장하는데 삼대를 거치고 1416년 중산 왕국에 의해 멸망, 류큐 왕국에 편입된다. 14세기 후반에는 명에 입조하고 책봉을 받았을 정도로 성장했고, 이후 조공무역은 북산 왕국의 주요한 수입원이 된다. 성의 건립 시기는 그저 13세기 말이라고 추정될 뿐이다. 나키진 성은 당시에도 꽤 효율적인 전투 요새였다고 하는데, 실제로 중산 왕국과의 전투 과정에서 2000 대 800이라는 군사적 열세에도 불구하고, 초반에 효율적으로 전투를 수행해 중산 왕국군에 500명의 전사자를 안겼다고 한다. 당시 중산군으로 참전했던 건축가 고사마루護佐丸가 요미탄에 있는 자키미성을 건설한 이유도 바로 나키진성이 원체 인상적이었기 때문이었다고 한다. 매년 1월, 성을 물들이는 벚꽃은 절경으로 소문나 있다.

🚶 츄라우미 수족관에서 차로 10분, 나하공항에서 얀바루 급행버스를 타고 나키진 죠우아토이리구치今帰仁城跡入口 하차, 도보 15분 🕐 1~4, 9~12월 08:00~18:00, 5~8월 08:00~19:00 ¥ 600엔(중·고생 450엔) 🅿 있음 🏠 www.nakijinjoseki-osi.jp 🔍 나키진 성터

# 코우리 섬 古宇利島 🔊 코우리지마

나키진 북쪽에 있는 작은 섬. 코우리라는 이름은 그리움을 뜻하는 오키나와 말 '쿠이'에서 유래했다고. 섬의 크기는 아주 작아, 전체 면적 3.13㎢, 인구는 358명에 불과하다.

🚶 해양박공원에서 차로 30분  💴 무료  🅿 군데군데 있음  🏠 kourijima.info  🔍 코우리 섬

## 코우리 대교 古宇利大橋 🔊 코우리오오하시

오키나와 본섬에서 가장 길고 아름다운 다리. 총연장 2km의 아치형 교각으로 오키나와 자동차 드라이브의 3대 하이라이트 구간 중 하나다. 다리가 생기기 전에는 나키진 북부에 있는 운텐 항運天港에서 정기선을 탔어야 했는데, 배편도 적어 불편이 이만저만이 아니었다고 한다. 다리 아래, 투명한 물빛과 바람을 가로지르는 드라이브는 막혔던 가슴을 뻥 뚫어주는 호쾌함을 선사한다.

## 코우리 오션 타워 古宇利オーシャンタワー ◀ 코우리 오산타와

코우리 섬의 유일한 상업 시설. 코우리 대교와 본섬이 내려다보이는 언덕 위에 세워진 유료 전망대다. 2013년 말 개업 당시 거의 모든 여행 안내서에 할인 쿠폰을 뿌리는 대규모 마케팅을 실시해 인지도를 높였는데, 에어컨 나오는 전망 값 치고는 아무리 생각해도 비싸다. 전망대로 오르는 타워 내부에는 산호·조개 전시관도 있어 오가며 구경할 수 있게 꾸며놨다. 전망대에서 바라보는 풍경은 잠시 탄성이 나올 만큼 훌륭하다. 맨 꼭대기에는 야외 전망대도 있는데 인스타그래머들이 좋아할 만한 포토 스폿이 존재한다. 부설 이탈리안 레스토랑이 있다.

🕘 09:00~18:00 ¥ 1000엔(6~15세 500엔) Ⓟ 있음
🏠 www.kouri-oceantower.com 🔍 코우리 오션 타워

## 하트 바위 ハートロック ◀ 하토롯쿠

말 그대로 하트 모양의 바위로, 코우리 섬 북부에 있다. 커플 인증샷 용으로 급부상하는 포토 명소다. 하트 바위를 보기 위해선 계단으로 이루어진 다소 험한 길을 내려가야 한다. 입구는 크게 두 곳으로, 오른쪽 갈림길은 주차장을 겸한 입장료를 징수하는 편한 길이고, 왼쪽 길은 거친 내리막 도보 구간이다. 주변에 전망을 감상할 수 있는 몇 개의 카페가 있고, 최근 건설 붐이 일고 있어 더 많은 여행자 편의시설이 생겨날 전망이다.

🕘 09:30~19:00 ¥ 무료 Ⓟ 1시간 300엔, 1일 500엔 🔍 하트 바위

## 도케이 비치 トケイ浜 🔊토케이하마

코우리 섬 북단에 있는 작은 해변. 하트 바위를 보고 오른쪽 길로 조금만 더 지나오면 된다. 오키나와의 많은 해변이 배경처럼 맞은편 섬이나 육지를 거느리고 있는 데 비해, 도케이 비치는 뻥 뚫린 망망대해를 조망할 수 있는 몇 안 되는 해변이다. 융기산호초를 양쪽에 끼고 있는 해변은 아늑하다. 최성수기가 아니라면, 해변에 오로지 당신뿐인 행운을 누릴 수 있을 정도로 외지고 인적도 드물다. 수질은 말할 것도 없고, 수심도 물이 들어올 때만 피하면 아주 얕다. 한적함을 좋아한다면, 숨어 있는 보석 중 하나. 도케이 비치에서 조금만 더 안쪽으로 들어가면 피스 비치ピ-スビ-チ라는 해변도 나온다. 여기도 은신처 중 하나. 급하게 만든 샤워장과 화장실, 물놀이 용품 렌털점(그나마 성수기만) 외에는 아무것도 없다.

🕐 오픈  ¥ 무료  🅿 300엔  🔍 도케이 비치

한 그릇 받자마자 감동이
밀려오는 성게알 폭탄 ─── ①

## 시라사 しらさ 🔊시라사

성게알 돈부리(우니동) 전문점. 예전에는 코우리 섬에서 나는 성게만으로 식당을 운영했다고 하는데, 지금은 온갖 유명세를 다 타면서 손님이 몰리는 바람에 코우리 섬 산과 수입산을 섞어 쓴다. 최적의 시즌은 7~9월로 이때는 냉동하지 않은 생 성게알의 맛을 볼 수 있다. 참고로 생 성게알은 냉동에 비해 크리미한 부드러움에서 완전히 다른 식감을 낸다. 성게알이 비려서 못 먹는 사람이라면 해산물 돈부리, 카이센동에 도전해 보자. 최근 시라사의 성공 탓에 코우리 섬 여기저기서 성게알 돈부리를 판매하는데, 원조는 역시 원조, 시라사가 제일 낫다. 우니동 정식うに丼定食은 안 먹으면 후회.

🚶 츄라우미 수족관에서 차로 30분, 코우리 대교를 건너 왼쪽으로 조금만 가면 된다. 📞 (098)51-5252
🕐 11:00~18:00(목요일 휴무)  ¥ 2000엔
🅿 있음  🏠 shirasakouri.blog35.fc2.com
🔍 시라사 식당

깎아지른 절벽 위에 예쁘장한 작은 카페 ······ ②

# 카페 코쿠 カフェ こくう 🔊 카페 코쿠

절벽 위에 자리해 바다를 조망할 수 있는 예쁘장한 카페. 다수의 오키나와 관련 서적의 표지 사진으로도 쓰인다. 빨간 지붕의 고택, 통유리를 통해서 바라볼 수 있는 숲과 바다의 풍경이 일품. 보통 전망 좋은 카페들이 풍경만 예쁘고 실속이 없는 경우가 많은데, 카페 고쿠는 전망과 편안함 그리고 맛까지 모두 잡았다는 평을 받는다. 현지 식재를 사용한 건강한 점심 식사 메뉴도 있어, 아예 점심부터 오후까지 몇 시간을 이곳에서 보낼 계획을 세우는 여행자도 많다.

🏃 츄라우미 수족관에서 차로 25분. 📞 (098)56-1321
🕐 11:30~16:00(일·월요일 휴무) ￥ 1,500엔 🅿 있음
🏠 www.instagram.com/cafe_koku_okinawa
🔎 카페 코쿠

본섬의 끝, 예상치 못한 비경

# 구니가미 国頭
# 히가시 東

오키나와 본섬 최북단의 꽤 넓은 삼림지대. 구니가미는
행정구역명이고 흔히 얀바루라고 부른다. 면적이 194.8㎢로
서울의 1/3에 달하지만, 인구는 고작 4,800명이다.
마을의 95%가 숲인데, 일본의 천연기념물인
얀바루쿠이나ヤンバルクイナ라는 날지 못하는 야생 조류,
오키나와 딱따구리와 같은 희귀 생물들이 살고 있어
에코 투어의 성지로 각광받고 있다. 히가시도 분위기는 비슷하다.
면적은 82㎢로 꽤 큰 편이지만 인구는 고작 1,732명으로
오키나와의 촌村 단위 행정구역 중 인구가 가장 적다.

# 대석림산 大石林山 🔊 다이세키린잔

오키나와 본섬의 최북단인 해도 곶 P.000과 마주 보고 있는 해발 175m의 작은 산. 막상 보면 무척 웅장한데, 그 이유는 바로 열대 카르스트 지형 특유의 분위기 때문이다. 우리나라 사람들에게도 잘 알려진 중국의 구이린桂林, 쿤밍의 스린石林이 바로 열대 카르스트 지형이다. 참고로 대석림산은 전 세계에서 산개한 열대 카르스트 지형 중 최북단에 있는 곳이라고 한다. 오키나와 사람들은 세상의 숲이 대석림산에서 비롯됐다고 믿는다. 산 안에 우다키만 70여 곳, 특히 몇몇 포인트는 일본인들에게 기운이 좋다고 알려진 파워 스폿이다. 덕분에 산에서 두 팔을 활짝 펴 기를 받거나 의외로 임산부 여행자들이 많은 곳이기도 하다. 입장권을 구입하면 1.5km 거리에 있는 등산로 입구까지 셔틀버스를 타고 이동한다. 걸어서도 갈 수 있지만 야생 멧돼지 출몰 구역이라 셔틀버스 탑승을 권한다. 등산로 입구에서 내리면 네 개의 코스 중 하나를 선택해야 하는데, 각 코스와 길이는 다음과 같다.

① 거암석림 감동 코스巨岩石林感動コース, 1km
② 츄라우미 전망대 코스美ら海展望台コース, 700m
③ 바리어 프리 코스バリアフリーコース, 600m
④ 아열대 자연림 코스亜熱帯自然林コース, 1km

이 중 가장 인기 있는 코스는 열대 카르스트 지형의 극치를 볼 수 있는 ① 거암석림 감동 코스와 산의 북단에서 북해의 전망을 감상할 수 있는 ② 츄라우미 전망대 코스. 특히 두 코스는 연계도 가능한데, 일단 거암석림 감동으로 시작해, 70% 정도의 코스를 소화하면 대석림산 최고의 하이라이트라는 오공암悟空岩 앞에서 츄라우미 전망대 코스로 옮겨 탈 수 있다. 이 경우 코스 길이는 총 1.6km 정도, 소요 시간은 한 시간이면 충분하다. 바위가 산의 주인공이다 보니, 곳곳에 이름이 붙은 바위들이 보인다. 그중에는 라이언킹이나 공룡 등 재미있는 이름도 있는데, 눈썰미만 있다면 왜 이런 이름이 붙었는지 알 수 있다. 천천히 구경하면서 그 의미를 되새겨보는 재미가 있다.

🚶 해양박공원에서 차로 1시간 20분, 나하공항에서 차로 2시간 10분 🕐 09:30~17:30 ¥ 2500엔(어린이 1000엔) Ⓟ 있음 🏠 www.sekirinzan.com 🔍 대석림산

오키나와의 땅끝 ⋯⋯⋯ ②
# 헤도 곶 辺戸岬 🔊 헤도미사키

🚶 해양박공원에서 차로 1시간 20분,
나하공항에서 차로 2시간 10분
🕐 오픈  ¥ 무료  🅿 있음
🏠 www.sekirinzan.com  🔍 헤도 곶

오키나와 본섬의 최북단. 어디를 가나 최북단, 최남단의 의미는 각별한 데다, 일주 본능까지 더해져 찾는 여행자들이 많다. 미 군정시대, 미군들의 횡포를 견디다 못한 오키나와 사람들은 차라리 이럴거면 다시 일본으로 돌아가자며 일본 복귀 운동을 벌였는데, 그때 벌어진 대규모 반환 촉구시위의 현장이라 일본 우익들에게는 꽤 각별한 장소이기도 하다. 하지만 일본 복귀 이후 오키나와 사람들의 염원인 미군 부대 문제는 전혀 해소되지 않아, 결국 오키나와 사람들 입장에서는 뒤통수를 맞은 현장이기도 하다. 맑은 날은 가고시마의 최남단인 요론 섬与論島까지 보인다. 진지한 느낌의 비석이 하나 놓여져 있는데, 일본 복귀를 기념하기 위해 세운 조국 복귀 투쟁비다. 오키나와의 새해 해돋이 명소이기도 하다.

오키나와에서 트레킹을! ⋯⋯⋯ ③
# 히지 폭포 比地大滝 🔊 히지오오타키

지역의 90%가 숲으로 이루어진 얀바루 일대에서 가장 대중적인 트레킹 코스. 울창한 열대 삼림 속에서 2시간 정도의 가벼운 트레킹을 즐기기 좋은 곳이다. 일본의 숲은 최근 50~60년 사이 급격한 조림 사업으로 녹지가 확보된, 한국의 숲과 달리 수백 년 된 나무들이 가득한 그야말로 태곳적 향기가 느껴지는 거대삼림군이다. 입구에서 폭포까지의 거리는 약 1.5km지만, 길이 꽤 험하고 계단도 많은 편이라 편도 40분~1시간은 걸린다. 가는 도중 50m짜리 현수교를 만나는데, 이곳에서 바라보는 계곡의 아름다움이 뛰어나다. 일정상 여유가 있다면 기분 전환 삼아 다녀올 만하다. 오키나와와 숲. 꽤 어울리지 않는 조합으로 보이는데, 이 섬은 숲조차 감동적이다.

🚶 코우리 섬에서 차로 40분  🕐 4~10월 09:00~16:00
(폐문 18:00), 11~3월 09:00~15:00(폐문 17:30)
¥ 500엔(어린이 300엔, 캠핑시 텐트 한 채당 2000엔)
🅿 있음  🏠 hiji.yuiyui-k.jp  🔍 히지 폭포

열대의 맹그로브 숲을 즐겨보자

# 히루기 공원 일대 ヒルギ公園 🔊 히루기코엔

게사지慶佐次 강 하구, 10만㎡에 달하는 맹그로브 숲에 조성된 자연공원이다. 이
곳의 맹그로브 숲은 야에야마 제도에 있는 이리오모테를 제외하고 오키나와 현
에서 가장 큰 규모. 즉, 일본에서 두 번째로 큰 맹그로브 숲이다. 민물과 짠물, 조
수 간만의 차에도 불구하고 굳건하게 살아남을 수 있는 지구상에 몇 안 되는 생
명체인 맹그로브는 듬성듬성 땅에 박힌 뿌리의 틈 사이로 자그마한 생태계를
만드는 것으로 유명하다. 실제로 뿌리 주변에는 미나미 말뚝 망둥이, 흰발농게
ハクセンシオマネキ 같은 수상 생물부터 물총새나 백로와 같은 조류들도 서식하고
있다. 맹그로브 숲 주변으로 산책로가 잘 꾸며져 있는데, 더 깊이 들어가고 싶다
면 마을 부설 여행사에서 시행하는 카누 투어에 참여하면 된다.

🚶 해양박공원에서 차로 50분 🕐 08:30~
17:30 ¥ 무료 🅿 있음 🏠 higashi-kanko.
jp/search/376 🔍 히루기 공원

---

후추 맛 가득한 알싸한 소바

# 마에다 식당 前田食堂 🔊 마에다쇼쿠도우

헤도 곶으로 가는 길가에 자리한 소바 전문점으로 40년의 역사를 자랑한다.
오키나와의 소바집치고는 소고기를 내세웠다는 점이 꽤 특이하다. 후추가
많이 들어가 매콤한 편인 데다, 숙주나물도 산처럼 쌓아주기 때문에 우리나
라 사람들 기호에 맞는 편. 물론 오키나
와 정통 소바 마니아들을 위한 메
뉴들도 풍성하다. 소고기 소바
牛肉そば와 소고기 오카즈牛
肉おかず가 가장 인기 있는
이 집의 간판 메뉴.

🚶 츄라우미 수족관에서 차로 40분
📞 (098)44-2025
🕐 11:00~16:00(수·목요일 휴무)
¥ 1000엔 🅿 있음 🔍 마에다 식당

낙도라기엔 꽤 큰 섬

# 이에 섬
## 伊江島

츄라우미 수족관에서 맞은 편 바다를 보면
우뚝 솟은 산이 하나 있는 섬이 보이는데
그곳이 바로 이에 섬伊江島이다.
섬 면적으로 22㎢로 서울 강남구의 2/3정도.
1980년대만 해도 섬의 절반이 미군기지였는데,
최근 반환이 이루어지면서 현재는
섬의 35%만 미군이 점유하고 있다.

## 이에 섬으로 가는 방법

모토부 항 이에 섬 항로터미널本部港伊江島航路ターミナル, 줄여서 모토부 항에서 페리로 30분 정도 소요된다. 큰 배라서 자동차나 오토바이도 실을 수 있다. 여름방학 기간과 연말연시, 5월 휴가 기간에는 페리 수가 증편된다. 참고로 민나 섬으로 가는 도구치 항과 별개의 장소다. 항구마다 이 부분을 헷갈리는 여행자들이 늘 존재한다.

**모토부 항本部港** 🐾 나하공항에서 얀바루 급행버스, 에어포트 셔틀, 117번 버스 or 나고 버스 터미널에서 65·66번 버스를 타고 本部港 정류장에서 하차   📍 모토부 항 페리터미널

페리 운항 시간표

| 평시 운항 | | 성수기 운항<br>(7월 21일~8월 31일) | | 요금 |
|---|---|---|---|---|
| 이에 항<br>출발 시간 | 모토부 항<br>출발 시간 | 이에 항<br>출발 시간 | 모토부 항<br>출발 시간 | • 편도 ¥730(어린이 ¥370)<br>• 모토부발 왕복 ¥1390(어린이 ¥710)<br>• 이에발 왕복 ¥1250(어린이 ¥630)<br>• 자동차 3m 이상 4m미만, 편도 ¥2530, 왕복 ¥4810<br>• 자동차 3m 이상 5m 미만, 편도 ¥3990, 왕복 ¥7590<br>• 바이크 50cc 이상 125cc 미만, 편도 ¥1020, 왕복 ¥2040 |
| 08:00 | 09:00 | 08:00 | 09:00 | |
| 10:00 | 11:00 | 10:00 | 11:00 | |
| 13:00 | 15:00 | 12:00 | 13:30 | |
| 16:00 | 17:00 | 14:30 | 15:30 | |
| | | 16:30 | 17:30 | |

## 이에 섬 돌아다니기

섬이 꽤 큰 데다 볼거리가 흩어져 있어, 렌터카나 렌털 자전거, 택시 등을 이용해 돌아봐야 한다. 체력이 된다면 자전거를 현지에서 렌트하는 것도 좋은 방법이다. 페리에 렌트한 자동차나 오토바이를 싣고 갈 수 있지만, 렌트 규약에 따라 본섬 바깥으로 반출이 금지되는 경우도 있으니, 약정을 꼼꼼히 살펴보도록 하자. 이에 섬의 택시는 시간제로 운행된다. 인원이 많다면 그리 비싼 건 아니다.

📞 (0980)49-3855   💴 소형(최대 4명 탑승) 1시간에 3600엔/ 중형(최대 6명 탑승) 1시간에 5100엔

이에 섬 렌털업체

| 렌털 업체 | 문의 | 웹페이지 | 렌트 장비 |
|---|---|---|---|
| 타마 렌터카<br>有限会 TM.Planning | (0980)49-5208 | tmp.co.jp | 자동차, 오토바이, 자전거,<br>전동킥보드, 전동미니카 |
| 이에 섬 관광버스<br>伊江島観光バス | (0980)49-2053 | http://iejima-bus.com | 자동차, 택시(시간제) |

여기서 물을 길었다고?
## 와지 湧出

이에 섬에서 가장 빼어난 절경을 자랑하는 해안 절벽이다. 과거에는 절벽 아래로 민물이 솟아났는데, 이렇다 할 자체 수원지가 없는 이에 섬에서 몇 없는 샘터 중하나였다고. 절벽을 따라 바다로 내려가야 하다 보니 태풍이라도 불면 인명사고도 문제지만 몇날 며칠 물도 못 떠먹는 일도 비일비재했다고. 미 군정 시절 미군 측의 공사로 양수 펌프가 건립됐고, 현재는 오키나와 본섬에서 해저 파이프를 통해 민물을 공급받는다. 이제는 망망한 바다와 깎아지른 듯한 단애를 바라보며 무상함을 느끼기에 적당한 곳일 뿐이다.

🚶 이에 항에서 차로 15분  🕐 오픈  ¥ 무료
🅿 요령껏 주차  🔍 와지 전망대

Start Your Engine!
## 미군 보조비행장 伊江島補助飛行場 🔊 이에지마호죠히코우죠우

일찌감치 미군에 의해 점령된 이에 섬은 1945년 초, 세 개의 비행장이 생기며 오키나와 본섬 공략의 전초기지로 활용됐다. 전쟁이 끝난 후, 섬을 기준으로 가장 동쪽의 활주로는 민간 공항으로, 서쪽의 활주로 두 곳은 미군 시설이 되었다. 미군 기지 반환 협상 실수로 반환됐다는 이 활주로는 현재 '미군이 훈련 기간 내 해당 활주로를 사용하고, 평상시에는 이에 섬 주민들도 자유롭게 출입할 수 있다'고 다소 묘하게 정리됐다. 훈련 기간엔 항공기 이착륙과 해병대 낙하 훈련만 이루어지는 한정적인 용도의 비행장으로만 쓰이고 있다. 출입이 자유로운 평상시에는 누구나 출입이 가능한데, 곧게 뻗은 일직선의 활주로는 스피드 레이스를 벌일 수 있는 구조라 자동차광들에게 인기 만점이다.

🚶 이에 항에서 차로 10분  🕐 오픈  ¥ 무료
🅿 요령껏 주차  🔍 이에 섬 미군 보조비행장

## 아름다운 풍경과
## 슬픈 역사가 어긋나는 곳
# 니야티야 동굴
ニャティヤ洞 🔊 나티야도우

이에 섬에 있는 우다키 중 하나로 특히 아이를 갖지 못하는 여인들에게 영험한 성소로 알려져 있다. 지금도 내부에 제단이 있고, 동그란 돌이 하나 있는데, 이 돌을 들면 수태가 가능했다고. 돌은 태어날 아이의 성별을 예측해 주는 능력도 있어서, 여성이 돌을 들었을 때 무거움을 느끼면 아들, 가벼움을 느끼면 딸이었다고 한다. 2차 대전 당시에는 1000여 명의 섬 주민을 수용한 방공호로 쓰였다. 당시 이에 섬에 배치된 일본군은 1700명가량이었는데 미군과의 전투 중 전멸했고, 섬 주민들도 일본군의 강요에 의한 집단 자결 등으로 약 2500명가량이 희생되었다. 동굴에서 바다로 연결되는 풍경이 무척 아름다운데, 비극적 역사 때문에 침울해지기도 한다.

🚶 이에 항에서 차로 12분  ¥ 무료  🅿 요령껏 주차  🔍 니야티야 동굴

## 딱 봐도 뭔가 있는 성스러운 산
# 탓츄 タッチュー 🔊 탓츄

해발 172m의 산으로, 이에 섬의 상징과도 같은 존재다. 탓츄라는 말은 '뾰족산'이라는 의미의 오키나와 말인데 이에 섬 사람들은 성채를 뜻하는 구스쿠城, 혹은 구스쿠 야마城山라고 부른다. 원시적인 신앙 형태가 뒤섞인 오키나와의 전통 종교 특성상 탓츄는 일종의 성지로 주목받고 있다. 산허리를 빙빙 돌아 정상까지 오를 수 있는데, 정상에서 바라보는 시원한 전망이 일품이다. 차량이용자라면 산 중턱까지 올라갈 수 있어 걷는 구간이 짧아진다.

🚶 이에 항에서 차로 10분  ¥ 무료
🅿 있음  🔍 이에 섬 탓츄

# 이에 비치 伊江ビーチ 🔊 이에 비치

오키나와 본섬에서 배로 30분 왔을 뿐인데 물의 투명도와 푸른빛의 농도가 다르다는 것을 알 수 있다. 청소년 수련원을 곁에 끼고 있어, 일본 고등학생들의 수학여행 철인 봄, 가을이면 학생들에 의해 점거 되다시피 한다.(반대로 수학여행 철만 피하면 정말 한적하다. 해변의 길이는 약 1km. 순백의 산호모래가 가득 깔려 있다. 해변 뒤로 숲이 조성되어 있는데, 숲 자체의 조경도 꽤 빼어난 편이다. 오키나와에서 해수욕과 삼림욕을 겸할 수 있는 몇 안 되는 해변 중 하나다. 당일치기로 방문해 하루 종일 해변에서 노는 것도 추천할 만하다. 거창한 준비물은 필요없다. 그저 파라솔을 하나 빌려, 망망한 수평선 너머를 바라보는 것만으로도 편안함이 느껴진다. 텐트가 있다면 캠핑도 가능하다.

🏃 모토부 항 本部港에서 배로 30분, 이에 항에서 차로 10분
🕐 오픈(수영 기간 5~10일 09:00~18:00) ¥ 300엔 🅿 있음 🔍 이에 비치

**PART 4**

오키나와의
숨은 섬들을
만나는 시간

본섬에서 제일 깨끗한 바다

# 케라마 제도
## 慶良間諸島

나하에서 빠른 배로 40분. 동중국해에 있는 아름다운 제도이자 일본의 해양 국립공원. 면적 0.01㎢ 이상의 크기를 기준으로 36개에 달하는 섬들이 모여 있는데, 이 중 유인도는 5개다. 그중에서 도카시키 섬渡嘉敷島과 자마미 섬座間味島이 가장 크고, 케라마 제도에 거주하는 대부분의 사람들도 이 두 섬에 모여 산다.  이 일대는 세계에서 가장 투명한 바다 중 하나로 손꼽히면서 지금도 다이버들의 성지로 명성을 떨치고 있다.

한국에서 온 여행자들은 오키나와 본섬의 바다만으로도 놀라는 경우가 많은데, 케라마 제도를 보면 진짜 바다가 뭔지 다시 한번 느끼게 된다. 당일치기로 예정했다 떠나가면서 아쉬움에 통곡하는 섬.

### 📷 한눈에 보는 케라마 제도 여행

#도카시키 #자마미 #혹등고래 #다이빙 #스노클링
#츄라우미 #배봉기 #아리랑 기념비 #아하렌 비치
#후루자마미 비치 #바다거북

# 케라마 제도
# 전도

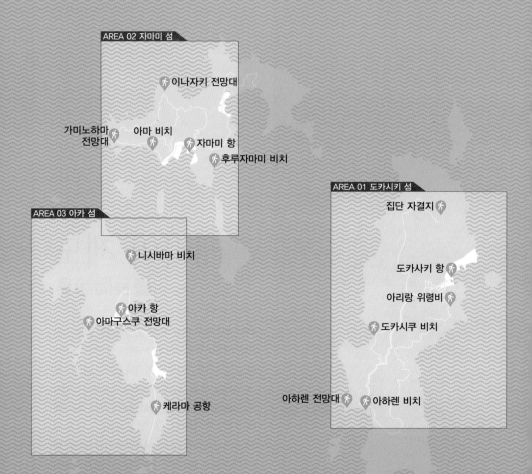

AREA 02 자마미 섬

이나자키 전망대

가미노하마 전망대

아마 비치

자마미 항

후루자마미 비치

AREA 01 도카시키 섬

집단 자결지

도카사키 항

아리랑 위령비

도카시쿠 비치

AREA 03 아카 섬

니시바마 비치

아카 항

아마구스쿠 전망대

케라마 공항

아하렌 전망대

아하렌 비치

N

0        1km

## 케라마 제도로
## 가는 방법

케라마 제도로 가기 위한 거점 도시는 나하다. 나하의 토마린 항泊港에서 도카시키 섬과 자마미 섬으로 가는 페리가 출발한다. 배는 고속선과 페리의 두 종류로 나뉘는데, 고속선이 2배가량 빠르고, 페리는 자동차를 실을 수 있다. 케라마 제도의 또 다른 섬인 아카 섬도 토마린 항에서 페리와 고속선이 운항 중이다.

세 섬 사이를 오가기 위해서는 굳이 나하로 되돌아와 배를 갈아탈 이유가 없다. 미츠시마みつしま라는 선사의 작은 배가 세 섬 사이를 연결하는데, 자마미를 기점으로 아카 섬으로 연결되는 배는 매일 6편이 운항 중이지만, 도카시키로 가는 배는 매일 2편뿐이며 사전 예약을 해야 한다. 예약이 있을 경우 미츠시마의 배가 도카시키 섬을 들르지만, 예약이 없으면 그나마 있던 배도 자마미-아카 섬만 연결하기 때문이다.

**토마린 항** 🚶 모노레일 미에바시美栄橋 역 북쪽 출구에서 도보 10분 또는 나하공항에서 택시로 15분(¥1,500 정도) 또는 나하공항 국내선 3번 플랫폼에서 26·99·120번 버스.
토마리 다카하시泊高橋 정류장 하차. 나하 버스터미널에서 20·21·27·28·29·31·77번 버스를 타고 泊高橋 정류장에서 하차 🕐 24시간 ¥ 무료 🅿 있음 🏠 www.tomarin.com 🔎 Tomari Port

**리얼 TALK**

**케라마 제도로
들어가기 전에
알아둬야 할 것들**

① **날씨** 굳이 태풍이 오지 않아도 파도가 높은 날은 페리 운항이 전면 중단되기 때문에 날씨는 무척 중요하다. 운항 여부는 토마린 항, 혹은 내가 머무는 섬의 공식 웹페이지를 들어가면 한눈에 확인할 수 있다. 만약 출국일 당일이나 전날 배를 타고 나하로 나갈 예정이라면 일기예보도 반드시 확인하자. 만약 태풍이라도 오면 닷새 정도는 섬에 갇힐 수도 있다.

② **수영을 못해도 걱정 말자** 물속에서 하는 레포츠는 장비빨이다. 물론 장비를 제대로 운용하기 위해 스쿠버 자격증이 필요한 것도 사실이지만 생초짜라 해도 체험 다이빙과 같은 신박한 상품이 기다리고 있기 때문에 물속에 못 들어갈 일은 없다. 그저 시키는 대로 옷만 입고 숨만 쉬면 잠수부가 나를 들고(?) 바닷속 여기저기를 구경시켜 준다. 스노클링도 어차피 구명조끼로 부력을 확보하므로 수영을 못해도 얼마든지 뜰 수 있다. 케라마 제도의 섬에는 생초짜를 기다리는 다양한 해양 여행사들이 있다.

③ **페리 예약 필수** 성수기 때는 늘 배의 빈 좌석보다 타려는 사람이 많다. 숙소만 예약하고 배가 없어 못 들어가는 경우도 부지기수. 페리 예약은 출발일 달 전부터 예약이 가능하다. 미리 예약하지 않으면 토마린 항의 지박령이 될 수도 있다.

④ **숙소 예약도 당연히 필수다** 케마라 제도의 섬들은 낙도라 호텔 예약 사이트들이 커버하지 못하는 경우도 많다. 이럴 땐 직접 예약해야 하는데 이런 곳은 대부분 전화로 예약해야 하지만 일본어만 가능한 경우가 대부분이다(드물게 라인 등 채팅 앱으로 예약이 되는 곳도 있다). 일본어를 잘하는 지인이 있다면 도움이 된다.
마지막으로 섬의 식당들은 영업 시간이 유동적이다. 특히나 비수기에 방문한다면, 문 닫는 식당이 많아 머무는 숙소의 아침이나 저녁 포함 옵션을 이용하는 게 나을 수도 있다.

## 배봉기 할머니의 이야기가 서려 있는

# 도카시키 섬 渡嘉敷島

케라마 제도에 있는 두 개의 촌村 단위 행정구역 중 하나.
섬의 크기는 15.31㎢로, 서울시의 동작구보다 약간 작은 크기지만
케라마 제도에서는 가장 큰 섬이다. 오키나와 사람들에게
도카시키 섬에 대해 물으면 이구동성 오키나와 최고의 선원들을
배출한 섬이라고 말한다. 이런 터프함 때문이었을까?
오키나와 전투 당시 가장 끔찍한 집단 자결도 이 섬에서 벌어졌는데,
무려 섬 인구의 절반이 집단 자결에 참여했을 정도다.
그로부터 70여 년이 훌쩍 지났지만 여전히 전쟁의 잔해는
섬 곳곳에 남아있고, 한국에서 정신대로 끌려간 배봉기 할머니의
흔적도 이 섬에 남아있어 여행자들의 마음을 아프게 한다.

🏠 도카시키 섬 공식 사이트 www.vill.tokashiki.okinawa.jp

## 도카시키 섬으로
## 가는 방법

나하의 토마린 항에서 도카시키 섬으로 가는 배편은 크게 두 종류다. 1시간 10분 걸리는 페리와 35분 걸리는 고속선. 페리는 하루에 1편, 고속선은 3편 운항 중인데 성수기·비수기 따라 운항 편수는 조금 유동적이다. 운항 시간표는 도카시키 섬 공식 사이트를 통해 확인하도록 하자.

### 페리 예약

출발일 2개월 전부터 전화, 팩스, 그리고 웹페이지를 통해 예약할 수 있다. 외국인 여행자 입장에서는 웹페이지가 가장 편하다. 웹페이지 예약 시 예약 번호가 주어지는데, 토마린 항에서 입항 신고서 작성 시 필요하니 반드시 메모해 두도록 하자.

참고로 한국처럼 예매가 아닌 탑승 권한에 대한 예약일 뿐이다.

토마린 항에서 당일 선표 구입 탑승이 가능하긴 하지만, 성수기에는 거의 불가능하다고 봐야 한다. 가급적 사전 예약 필수.

📞 예약 (098)868-7541, 팩스 (098)862-2115  🕐 10:00~17:00
🏠 tokashiki-ferry.jp/Senpaku/portal  💴 고속선 토마린 항↔도카시키 섬 편도 2,530엔, 왕복 4,810엔(어린이 편도 1,270엔, 왕복 2,410엔), 페리 토마린 항↔도카시 키 섬 편도 1,690엔, 왕복 3,210엔(어린이 편도 850엔, 왕복 1,610엔)+1인 100엔의 환경세가 부과된다.

### 페리 탑승

고속선인 마린 라이나는 승선 30분 전, 페리는 승선 1시간 전에 탑승장에 도착해야 한다. 토마린 항에 도착하면 매표소가 있는 홀이 있는데 이곳의 4번 창구가 도카시키 섬 매표소다. 매표소 앞에 승선 신청서가 놓여 있으니, 기본적인 인적 사항을 적어 매표소로 가면 된다. 승선 신청서를 기재하지 않으면 표를 구입할 수 없다.

또 하나! 웹페이지를 통해 예약을 했다 해도 표는 현장에서 구입해야 한다. (우리는 티켓을 예매한 게 아니라 일정을 예약했을 뿐이다) 당일 티켓 구입과 다른 점은 '예약 번호'

를 승선 신청서에 적을 수 있고, 당일 구매자는 좌석 상황에 따라 배를 탈 수 없을지도 모르지만, 예약자는 탑승이 보장된다는 점이 다르다. 티켓 구입은 현찰만 가능하니 미리 현금을 확보해두자.

표를 구입한 후, 배가 보이는 선착장으로 들어가자. 오른쪽의 큰 배가 페리 도카시키고, 고속선 승선장은 오른쪽으로 7분 정도 걸어가야 나온다. 두 배 모두 지정석이 아니니 일찍 가서 좋은 자리를 확보해 놓자.

토마린 항-도카시기 섬 페리 운항 시간표

| 기간 | 토마린 출발 | 도카시키 도착 / 출발 | 토마린 도착 |
|---|---|---|---|
| 3월 1일~9월 30일 | 10:00 | 11:10 / 16:00 | 17:10 |
| 10월 1일~2월 말 | 10:00 | 11:10 / 15:30 | 16:40 |

토마린 항-도카시키 섬 고속선 운항 시간표

| 기간 | 토마린 출발 | 도카시키 도착 / 출발 | 토마린 도착 |
|---|---|---|---|
| 3월 1일~9월 30일 | 09:00 | 09:40 / 10:00 | 10:40 |
| 10월 1일~ 2월 말 | 09:00 | 09:40 / 10:00 | 10:40 |
| 골든 위크 기간<br>7~8월, 9월의 금·토·일<br>한정 추가 선편 | 13:00 | 13:40 / 14:00 | 14:40 |

## 도카시키 섬 돌아다니기

서울 동작구만한 크기인 데다 언덕 지형이라 도보 여행은 불가능하다.

### 버스

항구와 섬에서 가장 유명한 비치인 아하렌 비치를 연결하는 마을버스가 섬 내의 유일한 대중교통 수단이다. 도카시키 항에 배가 도착하는 시간에 맞춰 운행한다. 하루 3~4편 정도로 운행 횟수가 적지만, 이마저도 없으면 정말 불편하다. 도카시키 항에서 나오면 바로 오른쪽에 버스정류장이 있다.

### 렌터카

섬 내에 렌터카 회사가 몇 곳 있고, 일부 민박에서도 렌터카 서비스를 시행하고 있다. 전체적인 가격은 본섬에 비해 비싼 편이고 차종도 낡은 편. 대신 당일치기 여행자를 배려해 4시간 렌트도 가능하다. 자전거도 빌려주는 곳이 있지만, 경사가 심한 지형 탓에 그리 적당하지 않다. 성수기에는 여행객에 비해 렌터카의 숫자가 부족하다. 즉 예약해야 하는데 일본의 특성상 전화를 해야 하는 경우가 많아 한국인 여행자에게는 난이도가 좀 높은 편이다.

도카시키 섬의 렌터카 업체

| 업체명 | 대여 차량 종류 | 웹페이지 | 전화 | 예약 방법 |
|---|---|---|---|---|
| 알로하 렌탈 기획<br>アロハレンタ企画 | 50CC, 1100CC 바이크, 경차 | alohatokashiki.jp | (090)<br>6866-8666 | 전화 |
| 카리유시 렌탈서비스<br>かりゆし レンタサービス | 50CC, 1100CC 바이크, 경차, 경트럭 | www.tokashiki.net | (098)<br>987-3311 | 전화 |
| 쿠지라 렌터카<br>くじらレンタカー | 경차, 승용차, 왜건 | www.seafriend.jp/?men=11 | (098)<br>987-2836 | 웹페이지,<br>전화 |

### 봉고 택시

최대 9명이 탑승할 수 있는 봉고 택시. 섬에 딱 두 대뿐이다. 일반적으로 사전 예약이 필수지만, 예약이 비는 날은 항구 앞 주차장에서 대기 중이다. 2시간 단위로 1~4명은 ¥6000, 5~9명은 ¥8000이다. 기사님은 영어가 전혀  통하지 않지만, 가이드북이나 스마트폰으로 목적지만 찍어주면 알아서 가준다.

📞 (090)3078-5895

# 도카시키 섬
# 추천 코스

## 당일 코스

08:30 토마린 항 도착

09:00 토마린 항 출발

고속선 40분

도카시키 항 도착 09:40

도카시키 항 출발 09:50

아라헨 비치행 버스 10분

10:00 **아하렌 비치**
비치에서 놀기

도보 5분

바락쿠 점심 11:30

도보 20분

13:00 **아하렌 마을 산책 및 아하렌 전망대**

도보 10~15분

도카시키 항 도착 16:00

17:30 도카시키 항 출발

고속선 35분

토마린 항 도착 17:30

도보 15분

00:00 유우난기 저녁

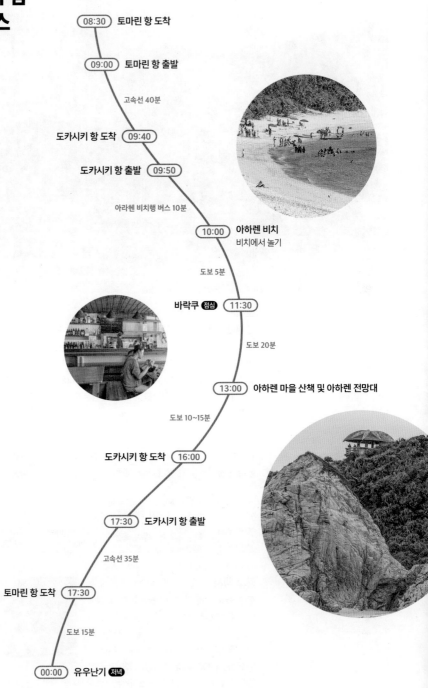

# 스쿠버 다이빙도 즐기는 1박 2일 코스

* 당일 코스의 13:00에서 이어짐

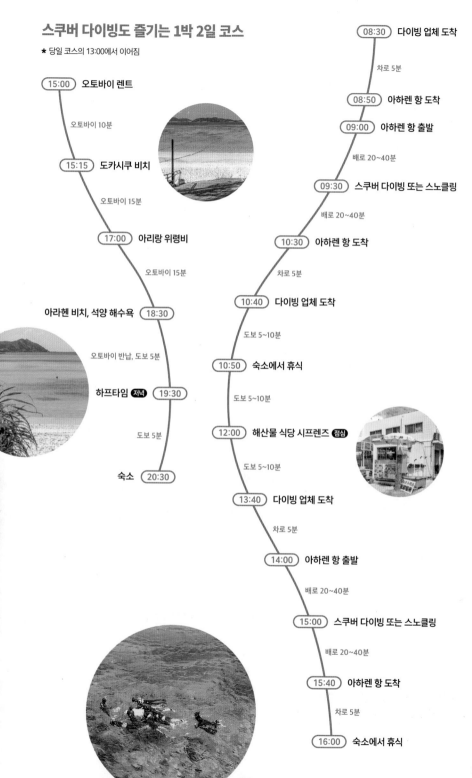

( 15:00 ) 오토바이 렌트

오토바이 10분

( 15:15 ) 도카시쿠 비치

오토바이 15분

( 17:00 ) 아리랑 위령비

오토바이 15분

아라헨 비치, 석양 해수욕 ( 18:30 )

오토바이 반납, 도보 5분

하프타임 저녁 ( 19:30 )

도보 5분

숙소 ( 20:30 )

( 08:30 ) 다이빙 업체 도착

차로 5분

( 08:50 ) 아하렌 항 도착

( 09:00 ) 아하렌 항 출발

배로 20~40분

( 09:30 ) 스쿠버 다이빙 또는 스노클링

배로 20~40분

( 10:30 ) 아하렌 항 도착

차로 5분

( 10:40 ) 다이빙 업체 도착

도보 5~10분

( 10:50 ) 숙소에서 휴식

도보 5~10분

( 12:00 ) 해산물 식당 시프렌즈 점심

도보 5~10분

( 13:40 ) 다이빙 업체 도착

차로 5분

( 14:00 ) 아하렌 항 출발

배로 20~40분

( 15:00 ) 스쿠버 다이빙 또는 스노클링

배로 20~40분

( 15:40 ) 아하렌 항 도착

차로 5분

( 16:00 ) 숙소에서 휴식

# 도카시키 섬
# 상세 지도

집단 자결지 05

N
0 500m

케라마 제도 국립공원

Tokashiki Port

케라마 백팩커스

아리랑 위령비 04

186

02 도카시쿠 비치
케라마 별장 시오노카

N
0 100m

02 마사노텐

하프타임 사운드 비치 카페 03  01 바락쿠

해산물 식당 시프렌드 04

03 아하렌 전망대

01 아하렌 비치

케라마 블루를 볼 수 있는 그곳 ······ ①

# 아하렌 비치 阿波連ビーチ

트립어드바이저 선정 일본 비치 랭킹 5위에 빛나는 도카시키 섬 최고의 해변. 널찍한 해변, 부드러운 산호모래, 바닥이 훤히 비치는 투명한 물빛과 풍경을 돋보이게 하는 바위산은 비치가 가져야 할 모든 미덕을 한데 품은 느낌이다. 활처럼 굽은 만灣 모양의 비치라 태풍 때를 제외하고는 파도도 거의 없어 어린이를 동반한 여행자들도 안심하고 비치 스노클링을 즐길 수 있다. 미야코 블루와 함께 오키나와 2대 블루로 손꼽히며, 케라마 블루라는 조어가 탄생한 곳도 바로 이곳 아하렌 비치. 해변 끄트머리에 전망대가 있는데, 여기서 바라보는 해변과 바다의 풍경 또한 일품.

도카시키 섬을 대표하는 비치답게 숙소와 식당도 이 일대에 몰려 있다. 배후에 있는 작은 마을도 둘러보는 재미가 있다.

🏃 도카시키 항에서 정기 버스로 15~20분
🕐 09:00~18:00(수영 기간 4~10월) ¥ 무료
🅿 무료 🔍 아하렌 비치

언덕에서 내려다보면
바로 저곳이 천국이구나 싶은 ……… ②

## 도카시쿠 비치 渡嘉志久ビーチ

숨은 보석. 오키나와에서 가장 고운 산호 모
래를 자랑하는 곳으로, 아하렌 비치에 비해
덜 붐비고, 바다 환경도 나은 편이다. 바다
뒤로 숙소가 하나 있고 꽤 넓은 공원이 펼
쳐져 있어, 녹색과 푸른 바다 그리고 순백의
해변이 조화를 이루며 아름다움의 끝을 보
여주고 있다. 해변 정면에 보이는 섬이 바로
케라마 제도에 있는 또 하나의 관광 포인트
인 자마미 섬이다. 물빛이 원체 좋아 걸어서
라도 갈 것 같은 착각이 들지만, 50m쯤 지
나면 바다는 여지없이 깊어진다. 환경적으로도 도카시쿠 비치는 꽤 중요한 곳인
데, 바로 바다거북의 산란 장소이자 서식지이기 때문. 스노클링 도중 종종 바다
거북이 관찰되기도 한다.

🏃 도카시키 항에서 차로 12~15분. 대중교통 접근이 불가능하다.
🕐 09:00~18:00(수영 기간 4~10월) ¥ 무료
📍 인근 캠핑장의 주차장을 무료로 사용할 수 있다
🏠 www.aharen.com/aharenbeach(비공식) 🔍 Tokashiku Beach

### 도카시쿠 비치의 해양 스포츠

해변과 마주 보고 있는 숙소 도카시쿠
마린 빌리지에서 해양 스포츠 및 해양
활동을 위한 물품을 대여하고 있는데,
기본적으로 투숙객만을 위한 서비스다.
해변에 감시원이 있기 때문에 스노클링
장비를 휴대하고 있다면 셀프 스노클링
을 즐길 수 있다. 만약 마린 빌리지 투숙
객이라면 산호 투어는 꼭 참석해 보자.

멍 때리고 싶다고? 일단 여기! ...... ③

## 아하렌 전망대

**阿波連展望台** 🔊 아하렌 텐보우다이

아하렌 비치에서 바다를 바라보고 오른쪽 끝, 작은 언덕 위에 있는 팔각정. 딱 봐도 올라가기만 하면 뭔가 엄청난 광경을 볼 수 있을 것처럼 생겼다. 전망대로 오르기 위해서는 일단 비치 끝에 있는 거대한 바위로 가자. 잘 살펴보면 사람 둘이 지나갈 법한 돌 구멍이 있다. 이 안으로 들어가면 바로 언덕으로 오르는 계단이 나온다. 계단을 오르면 아하렌 비치를 한눈에 굽어볼 수 있는 팔각정으로 이어진다. 숨을 돌리고, 바다를 바라보며 잠시 멍을 때려보자. 참고로 돌 구멍을 통과한 후 오른쪽 오르막 계단이 아니라 바다 쪽으로 돌아들어가면 온통 산호 조각으로 이루어진 또다른 작은 해변이 나오는데, 이 일대는 지질학의 보고라고 할 정도로 흥미로운 것들이 많다. 이것저것 뒤적거리는 잔재미는 덤.

🚶 아하렌 비치에서 도보로 15~20분  ¥ 무료  🅿 없음
📍 Kubandaki Observatory

죽어서도 한반도로 돌아오지 못한
배봉기 할머니를 기리며 ...... ④

## 아리랑 위령비

**アリラン慰霊のモニュメント** 🔊 아리랑 이레이노모뉴멘토

일본에 6개, 오키나와에 2개뿐인 조선인 추모비 중 하나. 2차 대전 말기 이 섬에는 7명의 조선인 종군 위안부가 있었는데, 그중 생존자이자 최초로 종군 위안부의 존재를 세상에 알린 배봉기(1914~1991) 할머니의 위령비이기도 하다.

배봉기 할머니의 증언은 일본 작가 고 가와다 후미코에 의해 약 70시간의 녹음 테이프로 남았고, 이 구술을 바탕으로 〈빨간 기와집〉이라는 책이 출판된다. 당시 종군 위안부들이 거주하며 성적 학대를 받았던 집이 빨간색 기와로 덮여 있었기 때문에 붙여진 이름이다. 이런 내용은 재일교포 영화감독 박수남에 의해 〈아리랑의 노래-오키나와의 증언 1991〉이라는 다큐멘터리로 영화화되었고, 이어서 1997년 영화 촬영이 이뤄졌던 곳 중 하나인 이곳에 아리랑 위령비가 세워지게 됐다. 탑 가운데 있는 커다란 둥근 돌은 유일하게 우리나라에서 가져온 위령탑의 구성품이다. 비석을 따라 내려오는 달팽이 모양의 바닥은 건립 당시 도카시키 섬 어린이들이 평화를 염원하며 그린 것이라고 한다.

🚶 도카시키 항에서 차로 7~10분  ¥ 무료  🅿 없음  📍 아리랑의 비

# 집단 자결지

**集団自決跡地** 🔊 슈우단 지케츠아토치

제2차 세계대전 당시, 미군에 쫓기던 일본군과 도카시키 섬 주민들이 집단 자결을 한 현장이다. 생존자들의 증언에 의하면 미군이 도카시키 섬에 상륙하던 날 섬 주민들은 산 정상에 있는 일본군 주둔지를 향해 장대비를 뚫어가며 산을 오르고 있었다고 한다. 하지만 어떤 착오인지 일본군 주둔지와 좀 떨어진 다른 봉우리로 가게 됐고 후방에 미군이 쫓아온다는 공포에 사로잡혀 집단 자결을 하게 되었다고. 처음에는 둥그렇게 모여 앉아 수류탄을 터트려 자살하려고 했으나 대부분의 수류탄이 불발탄이 되자 가족 간 학살-가장이 온 가족을 죽이고 본인도 목숨을 끊는-이 벌어졌고, 그렇게도 죽지 못한 사람들은 해안 절벽에 몸을 내던졌다. 이런 일이 발생한 가장 큰 원인은 섬 내의 일본군이 '미군에게 사로잡히면 남자는 탱크로 깔아 죽이고, 여성은 집단 성폭행을 한 후 산채로 불태워 죽인다'며 거짓 선전을 했고 섬 주민들은 이 말을 그대로 믿었기 때문이라고. 참고로 이곳에서 당시 도카시키 섬 주민의 50%가 한날한시에 죽었다.

실제로 전쟁 중 미군 수기를 보면 몇 날 며칠 산속에 갇혀 있던 주민을 구출해 물을 주면 그 물조차 독약을 탔다고 믿어 마시지 않았다고 한다. 이 비극을 바라보는 섬사람들과 일본 본토 사람들의 시각은 상이하다. 섬사람들은 이 사건을 계기로 결국 일본군도 미군도 그들을 지켜주지 못했다는 반전 의식이 싹텄는데, 일본 본토의 우파들은 이들의 죽음을 덴노(천황)를 향한 충성의 옥쇄쯤으로 바라보기 때문이다.

막상 가보면 볼 건 없다. 이곳이 그런 곳임을 알리는 비석과, 제단, 그리고 집단 자결이 이루어진 해안 절벽으로 향하는 내리막 계단 길이 있을 뿐이다. 하지만 또 하나의 전쟁 피해자인 오키나와 섬사람들의 아픔을, 일본 제국주의 피해국 국민으로서 함께 감응한다면 이곳은 한번쯤 들러볼 만한 곳이다. 참 슬픈 곳이지만 이곳을 찾을 때마다 하늘은 참 속절없이 파랗기만 하다.

🚶 도카시키 항에서 차로 10분
🕐 오픈 ¥ 없음 🅿 있음
🔍 Group Self-Determination Site

## 점심 나절 배고프면 배회하지 말고 ······ ①
# 바락쿠 喰呑屋バラック ◆) 쿠이노미야 바락쿠

섬 내에서 가장 만만한 밥집. 카레라이스, 돈까스 같은
일본 국민 한 끼 음식과 오키나와 소바 류의 오키나와
국민 음식 그리고 사시미 초절임 정식 같은 요리들이
있다. 이런 낙도에서 이 정도라면! 이라는 마음으로 접
근하면 맛 점수 4점도 가능하다.

🚶 아하렌 비치 입구 도보 5분 📞 (098)987-3108
🕐 11:00~14:00(화요일 휴무) ¥ 1000엔 🅿 없음
🔎 바락쿠

## 반주를 즐기는 여행자들이 즐겨 찾는 곳 ······ ②
# 마사노텐 お食事処 まーさーの店 ◆) 오쇼쿠지도코로 마사노텐

바락쿠와 비슷한 메뉴와 분위기의 밥집. 저녁 장사를 하므로 점심 바락쿠, 저녁
마사노텐이 일종의 공식이다. 메뉴판보다는 카운터 앞 칠판에 적어 놓은 오늘의
메뉴本日のメニュー가 더 중요한 집이라 일본어 읽기가 안 된다면 약간
의 어려움이 예상된다. 섬 물고기 가라아게 정식島魚の唐揚げ定食은 그
날 잡은 생선을 튀겨 나오는 메뉴로 대부분의 경우 실패하지 않는다.
오키나와의 맛을 보고 싶다면 타코라이스タコライス도 나쁘지 않은 선
택. 이미 먹어보지 않았다는 전제하에 말이다.

🚶 아하렌 비치에서 도보 3분 📞 (098)987-2911
🕐 11:30~14:00, 1800~22:00(수시 휴무, 목요일은
14:00까지 영업) ¥ 1000엔 🅿 없음
🔎 도카시키 마사노텐

마시고 놀다 보면 시간이 순삭 ······ ③

# 하프타임 사운드 비치 카페 Sound Beach Café

도카시키 섬 최강의 주酒유소. 꽤 다양한 탭과, 병맥주(베트남 빈땅부터 일본 에비수, 스리랑카 라이온까지)를 보유하고 있다. 주당 여행자들은 이곳을 알고 난 후 여행이 (술에 취해) 반토막났다는 자조가 있을 정도. 캠핑 느낌의 인테리어도 꽤 수준급이다. 식사 메뉴도 훌륭해 케라마 섬 최고의 스테이크와 버거를 먹을 수 있다. 도카시키 버거トカシキバーガー는 생참치를 패티로 만든 일종의 생선 버거다. 흔한 메뉴는 아니니 시도해 보자.

🚶 아하렌 비치에서 도보 5분
📞 (098)987-2021
🕐 19:00~00:00(부정기 휴무)
¥ 1000~2000엔 🅿 없음
🏠 www.azhoop.com
🔍 하프타임 사운드 비치 카페

섬 유일의 본격적인 해산물 레스토랑 ······ ④

# 해산물 식당 시프렌드

海鮮居食屋シーフレンド 🔊 카이센이쇼쿠야 시프렌도

도카시키 섬에서 여러 채의 펜션과 다이빙숍을 함께 운영하는 나름 섬 지역 재벌인 시프렌드에서 운영하는 레스토랑. 마구로동이나 카이센동 같은 해산물 덮밥 메뉴가 강점. 저녁에는 이자카야로 변신하는데 계절별로 바뀌는 해산물 요리와 엄청나게 다양한 오키나와 아와모리를 곁들일 수 있다. 다이빙숍 부설이다 보니 그날 다이빙을 즐긴 사람들끼리 뭉치는 경향이 있어 좀 떠들썩한 분위기다. 카이센동海鮮丼과 마구로동マグロ丼은 놓치기 싫은 메뉴.

## 도카시키 항에서의 먹거리 쇼핑

도카시키 항 대합실 안에는 섬에서 나는 특산품을 파는 작은 매장이 있다. 그저 그렇거니 하고 지나칠 수 있는데, 의외로 알려지지 않은 나만의 오미야게를 집어낼 수 있는 곳이다.
모든 상품은 도카시키 섬 어업/농업 협동조합 생산품인데, 조금 짭짤한 편이긴 하지만 풍미와 향미가 일품인 참치 어포マグロジャッキ, 구아바 특유의 향을 잘 살린 구아바 젤리グアバ JELLY는 둘이 먹다 하나가 죽어도 모를 맛이다. 강력 추천.

🚶 아하렌 비치에서 도보 3분
📞 (098)987-2836
🕐 07:00~09:00, 11:30~14:30,
17:30~21:00(일요일 휴무) ¥ 2000엔
🅿 없음 🏠 www.seafriend.jp
🔍 Sea Friend Seafood Restaurant

별빛이 가득한 자그마한 어촌마을

# 자마미 섬 座間味島

많은 여행자에게 케라마 제도는 곧 자마미 섬을 뜻한다.
섬의 면적은 6.66㎢, 인구는 겨우 645명에 불과한데,
매년 방문객은 30만 명에 달할 정도로 인기 있는 여행지다.
미슐랭 가이드북의 Star Rating 등재지라는 명성이 한몫했는데,
이 덕에 오키나와의 주변 섬 중 거의 유일하게 외국인
방문객들의 발길이 끊이지 않는다. 매년 2~3월에는
혹등고래 관찰지로서도 명성을 누리고 있는 데다, 다이빙은
12~2월을 제외하고는 연중 가능해 인기가 더 많다.
다른 여행지와 달리 비수기가 짧다는 것도 특징이라면 특징이다.

🏠 **자마미 섬 공식 사이트** www.vill.zamami.okinawa.jp

## 자마미 섬으로
## 가는 방법

나하의 토마린 항에서 자마미 섬으로 가는 배편은 크게 두 가지다. 2시간이 걸리는 페리와 50분이 걸리는 고속선이 그것인데, 고속선의 운항 편수는 성수기냐 비성수기냐에 따라 2~3편 탄력적으로 운영되고, 페리는 성수기에는 매일 1편, 비수기에는 아예 운항을 하지 않을 때도 많다. 굳이 느린 페리를 왜 타나 싶을 수도 있는데, 본섬에 오토바이나 자동차를 반입하기 위해서는 페리를 선택해야 한다(참고로 렌터카의 경우 본섬에서 다른 섬으로 이동이 금지된 경우도 있으니 잘 확인하도록 하자).
운항 시간표는 자마미 섬 공식 사이트에서 확인할 수 있다.

### 페리 예약하기

출발일 한 달 전부터 전화, 팩스, 그리고 자마미 섬 공식 사이트를 통해 예매할 수 있는데, 일본 밖 카드를 이용한 탑승권 예매는 출발일 23일 전부터 가능하다.
참고로 같은 케라마 제도의 도카시키 섬으로 가는 선편은 탑승일 예약에 불과해 나하의 토마린 항에서 예약 번호를 들고 현장 구입을 해야 하지만 자마미 섬의 경우는 예매. 즉 한국처럼 인터넷으로 미리 표를 구매할 수 있다. 성수기(4~10월)에 주말까지 끼면 현장 예매는 아예 불가능할 정도의 인기 구간인 만큼 가급적 인터넷 예매를 하도록 하자.

¥ 고속선 토마린 항↔자마미 섬 편도 3200엔, 왕복 6080엔(어린이 편도 1600엔, 왕복 3040엔)
페리 토마린 항↔자마미 섬 편도 2150엔, 왕복 4090엔(어린이 편도 1080엔, 왕복 2060엔)
오토바이 편도 1580엔, 3m 미만 경차 편도 9320엔

### 페리 탑승하기

고속선인 퀸 자마미는 승선 30분 전, 페리인 페리 자마미는 승선 1시간 전에 도착해야 한다.

토마린 항-자마미 섬 페리 운항 시간표

| 토마린 출발 | 아카 도착 / 출발 | 자마미 도착 / 출발 | 아카 도착 / 출발 | 토마린 도착 |
| --- | --- | --- | --- | --- |
| 10:00 | 11:30 / 11:45 | 12:00 / 14:00 | 14:15 / 14:30 | 16:00 |
| 13:00 | 13:50 / 14:00 | 14:10 / 14:20 | 통과 | 15:10 |
| 15:00 | 15:50 / 16:00 | 16:10 / 16:20 | 통과 | 17:10 |

\* 13:00발 배편의 경우 성수기에만 한시적으로 운영. 여기서 성수기는 일반적으로 골든 위크 기간과 7~8월 성수기

토마린 항-자마미 섬 고속선 운항 시간표

| 토마린 출발 | 아카 도착 / 출발 | 자마미 도착 / 출발 | 아카 도착 / 출발 | 토마린 도착 |
| --- | --- | --- | --- | --- |
| 09:00 | 통과 | 09:50 ǀ 10:00 | 10:10/10:20 | 11:10 |

## 자마미 섬 돌아다니기

해안선의 전체 길이가 23km밖에 되지 않는 작은 섬이다. 섬 가운데 우후다키大嶽라는 해발 160m의 산이 있어, 지형이 평탄하진 않지만, 해변과 해변을 연결하는 도로는 대체로 완만한 편이다.

### 버스

손에 버스村営バ―ス라고 불리는 노선버스 두 노선이 섬의 주요 지점을 연결하고 있다. 배가 들어오고 나가는 시간에 운행 시간이 맞춰져 있어 편수가 적어도 이용에 큰 불편함은 없다. 대신 풍랑으로 고속선이 결항하는 날이면 고속선 도착시간에 출발하는 버스는 운행이 중단되며, 페리 시간표에 따라서만 버스가 배차된다. (페리마저 결항되면 버스도 운행하지 않는다)

후루자마미 비치행, 아마 비치행 혹은 두 비치 모두 가는 버스로 나뉜다. 탑승하기 전, 기사에게 확인하도록 하자.

#### 버스 운행 시간표

| 노선 | 자마미 항 출발 시간 | 요금 |
|---|---|---|
| 자마미 항→<br>후루 자마미 비치 방면 | **평일**<br>09:15, 10:00, 10:20, 12:25, 13:10, 15:20, 16:20, 16:40<br>**토·일·공휴일**<br>09:15, 10:00, 10:20, 12:25, 13:10, 15:20, 16:20 | ¥300 |
| 자마미 항→<br>아마 비치 방면 | 매일<br>09:05, 10:10, 11:00, 12:15, 13:15, 15:35, 16:30 | |

★ 자마미 항 대합실에는 그날의 버스 운행 시간표가 적혀 있다. 시간 변동이 심하니 도착하면 일단 확인하는 게 좋다.

### 렌터카

낙도가 그렇듯, 렌터카가 있긴 하지만 본섬에 비해 차량은 낡았고 가격은 비싸다. 도카시키 섬과 달리 비교적 평탄한 지형이라 가장 중요한 두 해변의 경우 버스, 정 급하면 도보로도 여행이 불가능한 곳은 아니다. 자전거를 대여해 돌아다니는 여행자가 많은 편. 빠른 속도로 섬 일주를 하고 싶다면 작은 원동기를 빌리는 것도 좋은 방법이다. 렌털 바이크의 경우 한 사람이 탈 수 있는 50CC가 대부분, 2인용인 100CC 이상의 바이크는 섬을 탈탈 털어도 몇 대 되지 않는다.

#### 자마미 섬의 렌터카 업체

| 업체명 | 렌털 품목 | 전화 | 웹페이지 | 예약 방법 |
|---|---|---|---|---|
| 렌타루 이시카와<br>レンタル石川 | 자전거, 전기 자전거,<br>바이크 50CC, 100CC | (098)9650-1015 | 없음 | 전화 |
| 렌타루 카니쿠<br>レンタルかにく | 바이크 50CC, 100CC,<br>250CC, 경차 | (098)9872334 | kaniku.info | 전화 |
| 서바이벌 렌타루<br>サバイディレンタル | 자전거 | (098)7100-6059 | 없음 | 전화 |
| 아사기 렌타카<br>あさぎレンタカー | 바이크 50CC, 경차 | (098)896-4145 | 없음 | 전화 |
| 오키 렌타루<br>おきレンタル | 자전거, 바이크 50CC | (098)896-4060 | 없음 | 전화 |
| 자마미 렌타카<br>ざまみレンタカー | 바이크 50CC, 100CC,<br>경차 | (098)987-3250 | zamami.kir.jp | 전화 |

# 자마미 섬
# 추천 코스

## 당일 코스

08:30 — 토마린 항 도착

09:00 — 토마린 항 출발

고속선 50분

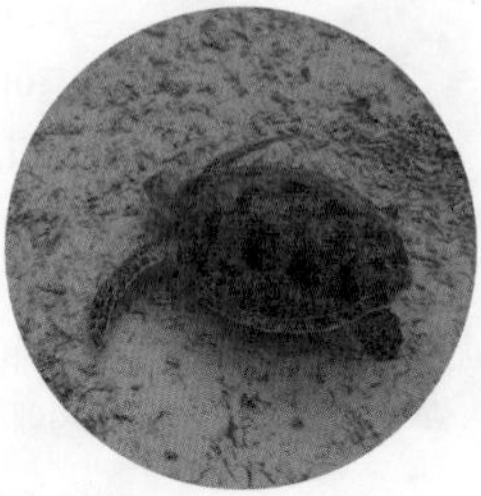

토마린 항 출발 — 09:50

아마 비치행 버스 10분

10:10 — **아마 비치**
거북이가 출몰하는 비치에서 놀기

자마미 항 버스 10분

카후시도우 혹은 레스토랑 마루미야 점심 — 11:30

후루 자마미행 버스 10분

13:00 — **후루자마미 비치에서 놀기**

자마미 항 버스 10분

자마미 항 도착 — 15:50

16:20 — **자마미 항 출발**

고속선 1시간 10분

자마미 항 도착 — 17:30

도보 10분

18:00 — 시마규 저녁

# 자마미 섬에서 스쿠버 다이빙 코스

★ 당일 코스의 13:00에서 이어짐

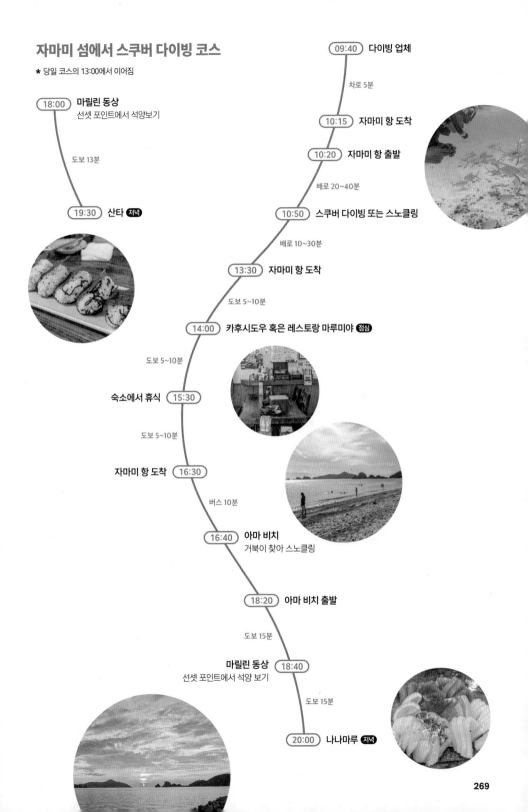

09:40 **다이빙 업체**

차로 5분

10:15 **자마미 항 도착**

10:20 **자마미 항 출발**

배로 20~40분

10:50 **스쿠버 다이빙 또는 스노클링**

배로 10~30분

13:30 **자마미 항 도착**

도보 5~10분

14:00 **카후시도우 혹은 레스토랑 마루미야 점심**

18:00 **마릴린 동상**
선셋 포인트에서 석양보기

도보 13분

19:30 **산타 저녁**

도보 5~10분

**숙소에서 휴식** 15:30

도보 5~10분

**자마미 항 도착** 16:30

버스 10분

16:40 **아마 비치**
거북이 찾아 스노클링

18:20 **아마 비치 출발**

도보 15분

**마릴린 동상** 18:40
선셋 포인트에서 석양 보기

도보 15분

20:00 **나나마루 저녁**

# 자마미 섬
# 상세 지도

06 이나자키 전망대

05 우나지노사치 전망대

04 가미노하마 전망대

아마 비치 02

마릴린 석상 03

후루자마미 비치 01

Kahi Island

01 레스토랑 마루미야

02 나나마루

04 도시락집 탄포포

라 투쿠 06

05 산타

아카섬

03 와야마 모즈쿠

Amuro Island

N

자마미 항

0          100m

N

0          200m

일본 제일의 비치 중 하나 ⋯⋯⋯ ①

# 후루자마미 비치 古座間味ビーチ

케라마 제도에서 언제나 최고의 자리를 지키는 절대 비치. 미슐랭 그린 가이드
에서 별도 받은 해변이다. 자마미 항에서 걸어서 20분 내외의 거리로 설사 항구
에서 버스를 놓쳤다 해도 약간의 땀만 흘리면 걸어서 갈 수 있다. 후루자마미의
가장 큰 미덕은 바다의 투명도. 1m 정도, 혹은 그 이상의 깊이에도 바닷속이 훤
히 들여다보인다. 물고기들도 많아 비치 스노클링의 성지로도 각광받고 있다. 하
지만 물가에서 조금만 나가면 바로 2~3m까지 깊어지므로, 수영 초보자라면 해
변 바로 앞에서 놀아야 한다.

🚶 자마미 항에서 비치행 버스로 5~10분 또는 도보로 20분(언덕을 올라가야 해서 날씨가
더울 경우 조금 힘들다) ⏰ 오픈(수영 기간 4월 8일~11월 20일) ¥ 무료 🅿 무료
🔍 후루자마미 해변

## 후루자마미 비치의 해양 스포츠 & 설비

유명세에 비해 상업화는 더디게 진행
되고 있어. 해양 스포츠 마니아들에게
는 뭔가 부족한 면도 느껴지는 곳이다.
화장실, 샤워실, 탈의실 정도가 갖춰져
있는데 샤워장만 ¥300, 나머지는 무료
로 이용이 가능하다. 해변 앞에 두 개의
매점이 있어 간단한 끼니 해결, 음료, 빙
수 정도는 사 먹을 수 있다. 마을과 떨
어져 있기 때문에 이 매점을 잘 활용해
야 한다. 스노클링 장비 등 기초적인 물
놀이 장비도 이곳에서 대여해 준다.

# 아마 비치 阿真ビーチ

후루자마미 비치에 비해 덜 유명한 탓에 성수기
를 제외하고는 상대적으로 한산하다. 항구 기준
으로는 좀 먼 편이지만, 대신 가는 길이 평지로
이루어져 있어 못 갈 거리도 아니다.
아마 비치의 가장 큰 장점은 얕은 수심. 바다로
꽤 걸어 들어가도 허리 이상 차지 않는 데다 활처
럼 굽은 지형 탓에 파도도 잔잔하다. 자마미 섬
에서 유일하게 캠핑과 바비큐가 허용된 가족 해
변이라 여름이면 수학여행단에 점거 당하다시피

한다. 서민적인 느낌을 선호한다면 더 마음에 들
지도 모른다. 물속은 사막과도 같아 화려한 열대어를 보고 싶은 사람에게
는 적당하지 않지만, 대신 바다거북을 관찰할 수 있다. 해질 녘, 수영 한계
선 리프 주변에 종종 출몰하기 때문에 그 시간대가 되면 모두 스노클을 갖
추고 물밑만 바라보곤 한다.

🚶 자마미 항에서 비치행 버스로 5~10분 또는 도보로 20분
🕐 오픈(수영 기간 4월~10월) ¥ 무료 🅿 무료 📍 아마 비치

## 아마 비치의 해양 스포츠 & 설비

샤워실과 화장실 등 기본 설비만 갖추고 있다.
바다거북 보호+얕은 수심으로 인해 해양 스포
츠는 거의 없고 유일하게 있는 게 스탠드업 패들
보딩(SUP)뿐이다. 해변 근처에는 매점이 없고,
해변에서 항구 쪽으로 20m쯤 걸어 나오면 숙소
몇 곳이 모여 있는 삼거리가 나오는데 그 일대에
렌털숍도 몰려있다.

케라마에서 가장 아름다운 석양을 볼 수 있는 선셋 포인트 ······ ③

## 마릴린 석상 マリリン像 🔊 마리린조우

자마미 마을에서 아마 비치로 가는 길에 있는 방파제 길. 오른쪽에 강아지 동상이 있고 그 앞으로 바다가 펼쳐져 있다. 명당이란 걸 사람들이 알아보는 법인지 따로 소개된 적이 없음에도 해가 떨어질 즈음이 되면, 하나둘씩 이곳으로 모여든다. 조용히 둑에 걸터앉아 석양과 함께 멍 때리면 끝. 간간이 자동차만 몇 대 지나다니는 한적한 길이라 평화롭기 그지없다.

강아지 동상의 주인공은 마릴린이라는 암캐인데, 바다 건너 아카 섬에 살던 수캐 시로가 주인을 따라 자마미 섬에 왔다가 암캐 마릴린에게 한눈에 반했다고 한다. 아카 섬으로 돌아온 시로는 마릴린을 잊지 못했고, 결국, 도해. 무려 3km 거리의 바다를 헤엄쳐 매일 마릴린을 만나고 돌아갔다고 한다. 이 믿을 수 없는 이야기는 1986년 지역 신문인 류큐 신보에 기사화되며 전국적 화제가 되었고 1988년 「마릴린을 만나보고 싶다マリリンに逢いたい」라는 제목으로 영화화 됐다. 영화 속 시로는 실제 시로였고, 마릴린은 1987년 8월 28일 죽는 바람에 대역 견이 마릴린 역할을 했다. 동상이 있던 자리는 매일 시로가 헤엄쳐 오길 기다리며 마릴린이 앉아있던 자리라고 한다.

🚶 자마미 항에서 도보 12분  🅿 없음  🔍 마릴린 동상

케라마 제도의 섬들을 바라보자 ⋯⋯ ④

## 가미노하마 전망대

神の浜展望台 ◄)) 카미노하마 텐보우다이

자마미 섬 서쪽, 해발 27m에 자리한 전망대로, 아마 비치에서 바다를 바라볼 때 오른쪽 끝에 위치한다. 27m가 무슨 전망대냐 할지 모르겠는데, 이곳은 섬이라 해발 0m에 가깝기 때문에 27m도 꽤 높은 편이다. 전망대에 올라서면 자마미 섬의 서해와 남해에 걸쳐 파노라마처럼 펼쳐진 섬들의 향연을 볼 수 있다. 서쪽이다 보니 당연히 최적의 석양 포인트.

🚶 아마 비치에서 도보 20분  ¥ 무료  🅿 없음
📍 가미노하마 전망대

오솔길 따라 작은 전망대가 우뚝! ⋯⋯ ⑤

## 우나지노사치 전망대 女瀬の崎展望台 ◄)) 우나지노사치 텐보우다이

자마미 섬에서 가장 아름다운 풍광을 자랑하는 전망대로 양쪽에 해안 절벽을 끼고 그림 같은 자태를 뽐내고 있다. 도로를 따라 걷다 전망대 건물이 보이면 산책용 계단길이 연결된다. 길 자체가 무척 예뻐 크게 힘들다는 느낌은 들지 않는다. 이 계단 길부터 오른쪽으로 해안 절벽이 형성돼 있다. 전망대가 서향이니 당연히 끝내주는 석양 포인트. 전망대에서 바라보는 바다 풍경보다 차도에서 전망대와 바다를 동시에 바라보는 풍경이 더 예쁘다는 사람도 있다.

🚶 가미노하마 전망대에서 도보 10~15분  🅿 없음
📍 우나지노사치 전망대

고래 워칭이 가능한 전망대! ⋯⋯ ⑥

## 이나자키 전망대 稲崎展望台 ◄)) 이나자키 텐보우다이

전망은 별로지만, 매년 12~4월 사이에는 혹등고래를 관찰할 수 있는 유일한 전망 포인트다. 배를 타고 하는 투어에 비해, 조금 더 여유 있고 평화로운 분위기다. 배를 타고 바다로 나가 혹등고래에게 접근할 때마다 느끼는 '저들을 불편하게 하는 것은 아닐까?'라는 미안함도 없다. 물론 고래 출몰 시기에 이곳에 왔다고 늘 고래를 볼 수 있는 것은 아니다. 전망대 입구에는 고래 등장 위치와 시기를 안내하는 푯말이 꽤 충실하게 만들어져 있으니 참고할 것.

🚶 자마미 마을에서 렌터카나 오토바이로 10~15분  ¥ 무료
🏠 없음  📍 Inazaki Observation Deck

# 레스토랑 마루미야 レストラン まるみ屋

최적의 점심 스폿 중 하나. 섬 거주민이 오너 셰프인 가게다. ¥500~1300 사이의 끼니가 될 만한 단품 혹은 정식을 판매한다. 정식이래 봐야 메인 디시와 밥, 국, 그리고 초절임 두어 가지지만, 낙도라는 걸 감안하면 충분히 맛있다. 특히 이집의 회정식身定食은 두세 점씩 다섯 종류의 생선이 나오는데, 모두 현지산이라는 점에서 제철 현지 생선을 먹고 싶은 사람을 위한 메뉴라 해도 과언이 아니다. 전날 20:00 이전에 주문할 수 있는 오늘의 도시락日替わりお弁当도 해변 멀리 나가 하루 종일 놀고 싶은 사람에게는 좋은 추천 메뉴.

🏃 자마미 항에서 도보 10분
📞 (098)987-3166  🕐 11:00~14:30,
18:00~22:30(수요일 휴무)
¥ 1000~2000엔  🅿 없음
📍 레스토랑 마루미야

# 나나마루 ななまる

아침 장사를 하는 자마미 섬의 귀한 식당 중 하나. 주인장이 일본 본토 사람인데 그래서 그런지 오키나와 특유의 헐렁함이 없고 성실하게 운영한다. 아침 식사는 전날 예약이 필수. 예약 없으면 문 닫아 버린다. 아침밥 메뉴는 단 한 가지로 '오늘의 생선구이日替わり焼き魚定食' 정식뿐. 그마저도 전날 태풍이라도 와서 배가 못 뜨면 먹지 못한다. 점심~저녁 메뉴는 풍성하다. 거의 모든 계절 가능한 고등어구이 정식金華サバ塩焼은 한식인지 일식인지 구분이 안 되는 구성. 오늘의 생선회本日のお刺身도 추천 메뉴.

🏃 자마미 항에서 도보 7분  📞 (090)7796-1966
🕐 07:30~10:00, 18:00~22:00(월요일 휴무)
¥ 1000~1400엔  🅿 없음  📍 나나마루

## 와야마 모즈쿠 和山海雲

오키나와 소바의 냉모밀 버전! ⋯⋯ ③

점심 장사만 한다. 지역의 특산 해초인 모즈쿠를 가미한 녹색 면을 가쓰오부시 장국에 찍어 먹는 일종의 오키나와 풍 퓨전 냉모밀もずくそばを 판매한다. 밥도 싫고 뜨거운 요리도 싫다면 이 집이 섬에서 유일한 대안에 가깝다. 후루자마미 비치에서 마을로 들어오는 초입에 있어 수영복 차림의 손님이 많은 편. 주문할 때 히야冷(차가운 국물)인지 온溫(뜨거운 국물)인지를 정해야 하는데, 히야는 우리가 먹는 찍먹 냉소바, 온은 뜨거운 국물에 면이 담긴 일반적인 탕면이다. 별식으로 모즈쿠와 오징어 다리를 갈아 만든 소시지もずくどセーイカのヘルシーソーセージ가 맛있다. 참고로 와야마 모즈쿠에서는 가이드와 함께하는 끝내주는 포인트 스노클링도 진행 중이다.

🚶 자마미 항에서 도보 5분　📞 (098)987-2069
🕐 11:00~재료 소진(부정기 휴무)　¥ 1000엔　🅿 없음
🏠 wayamamozuku.jp　🔍 와야마 모즈쿠

## 도시락집 탄포포

케라마 제도 제일의 수제 도시락집 ⋯⋯ ④

ヘルシー食彩 たんぽぽ

🔊 헤루시쇼쿠사이 탄포포

그날그날 만든 도시락을 판매하는 가게다. 두 종류의 도시락이 매일 바뀐다. 전날 주문을 하는 게 좋지만, 다행히 여유분을 만들어 놓기 때문에, 낮 열두 시 전에 가면 도시락을 구입할 수 있는 날이 더 많다. 뭔 도시락을 이렇게까지 성의 있게 만드나 싶을 정도로 훌륭한 맛을 자랑한다. 구입한 도시락을 까먹기 가장 좋은 장소는 커뮤니케이션 센터 옆 벤치(구글 지도 좌표 26.22726, 127.30296) 혹은 자마미 항 매표소 바깥의 공용 공간이다.

🚶 항에서 도보 10분, 105 스토어 조금 못미처 있는 자마미손 사무소 옆
📞 (090)6890-5727　🕐 11:30~도시락 소진(부정기 휴무)　¥ 600엔　🅿 없음
🔍 도시락집 탄포포

섬에서 가장 왁자지껄한 이자카야 ····· ⑤

# 산타 三楽

현지인과 여행자들이 한데 모이는 섬 제일의 이자카야. 이 집의 매력은 매일 바뀌는 메뉴. 제철 식재를 적절히 사용해 최고의 요리를 만들어 내지만, 일본어가 약한 외국인 여행자에게는 조금 난도가 있다. 영어 메뉴판도 있지만 '오늘의 메뉴'까지는 번역하지 못했다(매일 바뀌니 할 수도 없고). 회는 모둠(모리아와세)이 아닌 단품 위주로 판다. 생선의 일본 이름을 알고 있다면 여긴 정말 최고일지도. 밥 메뉴로는 카이센동海鮮丼, 안주로는 생참치회本鮪刺身를 놓칠 수 없다. 가을 한정 전갱이 뱃살 회를 먹을 수 있는데, 가을에 여길 가는 사람이 있을지….

🚶 항에서 도보 7분, 다이버숍 Heart Land 맞은편에 있는 렌털숍 골목으로 들어가면 된다. 📞 (098)987-3592 🕐 18:00~23:00(목요일 휴무)
¥ 2500엔 🅿 없음 🔎 산타

섬 식재로 만든 이탈리안식 이자카야? ····· ⑥

# 라 투쿠 La toqee ラ・トゥーク

자마미 섬에서 가장 번듯한 레스토랑 겸 바. 현지의 식재를 이용한 다양한 해산물 요리와 몇 가지 이탈리안 요리를 선보이고 있다. 갓 잡은 자연산 식재에서 나오는 신선함과 이탈리아식 조리 기법의 만남이 절묘하다. 요리에 주력해서인지 밥집에 비해 가격은 좀 비싼 편이다. 고야를 곁들인 바지락찜アサリとゴーヤーのバター酒蒸し은 이탈리안과 오키나와 식재가 어우러진 보기 좋은 예. 그날의 어황에 따라 달라지는 섬 생선 모둠 회島魚のお刺身도 추천 메뉴다.

🚶 항에서 도보 5분, 1층에 다이버숍 Heart Land가 있고 식당은 2층
📞 (098)9870-3558
🕐 18:00~22:00(화요일 휴무)
¥ 2000엔 🅿 없음 🔎 라투쿠

외로운 먼 바다의 절해고도
# 아카 섬 阿嘉島

자마미 섬에서 배로 약 15분, 거리상으로는 3km쯤 떨어진
아카 섬阿嘉島은 절해고도인 케라마 제도에서도 낙도 중의 낙도,
섬 중의 섬으로 불리는 곳이다. 면적은 3.82㎢로 자마미 섬의
딱 절반 크기, 인구는 340명에 불과하다. 아카 섬에서는
섬 바로 옆에 있는 케루마 섬慶留間島이라는 유인도와
후카지 섬外地島이라는 무인도가 다리로 연결된다. 케루마 섬만
해도 인구라 봐야 20명 내외이니, 그저 말이 유인도일 뿐
무인도에 가깝다. 여기까지 온다면, 정말 인적이 드문 곳을
사랑하거나 시간이 많은 사람일 가능성이 크다.
한적한 평화를 즐길 수 있기를! 참고로 아카 섬과 주변의
작은 섬은 모두 행정구역상 자마미손座間味村에 속한다.

## 아카 섬으로 가는 방법

나하의 토마린 항에서 자마미 섬으로 가는 모든 페리와 고속선은 아카 섬을 경유한다. (자마미 섬 돌아다니기 참고 P.267) 자마미 섬에서 출발한다면, 두 섬을 경유하는 서비스인 미츠시마みつしま호가 자마미 섬과 아카 섬을 매일 6번 왕복한다. 사전 예약이 있을 경우 도카시키 섬도 하루 2회 운행한다.

예약은 토마린 항에서는 불가능하고, 자마미 항, 아카 항, 그리고 도카시키 섬의 경우는 아하렌 항이다. 배가 작아 약간의 풍랑만 있어도 운항이 중단되며, 시간표도 공식 시간표와 달리 들쑥날쑥이라 현지 확인이 필요하다.

**마츠시마** 📞 (098)987-2614 ✖ 자마미 섬→아카 섬 300엔(어린이 150엔),
자마미 섬→도카시키 섬 700엔+100엔(환경부담금)

마츠시마 운행 시간표

| 자마미 출발 | 아카 도착 / 출발 | 도카시키 도착 / 출발 | 아카 도착 / 출발 | 토마린 도착 |
|---|---|---|---|---|
| 07:45 | 08:00 | – | – | 08:15 |
| 08:30 | 08:45 | 09:05 | 09:25 | 09:40 |
| 11:45 | 12:00 | – | 12:15 | 12:30 |
| 14:30 | 14:45 | – | – | 15:00 |
| 15:30 | 15:45 | 16:05 | 16:25 | 16:40 |
| 17:30 | 17:45 | – | – | 18:00 |

## 아카 섬 돌아다니기

공공 버스는 없다. 렌터카도 없다. 자전거와 오토바이 렌트가 가능하고, 숙소의 경우 예약하면 배 도착 시간에 맞춰 항구로 마중을 나온다. 일반적으로 자전거를 빌리는데, 아카 섬 내에서 왔다갔다 하는 데는 문제 없으나 연륙교로 이어진 게루마 섬까지 넘어가는 길은 언덕이 있어 조금 힘들다.

# 아카 섬
## 상세 지도

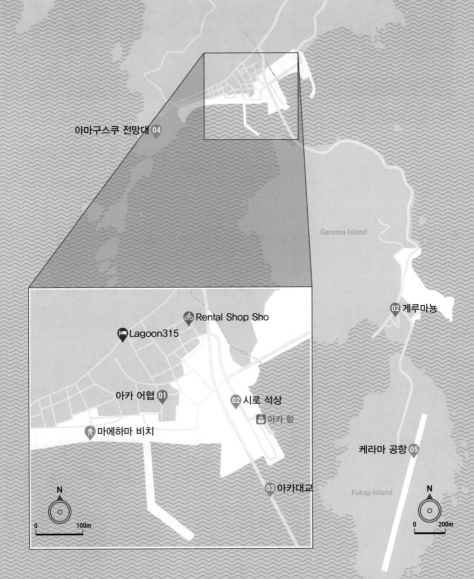

01 니시바마 비치

아마구스쿠 전망대 04

Geruma Island

02 게루마농

Rental Shop Sho

Lagoon315

아카 어협 01

02 시로 석상

아카 항

마에하마 비치

케라마 공항 05

03 아카대교

Fukaji Island

N

0        100m

N

0        200m

# 니시바마 비치 ニシ浜ビーチ

아카 섬의 자랑. 한때 산호초의 바다라는 별칭으로 불릴 정도로 해변에서 멀지 않은 곳부터 얕은 산호 밭이 이어진다. 물의 투명도는 40m. 이쯤 되면 세계적으로도 톱클래스. 특히 섬사람들의 해안 보호 노력이 인상적인데, 여행자들이 몰리면서 산호 밭이 황폐해지자 비치를 2년이나 폐쇄해 버렸다. 그 동안 다시 산호가 복원되긴 했으나 전성기 때만은 못하다는 평. 어딜가나 사람이 문제다. 케라마 제도의 바다가 그렇듯, 이곳도 물이 깊은 편이다. 스노클링 경험이 많지 않다면 더욱 주의가 필요하다. 여름철 성수기에만 안전 요원이 상주한다.

🚶 아카 항에서 자전거로 15분 또는 도보로 20분
🕐 오픈(수영 기간 4월~10월) ¥ 무료 🅿 무료 🔎 니시바마 비치

# 시로 석상 しろの像 🔊 시로노조우

자마미 섬의 비치에서 언급한, 패기 넘치는 수컷 강아지 동상. 매일 왕복 6km를 헤엄쳐 애정 공세를 펼친 주인공이다. 아카 항 정면에 있으며, 현지인과 여행자들 사이에서 명물로 꼽힌다.

🚶 아카 항 대합실 앞 ¥ 없음 🅿 있음 🔎 시로 석상

다리 아래에서 수중생물을
관찰할 수 있는 ⋯⋯ ③

## 아카대교 阿嘉大橋 🔊 아카오오하시

아카 섬과 케루마 섬을 연결하는 다리. 다리를 설계한
디자이너는 무엇보다 다리가 아름다운 주변 풍경을 해
치지 않게 하기 위해 애를 썼다고 한다. 아카 섬과 케루
마 섬을 잇는 해협은 물이 투명하기로 유명한데, 다리
난간에 올라 바다를 내려다보면 가오리나 거북이처럼
다이빙이나 해야 만날 수 있는 수중생물들의 우아한
유영을 심심찮게 관찰할 수 있다.

🚶 아카 항 앞에서 바로 보이는 다리 ¥ 없음 🅿 없음
🔍 아카대교

한없이 펼쳐진 바다와 섬의 향연 ⋯⋯ ④

## 아마구스쿠 전망대

天城展望台 🔊 아마구스쿠텐보우다이

아카 섬 남쪽의 작은 섬 시마시루 섬砂白島과 아카대교
의 그림 같은 풍경을 감상할 수 있는 곳이다. 만약 오토
바이를 빌리지 않고 걷거나 자전거를 이용해 방문한다
면 오르막 경사가 상당해 꽤 성가신 이동을 해야 한다.
낮에도 사람이 많은 편이 아니라 조용히 풍경을 감상
할 시간이 필요한 사람에게 제격이다.

🚶 아카 항에서 도보 20분 ¥ 없음 🅿 없음
🔍 아마구스쿠 전망대

낙도에 뚝 떨어진 작은 공항 ⋯⋯ ⑤

## 케라마 공항 慶良間空港 🔊 케라마쿠우코우

무인도에 있는 작은 공항. 1983년에는 나하-케라마간
비행편이 연결되기도 했지만, 지금은 모두 철수. 섬 내
에 응급환자가 발생할 때나 사용하는 비상용 공항으
로 사용될 뿐이다. 드물게 부정기편이 운행되긴 하지만
가뭄에 콩 나는 수준. 아무도 없는 공항에 슬쩍 들어갈
수 있고 화장실도 사용할 수 있다. 오토바이를 빌렸다
면 섬 일주 삼아 잠시 스치며 '어? 진짜 공항이 있네!'
정도의 혼잣말로 족한 곳이다.

🚶 아카 항에서 도보 20분 ¥ 없음 🅿 없음
🔍 케라마 공항

##### 갓 만든 튀김이 일품인 ⸻ ①
# 아카 어협 阿嘉魚協 🔊 아카교쿄우

아카 섬 어협에서 운영하는 작은 매점. 전날 예약하면 도시락을 먹을 수 있고 아카 섬에서 나는 각종 생선으로 만든 튀김은 오픈 시간에 맞춰 판매한다. 성수기에는 섬에서 잡히는 갑오징어 등으로 만든 덮밥을 먹을 수 있는데, 워낙 영업이 들쑥날쑥해 반드시 먹을 수 있다는 보장은 없다.

🏃 아카 항에서 도보 4분　📞 없음
🕐 12:15~16:00(부정기 휴무)　¥ 700엔
🅿 없음　🔍 아카 어협

##### 섬이라고 믿어지지 않는 파인 다이닝 ⸻ ②
# 게루마뇽 慶留間

100% 완전 예약제를 고수하는 이탈리안 레스토랑으로 게루마 섬 안쪽에 있다. 모든 야채는 주인장의 텃밭에서 자가 재배, 생선은 모두 그날 나간 배가 잡아온 것만을 사용한다. 모든 요리는 코스식으로 제공되는데, 이런 낙도에 이런 레스토랑이 있다는 게 너무 비현실적이라 먹으면서 웃음만 나온다. 기회가 된다면 예약 후 식사를 즐겨보자. 참고로 웹페이지를 통해 예약이 가능하다. 노쇼 금지!

🏃 아카 항에서 도보 3분　📞 없음
🕐 런치 12:00~15:00, 예약제 디너 19:00~ (부정기 휴무)　¥ 2000~5200엔　🅿 있음
🏠 gerumagnon.wixsite.com/ gerumagnon　🔍 트라토리아 바 게루마

일본의 작은 몰디브

# 미야코 제도
## 宮古諸島

인천에서 비행기로 2시간 25분, 나하에서는 비행기로 약 50분 거리. 에메랄드빛 바다와 고운 산호 모래 해변이 펼쳐진 일본의 대표적인 섬 여행지다. 미야코 섬宮古島을 중심으로 이라부 섬伊良部島, 이케마 섬池間島 등 8개의 주요 섬들로 이루어져 있으며, 다리로 연결된 섬들이 많아 이동이 편리하다. 맑은 물과 산호초로 둘러싸여 있어 다이빙과 스노클링 포인트로 유명하다. 오죽하면 일본의 몰디브라는 별명이 붙어 있을까. 이제 막 개발이 시작된 섬. 사람들의 때가 묻기 전에 재빨리 방문해보자.

📷 **한눈에 보는 케라마 제도 여행**

#미야코섬 #이라부섬 #다이빙 #스노클링 #미야코블루
#산호초 #마에하마비치 #이케마대교 #해양스포츠
#힐링여행 #몰디브 #모히또

## 미야코 제도로
## 가는 방법

진에어가 미야코 제도로 가는 직항편을 운항하면서 빠르게 한국인 여행자들이 늘고 있다. 만약 오키나와 본섬에서 가고자 한다면 나하공항에서 수시로 운행하는 국내선을 탑승하면 된다. 인천에서 미야코 제도로 가는 직항편은 약 2시간 25분 걸리고, 나하에서는 한 시간이면 충분하다.

참고로 미야코 제도에는 작은 크기에도 불구하고 공항이 두 개나 있다. 더 큰 공항은 미야코 섬에 있는 미야코공항인데 일본 국내선이 주로 출항한다. 또 다른 공항은 시모지 섬에 있는 시모지시마공항이다. 한국에서 미야코 제도로 가는 항공편은 시모지시마공항으로 들어간다. 공항이 두 개라 종종 헷갈리곤 하니 주의하자.

**시모지시마공항** 📞 (0980)78-6606 🏠 shimojishima.jp 🔍 시모지시마 공항
**미야코공항** 📞 (0980)72-1212 🏠 miyakoap.co.jp 🔍 미야코 공항

## 공항에서 시내로

오키나와 본섬도 대중교통이 취약하기로 유명하지만 미야코 섬은 상황이 더 심각하다. 버스가 있긴 하지만, 정류장이 한정적이고 운행 편수도 많지 않다. 렌터카를 예약하지 않았다면 택시를 타는 게 편하다.

### 버스

중앙교통주식회사中央交通株式会社의 미야코시모지시마 에어포트라이너みやこ下地島エアポートライナー와 미야코 협영버스宮古協栄バス에서 운행하는 미야코시모지시마 공항 리조트선みやこ下地島空港リゾート線, 두 개의 버스가 비행기 도착 시간에 맞춰 운행 중인데, 여행자에게는 에어포트라이너가 훨씬 유리하다.

에어포트 라이너 정류장

- **주요 정류장 및 요금**
  시모지시마공항 → 힐튼 오키나와(600엔) → 히라라 항(600엔) → 공설시장 앞(600엔) → 미야
  코공항(800엔) → 미야코지마 도큐호텔·마에하마 비치(1000엔) → 시기리아 세븐 마일즈 리조트
  (1200엔)
- **시모지시마공항 출발 시각** 11:40(월·수·금·토), 13:35, 15:05, 16:55
- **티켓 구입** 국제선 도착 출구를 따라 가다보면 도로가 나오는 지점(렌터카 회사 직원들이 대기하는
  곳)에 판매소가 있다.
- **주의사항** 승차는 시모지시마공항에서만 가능. 종점까지 소요시간은 약 1시간 14분

## 택시

공항 밖으로 나가면 곧바로 택시 정류장이 있다. 시내
인 히라라平良까지는 약 16km, 4500엔 정도 생각하면
된다.

## 렌터카

만약 렌터카를 예약하고, 시모지시마공항으로 마중
을 나오게 했다면, 국제선 입국 홀을 나와 직진하면 렌
터카 회사 직원들을 만날 수 있다. 많은 렌터카 회사
들이 시모지시마공항이 아닌 미야코공항 주변에 있
기 때문에 렌터카 회사에서 제공하는 합승차량을 타
고 40분은 나가야 차를 인계 받을 수 있다. 차를 반납
할 때도 일단 렌터카 회사에 반납하면 공항까지 합승
차량을 태워 배웅해준다. 아무래도 차 반납하고, 공항
까지 가는 시간이 꽤 걸리기 때문에 차를 렌트할 때 몇
시까지 반납해야 안전하게 공항까지 갈 수 있는지 문
의해야 한다.

마지막으로 위와 같은 애로사항 때문에 몇몇 렌터카
회사는 시모지시마공항 주변에도 차량 인도 시설을
만들어놓기도 했다. 시간을 알차게 사용하고 싶다면
약간의 비용이 더 들더라도 공항에서 차량 인수/반납
이 가능한 회사를 선택하는 게 현명할 수 있다.

### 시모지시마공항 분점이 있는 렌터카 업체

| 업체명 | 예약방법 | 웹페이지 | 차량 종류 |
|---|---|---|---|
| OTS 렌터카<br>OTS レンタカー | 웹페이지 | www.otsrentacar.ne.jp | 경차~오픈카 |
| 미야쿠티브 렌터카<br>ミヤクティブレンタカー 下地島空港店 | 웹페이지, 전화 | miyactiv-rentacar.com | 경차~미니밴 |
| 에모비 미야코지바<br>Emobi Miyakojima | 웹페이지 | www.emobi.co.jp | 삼륜차(툭툭) |
| 도요타 렌털리스<br>トヨタレンタリース | 웹페이지 | rent.toyota.co.jp | 경차~오픈카 |
| 패시오 렌터카<br>Passio Rent-A-Car | 전화, 이메일,<br>카카오톡(예정) | passio-rentacar.com | 경차~오픈카 |
| 해븐 렌터카<br>Heaven Rent-A-Car | 웹페이지 | heavens-rentacar.com | 오픈카 전문 |

## 미야코 제도
## 돌아다니기

미야코 섬은 대중교통이 열악하다. 자유로운 일정을 소화하기 위해선 렌터카·렌터바이크를 이용하는 것이 좋다. 시내버스는 소개의 개념이다. 특히 1~2일 일정이라면 대중교통을 이용할 경우 길에서 버리는 시간이 더 많아 결코 추천하고 싶지 않다.

### 시내버스

주요 호텔과 관광지를 순회하는 루프 버스루프버스가 생겼다. 총 17개 노선을 순회하는데 코스 자체는 상당히 훌륭해 운행 편수만 늘면 버스 여행이 가능할 것 같다. 문제는 하루 3회 운행이다 보니 일정을 잘 짜야하고 아무리 잘 짜도 3군데 이상은 보기 어렵다는 게 흠이다. 하지만 면허증 없는 여행자에게는 버스만 잘만 활용하면 여행이 '완전 불가능'에서 '불편하지만 가능'으로 바뀌었다.

🏠 miyakoislandbus.com

• **코스** 노선은 셋이다. 파란색 A노선은 앞서 말한 섬을 일주하는 순회 버스고, 노란색 B노선은 크루즈 터미널과 이온몰을 거쳐 미야코공항으로 가는 노선, 핑크색인 C노선은 크루즈 터미널에서 돈키호테를 거쳐 미야코공항까지 가는 노선, 즉 B, C는 미야코공항 시내 연계선의 성격을 띠고 있다. 보통 한국인 여행자라면 미야코공항을 갈일이 없을 테니 A노선만 숙지하면 된다.

| 정류장 이름 | 정류장 도착시간(상행) | 정류장 도착시간(하행) | 정류장 위치 구글지도 검색명 |
|---|---|---|---|
| ① 공설시장 앞 公設市場前 | 08:40 | 18:30 | 공설시장앞 버스정류장 |
| ② 마티다 시민극장 앞 マティダ市民劇場前 | 08:41 | 18:29 | 마티다 시민극장앞 버스정류장 |
| ③ 파이나가마 비치 パイナガマビーチ | 08:42 | 18:28 | 파이나가마 비치 버스정류장 |
| ④ 이온타운 남점 イオンタウン南店 | 08:45 | 18:25 | 이온타운 남점앞 버스정류장 |
| ⑤ 미야코공항 宮古空港 | 08:54, 13:00, 16:40 | 12:50, 16:30, 18:16 | 미야코 공항 버스정류장 |
| ⑥ 산에 미야코지마시티 サンエー宮古島シティ | 08:56, 13:02, 16:42 | 12:48, 16:28. 18:14 | 24.77614, 125.29912 |
| ⑦ 미야코지마 도큐호텔&리조트 宮古島東急ホテル&リゾーツ | 09:11, 13:17, 16:57 | 12:33, 16:13, 17:59 | 미야코지마 도큐호텔 버스정류장 |
| ⑧ 마에하마 비치 앞 前浜ビーチ・まいぱり熱帯果樹園前 | 09:13, 13:19, 16:59 | 12:31, 16:11, 17:57 | 마에하마 비치 버스정류장 |
| ⑨ 시우드 호텔 シーウッドホテル | 09:22, 13:28, 17:08 | 12:22, 16:02, 17:48 | 시우드 호텔 버스정류장 |
| ⑩ 호텔 브리즈 베이 마리나 ホテルブリーズベイマリーナ | 09:39, 13:45, 17:25 | 12:05, 15:45, 17:31 | 호텔 브리즈 베이 마리나 버스정류장 |
| ⑪ 핫 크로스 포인트 산타 모니카 ホットクロスポイントサンタモニカ | 09:40, 14:46, 17:26 | 12:04, 15:44, 17:30 | 24.72023, 125.33251 |
| ⑫ 이무갸 마린가든 インギャーマリンガーデン | 09:46, 13:52, 17:32 | 11:58, 15:38 | 이무갸 마린가든 버스정류장 |
| ⑬ 시로베 소학교 앞 城辺小前 | 09:56, 14:02 | 11:48, 15:28 | 시로베 소학교 앞 버스정류장 |
| ⑭ 아라구스쿠 해안 新城海岸 | 10:03, 14:09 | 11:41, 15:21 | 아라구스쿠 해안 버스정류장 |
| ⑮ 요시노 해안 吉野海岸 | 10:06, 14:12 | 11:38, 15:18 | 요시노 해안 버스정류장 |
| ⑯ 오션스 리조트 オーシャンズリゾート | 10:08, 14:14 | 11:36, 15:16 | 오션스 리조트 버스정류장 |
| ⑰ 히가시헨나자키 東平安名崎 | 10:14, 14:20 | 11:30, 15:10 | 히가시헨나자키 버스정류장 |

· **요금** 요금이 무척 저렴하게 책정되어 있다. 요금은 1회 승차권과 1일 승차권으로 나뉜다. 여행자가 이 버스를 이용하는 이유는 수시로 타고 내리기 위함이니 1일 승차권을 구매하는 게 전반적으로 유리하다.

| 운임 | 어른 | 어린이(3세~초등학생) | 유아 |
|---|---|---|---|
| 1회 이용권(A구간 시외 요금) | 500엔(800엔) | 250엔(400엔) | 무료 |
| 1일 이용권 | 1500엔 | 750엔 | 무료 |

### 택시

주요 관광 명소만 연결하는 일종의 대절택시 서비스가 성업 중이다. 요금은 시간별로 책정되는데, 3시간에 소형기준 13,200엔, 4시간에 17,600엔 정도. 연장은 1시간에 4,400엔으로 책정되어 있다. 해당 시간동안 내가 원하는 곳을 갈 수 있는 시스템이라 빠르게 많은 곳을 보고 싶은 사람들에게 적당하다. 택시는 4명까지 탑승 가능한데, 소형차는 불편하다. 3명 정원이라고 생각하자. 머무는 호텔이나 숙소마다 이런 대절 택시 플랜을 안내하는 전단지가 비치되어 있다. 일본어를 못한다면 호텔 측에 관련 상품을 손가락으로 콕 집으면서 불러달라고 하면 된다. 미터 요금으로 갈만한 곳은 공항에서 숙소까지 정도. 그 이상은 정말 부담되는 가격이다.

¥ 1167m까지 470엔, 이후 336m마다 60엔씩 가산.

### 렌터카

렌터카 이용 방법은 P.000을 참고하자.

### 렌터바이크

바이크 여행도 가능하다. 50cc 이하의 1인용 바이크가 대부분이며, 110cc 이상 두 명이 탈 수 있는 바이크는 언제나 수요가 달리는 느낌이다. 오키나와 본섬에 비해 낡은 바이크가 많지만, 관리의 왕국 일본답게 닦고 조이고 기름칠한 느낌이 확연하다.

**미야코 섬의 렌터바이크 업체**

| 업체명 | 예약 방법 | 웹페이지 | 구글지도 검색어 | 렌탈 기종 |
|---|---|---|---|---|
| 도이하마 모터스<br>富浜モータース | 전화 (0980)723031 | www.miyacojima.com/<br>tomihama.htm | 도이하마 모터스 | 50cc~90cc,<br>자전거, 산악자전거 |
| B.SHOP | 전화 (0980)739311 | bshopmiyako.web.fc2.com/ | B.SHOP 렌탈 바이크 | 50cc~125cc |
| 사웨스트 미야코지마<br>サーウエスト宮古島 | 전화 (0980)722204 | www.swest.jp/ | 렌탈 바이크 사웨스트<br>미야코지마 | 50cc~250cc |

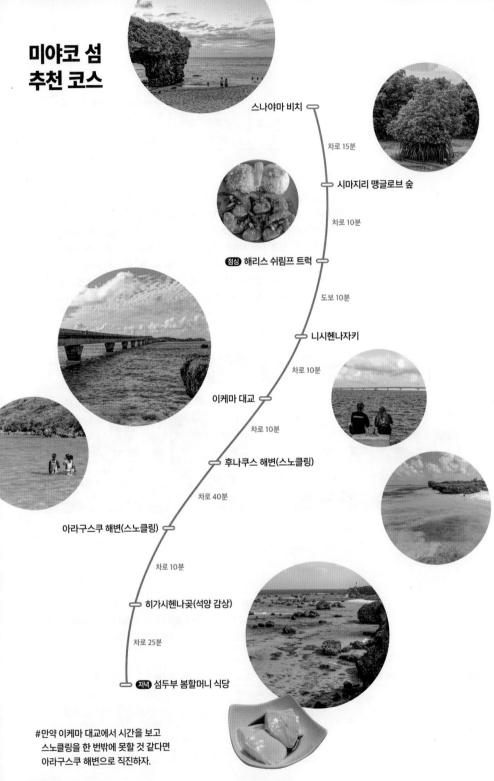

# 미야코 섬
# 추천 코스

스나야마 비치

차로 15분

시마지리 맹글로브 숲

차로 10분

**점심** 해리스 쉬림프 트럭

도보 10분

니시헨나자키

차로 10분

이케마 대교

차로 10분

후나쿠스 해변(스노클링)

차로 40분

아라구스쿠 해변(스노클링)

차로 10분

히가시헨나곶(석양 감상)

차로 25분

**저녁** 섬두부 봄할머니 식당

#만약 이케마 대교에서 시간을 보고
스노클링을 한 번밖에 못할 것 같다면
아라구스쿠 해변으로 직진하자.

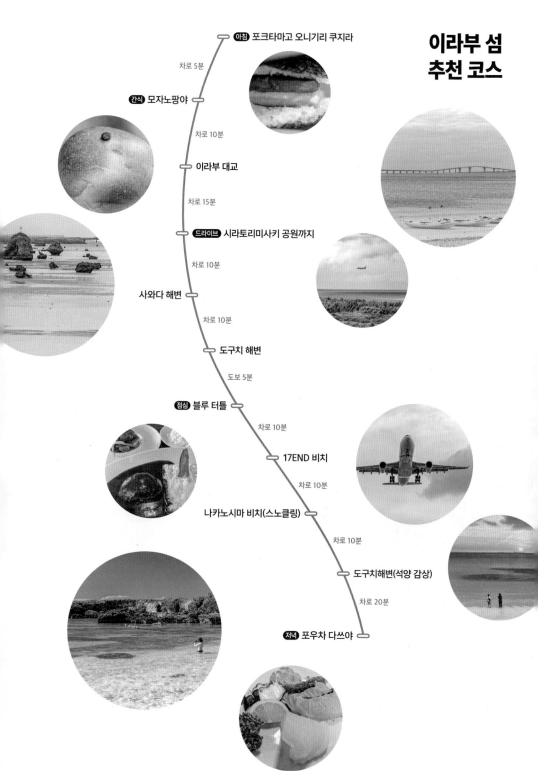

# 이라부 섬
## 추천 코스

**아침** 포크타마고 오니기리 쿠지라

차로 5분

**간식** 모자노팡야

차로 10분

이라부 대교

차로 15분

**드라이브** 시라토리미사키 공원까지

차로 10분

사와다 해변

차로 10분

도구치 해변

도보 5분

**점심** 블루 터틀

차로 10분

17END 비치

차로 10분

나카노시마 비치(스노클링)

차로 10분

도구치해변(석양 감상)

차로 20분

**저녁** 포우차 다쓰야

미야코 제도 여행의 중심

# 미야코 섬·이케마 섬·쿠리마 섬

## 宮古島·池間島·来間島

푸른빛이 넘실거리는 미야코 블루의 바다, 미야코 섬宮古島을 중심으로
연륙교로 연결되는 보석 같은 작은 섬. 짙푸른 산호초 바다에서
스노클링과 다이빙을 즐기고, 이케마 섬池間島의 한적한 해변에서
시간을 잊은 채 휴식을 취해보자. 자그마한 쿠리마 섬来間島에선
인생샷을 남길 수 있는 절경의 다리가 기다리고 있다.
자동차로 쉽게 이동하며 섬마다 다른 매력을 탐험하고, 지역 특산물인
미야코 소바와 남국 과일을 맛보는 것도 놓칠 수 없는 즐거움이다.
맑은 날엔 일본에서 가장 투명한 바다를 품은 요나하 마에하마
해변에서 SUP와 카약을 타며 환상적인 일몰을 감상하고
밤이 되면 별이 쏟아지는 밤하늘 아래에서 지금까지 걸어온 여행과
앞으로 남은 여정의 항해도를 그려보자.

# 미야코 섬·이케마 섬·쿠리마 섬
# 상세 지도

02 모자노팡야

21 시켄바루

포크 엔 피시 다이닝 홀라 23
포크타마고 오니기리 쿠지라 01
09 엘 코말
19 포우차 다쓰야

멘야 정글반점 08
리코 젤라또 05
완 22
키하치 20
06 수타소바 가마다
안도미야코 07

블루실 카페 미야코지마 파이나가마 04

멘야사마 타이요 11
78

카마마미네 공원 🚶
03 닝긴커피
10 다구스 버거

192

06 후나쿠스 해변
이케마 섬 25 오하마 테라스

12 고자소바야

10 이케마 대교
니시헨나자키 08
17 해리스 쉬림프 트럭
09 유키시오 뮤지엄
16 스무바리

390

시마지리 맹글로브 숲 14

N
0  300m

미야코공항 ✈

02 스나야마 비치
83

◀✈시모지시마공항

이라부 대교
18
252

83

24 섬두부 봄할머니 식당

190 미야코 섬
78
17 아리랑 비
04 아라구스쿠 해변

200

198

14 샷
246
13 마루요시 식당
16 타라가와 양조장
390 199

01 요나하 마에하바 비치
197
오후쿠로테이 18
15 타완
83

나가마하마
07
15 쿠리마 대교
11 무이가 절벽
03 보라가 비치

우에노 독일 문화촌 13
쿠리마 섬

히가시헨나곶 19

시기라 비치 05
12 이무갸 마린가든

N
0  3km

**미야코 섬에서**
**가장 큰 해변** ······ ①

## 요나하 마에하마 비치

与那覇前浜ビーチ

무려 7km에 달하는 순백의 백사장이 펼쳐진 미야코 섬에서 가장 큰 해변. 어느 지점을 선택해도 만족스러운 풍경을 제공하는데, 특히 편의시설과 해양 스포츠를 원한다면 쿠리마 대교 방향 동쪽 해변이 더 적합하다. 비수기에도 사람들이 찾는 드문 해변 중 하나로, 넓은 백사장 덕분에 인파가 몰려도 여유를 느낄 수 있다. 눈부신 백사장과 '미야코 블루'라 불리는 푸른 바다, 그리고 바다 건너 펼쳐진 이라부 섬과 대교의 풍경은 이 해변이 미야코 섬 최고의 명소로 불리는 이유를 잘 보여준다. 대중적인 해변이라 바나나 보트, 패러세일링 같은 수상 액티비티 프로그램도 풍부하지만, 스노클링에 적합한 해변은 아니다.

해변 옆 식당에서는 아보카도가 든 타코라이스 같은 간단한 요리를 맛볼 수 있으며, 저녁에는 식당 옥상에서 바비큐 파티를 즐기며 평온한 풍경을 만끽할 수 있다.

🚶 시내에서 차로 10~15분, 루프 버스 A선 마에하마 비치 앞 前浜ビーチ・まいぱり熱帶果橋園前앞 하차 🕐 연중 가능(해수욕 4~10월) ¥ 없음 🅿 무료
🏠 www.okinawastory.jp/spot/1089 🔎 마에하마 비치

작지만 그림 같은 해변 ⋯⋯ ②

# 스나야마 비치 砂山ビーチ

미야코 섬에서 가장 아름다운 비치 중 하나. 주차장에 차를 세우고 자그마한 모래 언덕을 오르면 아래로 그림 같은 풍경이 펼쳐진다. 코끼리, 혹은 다리를 연상케 하는 자그마한 바위산과 앙증맞은 해변. 특히 이곳의 산호모래는 매우 고와서 맨발로 걸으면 보드랍게 발을 감싸주는, 따스한 기분을 느낄 수 있다. 하지만, 해변치고는 파도가 센 편인 데다, 상어가 출몰했던 전력이 있어서 수영보다는 일광욕, 일몰 감상용 비치에 가깝다. 파도가 센 편이라 스노클링에도 적당치는 않다. 주차장 주변의 몇몇 편의시설을 제외하고는 미개발 상태라 언제가도 한적하다. 잠시 머물며 풍경 감상을 하기에 적당한 곳이다.

🚶 히라라에서 차로 15~20분  🕐 오픈  ¥ 없음  🅿 무료
🔍 스나야마 비치

# 보라가 비치 保良川 ビーチ

일명 파라다이스 비치. 바위 절벽 사이에 은둔해 있는 그림 같은 곳이다. 산호모래 해변으로 수심도 얕고 수질도 손꼽힌다. 해변 자체는 그리 넓은 편이 아니지만 은둔지 같은 느낌이 있다. 지역 주민들이 만든 유한회사가 운영하는 곳으로 다양한 편의시설을 갖추고 있다.

별도의 실내 풀과 워터슬라이드도 있고, 매점에서 파는 음식도 다양하다. 카약과 같은 간단한 액티비티 프로그램은 물론 자체 스노클링 투어도 개최한다. 여기저기 다니지 않고 한 곳에 머물고 싶은 사람에게는 적당한 곳이다.

아라구스쿠 해변에 비해서는 못하지만 여기서도 바다거북을 관찰할 수 있으니 스노클링 마니아라면 참고하자. 주차장에 차를 세우고 꽤 걸어야 한다는 게 유일한 흠이다.

🚶 히라라에서 차로 30분 🕐 08:00~17:00 ¥ 무료(수영장 500엔 사물함 100엔, 파라솔 &의자세트 2500엔, 스노클링 세트 1800엔) 🏠 www.uminooto.com 🔍 보라가 비치

거북이 파라다이스
+최고의 핫플 ······ ④

## 아라구스쿠 해변 新城海岸

미야코 섬 동쪽에 있는 커다란 해변. 해변의 길이만 800m에 이를 정도로 광활하다. 미야코 섬에 있는 유일한 별모래 해변이자 해변 스노클링으로 거북이를 관찰 할 수 있어 요즘은 처음부터 이쪽으로만 가는 여행자들도 많다. 바다를 마주보고 해변 오른쪽 끝 부분이 가장 명당자리. 모래는 이케마 섬의 후나쿠스 해변보다는 질이 약간 떨어진다. 해변에는 파도에 떠밀려온 산호 조각들이 무지를 이루고 있어, 밟으면 마치 도자기가 부딪치는 듯한 청량한 소리를 들을 수 있는데, 이게 예술이다. 여행자들이 많이 찾다보니 해변의 이런저런 편의시설과 설비들도 점점 좋아지고 있다.

스노클링 장비는 해변 입구의 여러 매장에서 빌릴 수 있고, 초보자를 위한 스노클링 투어도 실시하고 있다. 다만, 조수간만의 차가 심한 편이라 스노클링은 무조건 만조 전후 2시간이 제일 좋다. 참고로 주차장이 두 개. 유료주차장과 무료주차장이 있다. 무료 주차장이 꽉 차면 유료 주차장을 이용해야 하는데, 오후쯤 가면 무료주차장은 늘 꽉 차 있기 일쑤다.

🚶 히라라에서 차로 30분, 루프 버스 A선 아라구스쿠 해안新城海岸 하차 🕐 오픈
¥ 없음 🅿 1000엔 🔎 아라구스쿠 해안

# 시기라 비치 シギラビーチ

시기라 세븐 마일즈 리조트에서 운영하는 호텔 해변. 호텔 내 실내풀은 투숙객만 이용 가능하지만, 해변은 외부인에게도 공개된다. 입장료는 없지만, 꽤 비싼 주차료(시간제가 아니다.)를 내야 한다. 해변은 생각보자 작은데, 활처럼 굽은 만 형태라 아늑하고 파도도 잔잔하다. 해변에서 왼쪽, 산호초 사이로 난 길을 따라가면 스노클링 포인트가 나온다. 호텔 혹은 외부 스노클링 업체가 주로 사용하는 곳이긴 하지만 외부인이 사용해도 무방하다. 물론 이럴 경우 단체에 묻어가는 듯한 태도를 보이면 안 된다.

물 밖으로 나가자마자 수생 생물들을 만날 수 있다. 여기까지 가지 않고 해변에서도 스노클링이 가능하다. 해변에서 바다를 보면 유독 사람들이 몰리는 곳이 있는데, 거기가 바로 포인트라고 보면 된다. 수많은 렌탈 서비스와 바나나 보트를 비롯한 다양한 수상 액티비티를 즐길 수 있으니 내부 비치 하우스에 문의해보자.

🚶 히라라에서 차로 20분, 시모지 공항에서 에어포트 라이너를 타고 시기라 세븐 마일즈 리조트 하차 🕐 4~10월 ¥ 없음 🅿 있음(1,000엔) 🏠 shigira.com 🔎 시기라 비치

쉿! 알려지지 않게 조심조심 가봐요 ⑥

# 후나쿠스 해변 フナクスの浜

여행객들에게는 거의 알려지지 않은 해변 중 하나. 편의시설이라고는 주차장과 관리가 거의 안 되는 화장실만 있을 뿐이다. 게다가 해변으로 이어지는 길은 자그마한 안내판을 눈여겨보지 않으면 그냥 지나치기 딱 좋을 정도. 하지만, 미야코 섬에서 불편하단 말은 천혜의 자연이란 말과 동의어. 해변 자체는 정말 훌륭하다. 순백에 가까운 산호모래는 밟는 순간 스펀지가 발을 빨아들이는 듯한 포근함을 느끼게 해준다.

3개의 손바닥만 한 해변은 산호초로 나눠져 있어 산호초를 올라 옆 해변으로 이동할 수 있다. 산호초가 무척 날카로우니 주의하자. 넘어지면 피범벅이다. 스노클링 환경도 좋다. 특히 산호초와 물이 만나는 지점에 작은 물고기들이 몰려 있는데, 역시나 물에 휩쓸리면 찰나상. 최소한 래시 가드 정도는 장착하자. 안전관리요원이 없는 천연 해변이다. 수영이든 스노클링이든 2인 1조를 엄수하자.

🚶 히라라에서 차로 35분  🕐 오픈  ¥ 없음  Ⓟ 무료  🏠 없음  🔍 후나쿠스 해변

꼭꼭 숨어 있는 석양 포인트 ⑦

# 나가마하마 長間浜

미야코 섬 남쪽, 쿠리마 대교로 연결되는 쿠리마 섬来間島
은 전체 면적이 2.84㎢에 불과한 작은 섬이다. 섬을 가로
질러 북서쪽 끝으로 가면, 약 600m의 새하얀 백사장이
있는 나가마하마長間浜를 만날 수 있다. 화장실 같은 기초
적인 편의시설도 없는 자연 그대로의 백사장이지만, 이곳
이 유명한 이유는 그림 같은 선셋을 볼 수 있기 때문이다.
한편, 나가마하마에서 조금 내려가면 무스눈 비치ムスヌン
浜라는 작은 해변이 나오는데, 이곳 또한 히든 플레이스.
역시 선셋 포인트로 활용하면 딱이다. 마지막으로 쿠리마
대교를 건너 왼쪽의 작은 길로 들어서면 다코 공원이라는
작은 공원이 나오는데, 여기에 있는 초거대 문어 석상은
남들 모르는 은밀한 장소를 찾는 이들에게 인기 있는 스
폿이니 여기도 잊지 말자.

🚶 히라라에서 차로 20분 🕐 오픈 ¥ 없음 🅿 적당히 갓길에
대야 한다. 🏠 없음 🔎 나가마하마, 무스눈 비치

일출과 일몰 감상이 모두 가능한 미야코 섬의 북쪽 끝 ⑧

# 니시헨나자키 酉平安名崎

미야코 섬의 북쪽 끝에 있는 곳. 해안 절벽에 부딪치는 거센 파도와 물보라가 강
렬함을 선사한다. 가는 길에 등장하는 바다 가운데의 기암괴섬(!)과 새하얀 풍력
발전소와 푸른 하늘의 조합은 드라이브 자체만으로도 상쾌함이 배가된다. 니시
헨나자키 오른쪽의 기다란 다리는 미야코 섬과 이케마 섬을 연결하는 이케마 대
교池間大橋니. 몇 개의 벤치가 있으니 앉아서 풍경을 바라보자.

🚶 히라라에서 차로 25분 🕐 오픈 ¥ 무료 🅿 무료 🏠 없음 🔎 니시헨나자키

# 유키시오 뮤지엄 雪塩ミュージアム

"신안 천일염이 최고지!"로 끝나는 한국과 달리 일본은 각 지역별로 대표 브랜드 소금 산업이 발달했고, 소금도 세분화되어 있어 육고기, 흰살 생선, 붉은살 생선에 찍어먹는 소금도 구분을 하는 편이다. 미야코를 대표하는 유키시오 소금은 세계에서 가장 많은 미네랄을 함유한 소금으로 기네스북에도 올라있는 명품이다.

기본적으로 유키시오 소금의 대단함과 제조과정 견학이 핵심인데, 여행자 입장에서는 잿밥. 즉 여기서 먹을 수 있는 유키시오 아이스크림과 유키시오 지역특산품(주로 과자) 구입에 더 관심이 많다. 유키시오 아이스크림은 요즘은 꽤 흔해져 본섬의 국제거리에서도 맛 볼 수 있지만 원산지에서 먹는 맛은 확실히 남다르다. 무더운 여름철 원기회복 및 기념품 구입을 위해 들러보자.

🚶 히라라에서 차로 20분 🕐 4~8월 09:00~18:30, 9~3월 09:00~17:00 ¥ 무료 🅿 무료 🏠 museum.yukishio.com/ 🔎 유키시오 제염소/유키시오뮤지엄

## 미야코 드라이브, 바다는 내 곁에 ······ ⑩

# 이케마 대교 池間大橋

1992년 건설된 미야코 섬과 이케마 섬을 잇는 다리로, 다리의 중간 부분을 아치형으로 들어올린 연속 상형교 방식이다. 왕복 2차선으로 다리 자체는 협소한데, 그 덕에 가는 길이던 오는 길이던 창 밖으로 펼쳐지는 에메랄드 그린의 풍광이 일품. 물속이 훤히 비치는데, 현실세계의 풍경인가 의심스러울 지경. 바다가 시작되는 초입에 차를 대고 풍경을 감상할 수 있는 주차장이 포함한 전망대가 있다. 이 지점은 여름철 별 감상에도 최적 포인트니 기억해두자.

🚶 히라라에서 차로 25분 🕐 오픈 ¥ 없음 🅿 다리 중간에 주차장겸 전망대가 있다. 🏠 없음 🔎 이케마 오하시 대교 전망대 주차장

# 무이가 절벽 ムイガ-断崖

해발 54m의 해안 절벽. 미야코 섬에서 가장 높은 지대로
날이 좋을 때는 히가시헨나 곶의 등대까지 선명하게 보
인다. 주차장을 기준으로 계단을 따라 위로 오르면 절벽
의 위의 전망대가 나오고 아래로 내려가면 바닷가로 이
어진다. 두 계단 모두 사람들이 많이 이용하는 곳이 아니
라 수풀이 무성한 경우가 있기 때문에 반바지 차림이라
면 옅은 자상을 입을지도 모른다. 멋진 풍경을 보기위해
감수해야 할 부분인 셈이다.

🚶 히라라에서 차로 25분 🕐 오픈 ¥ 없음 🅿 무료 🏠 없음
🔍 무이가 절벽

# 이무갸 마린가든
イムギャーマリンガーデン

자연적으로 조성된 일종의 내해內海로 바다 바깥이 어떤 상황이건 이 안에서는
언제나 호수처럼 잔잔한 바다를 만날 수 있다. 파도가 거의 없다 보니 물속 투명
도가 높아 스쿠버다이빙, 스노클링 초보자들을 위한 훈련 장소가 되었다.
해변에는 바다에서 떠밀려온 산호조각과 모래가 반반 섞여 있다. 해변 너머에는
작은 언덕이 있고, 언덕 꼭대기에는 전망대가 있다. 산책용 보도를 따라 올라가
면, 내해와 바깥 바다의 풍경이 한눈에 들어온다. 편의시설은 화장실과 음료 자
판기뿐이다. 개별적으로 장비를 들고 와도 되고, 장비가 없다면 이뮤갸 마린가든
의 스쿠버, 스노클링, 패들보트 상품을 이용하면 된다.

🚶 히라라에서 차로 20분 🕐 오픈 ¥ 없음 🅿 무료 🏠 없음 🔍 이무갸 마린가든

# 우에노 독일 문화촌 うえのドイツ文化村

1873년 독일 상선 R.J 로버트슨 호가 미야코 섬에 풍랑을 맞아 좌초했는데, 미야코 섬의 주민들이 위험을 무릅쓰고 선원 8명 전원을 구조하고 열심히 간호해 모두 독일로 돌려보냈다는 미담으로 만들어진 미니어처 독일 마을이다. 이후 독일로 귀환한 선원이 빌헬름 황제에게 이 사실을 보고했고 감동한 황제가 1876년 미야코 섬에 기념비를 세웠다고. 문화촌 자체는 현재의 독일 정부와 관련이 없

🚶 히라라에서 차로 20분 🕐 09:00~18:00
(화·목요일 휴무) ✉ 무료, 박애기념관 750엔
(어린이 400엔), 킨더 하우스 210엔(어린이
100엔), 시스카이 하쿠아이 2,000엔(어린이
1,000엔) 🅿 무료 🏠 www.hakuaiueno.
com/ 🔍 우에노 독일 문화촌

지만, 2000년 G8 정상회담을 앞두고 독일 총리가 이 마을을 방문하기도 했다. 123,431㎡의 넓은 부지에 독일의 마르크부르크 성을 실물 크기로 한 박애기념관博愛記念館, 독일이 낳은 동화작가 그림 형제의 다양한 작품, 독일풍 전통 장난감 등 아이들이 좋아할 만한 것들이 가득한 킨더하우스キンダーハウス 등 다양한 부속 건물이 있다. 독일에서 기증한 높이 4.3m의 실제 베를린 장벽도 눈길을 끈다. 게다가, 반잠수식 수중관광선 시스카이 하쿠아이シースカイ博愛에 탑승할 수 있고, 실내 수영장도 있어 나름 복합 레저파크의 면모를 보여준다.

# 시마지리 맹글로브 숲 島尻のマングローブ林

시마지리 맹글로브 숲은 미야코 섬 북쪽에 있는 일본을 대표하는 맹글로브 숲 생태계 중 하나다. 물이 빠지는 썰물 때가 되면 맹글로브 뿌리 사이로 활발하게 활동하는 게와 같은 자그마한 수상생물과 다양한 새들을 관찰할 수 있다. 도보 산책로가 잘 조성되어 있어 숲의 주요 지점을 누비고 다닐 수 있다. 성수기에는 맹글로브 숲을 물 위에서 관찰할 수 있는 카약 투어와 숲 탐사 가이드 투어를 즐길 수도 있다. 언제 방문해도 상관없지만, 새벽이나

해질녘이 가장 좋다. 온갖 생물들이 가장 활발하게 움직이는 시간이기 때문이다. 모기 기피제는 필수.

🚶 히라라에서 차로 20분 🕐 오픈 ✉ 없음 🅿 무료 🏠 없음
🔍 시마지리 맹글로브 숲

## 쿠리마 섬으로 연결되는
아름다운 포털 ······ ⑮
# 쿠리마 대교 来間大橋

1995년 3월 개통된, 총연장 1,690m의 다리. 미야코 섬과 쿠리마 섬을 연결하는 왕복 2차선 교각으로 다리를 지나며 바라보는 풍경이 아름답기로 유명하다. 특히, 황금빛 요나하 마에하바 비치와 미야코 블루라 불리는 새파란 바다와의 콘트라스트는 누가 봐도 반할 풍경. 매년 11월에 개최되는 미야코 섬 마라톤 대회와 전 일본 철인 3종 대회의 주요 코스이기도 하다.

🚶 히라라에서 도보 15분 🕐 오픈 ¥ 무료 🅿 다리건너 주차장 있음 🏠 없음
📍 쿠리마 대교

## 미야코 제도 최대의 전통주 아와모리를 만날 수 있는 곳 ······ ⑯
# 타라가와 양조장 多良川 本社

1948년에 건립된 미야코 섬을 대표하는 양조장. 방문객을 위한 공장 투어를 실시하고 있는데, 오키나와 전통주의 제조 과정을 엿볼 수 있는 좋은 기회다. 특히 지하 동굴에 마련된 술 보관소는 하나같이 인상적이었다고 말하는 공장투어의 하이라이트다. 꽤 다양한 자사 제품에 대한 시음이 가능하며(도수가 높기 때문에 취할 수 있다), 시중보다 할인된 가격으로 아와모리를 구입할 수도 있다. 주당이라면, 혹은 괜찮은 기념품을 구입하고 싶다면 방문해보자.

🚶 히라라에서 차로 20분 🕐 10:00, 11:00, 13:30, 15:00(예약 시간 10분 전까지 매점 집결) ¥ 공장 견학 500엔(방문 전 예약 필수)
🅿 무료 🏠 taragawa.co.jp
📍 타라가와 양조장

일본 최남단의 종군위안부 기림비 ······ ⑰

# 아리랑 비 アリランの碑

2차 대전 당시 미야코 섬에는 약 16개의 일본군 위안소가 있었고 많은 조선인 여성들이 취업사기 혹은 강제로 끌려와 전쟁노예의 삶을 살아야 했고 이는 같은 전쟁의 피해자로서 수많은 미야코 섬 주민들도 증언하고 있다. 당시 미야코 섬은 섬 전체가 일본군 항공기지로 쓰이며 약 3만 명의 일본군이 주둔했다고 한다. 당시 어린 아이였던 요나하 히로토시 씨는 흰 옷을 입고, 언제나 구슬프게 아리랑을 부르던 누나들에 대한 기억이 있었다. 성장하고 나서야 그 시절 무슨 일이 있었는지를 알게 된 요나하 히로토시 씨는 사재를 털어 기림비를 만들었다. 그게 바로 이곳이다.

추모비에는 다음과 같은 글이 새겨져 있다.

"아시아 태평양 전쟁 당시 이 근처엔 일본군 위안소가 있었다. 조선에서 끌려온 여성들이 츠가 우물에서 빨래하고 돌아오는 길에 이곳에서 잠시 쉬던 모습을 기억하고 있다. 비참한 전쟁이 다시는 일어나지 않도록 세계의 평화와 공존을 바라는 마음을 담아 이 비를 후세에 전하고 싶다."

🚶 히라라에서 도보 15분  🕐 오픈  ¥ 없음  🅿 갓길에 적당히 대야 한다.
🏠 없음  🔎 아리랑 비

끝없이 이어지는 푸른 바다 속으로 ······ ⑱

# 이라부 대교 伊良部大橋

2015년에 개통된 미야코 섬과 이라부 섬을 연결하는 3,540m의 대교. 통행료를 징수하지 않는 다리 중에서는 일본에서 가장 길다. 1940년 두 섬 사이를 오가는 나룻배가 침몰하면서 73명의 사망자가 발생한 안타까운 사고이후 두 섬 사이에 다리를 놓아야 한다는 여론이 환기되기 시작했고, 1991년에는 이라부 대교를 조속히 건설하라는 미야코 섬과 이라부 섬 양쪽 주민들의 시위가 벌어지기도 했다. 결국 일본 정부는 2006년 공사에 착공해 9년간의 공기를 거쳐 2015년 개통했다.

다리를 건너는 동안 눈앞에는 미야코 블루의 극치가 펼쳐진다. 단! 다리 내에서 주행 중 주정차는 금지. 미야코 섬과 이라부 섬의 대교 시작점에 풍경을 조망할 수 있는 주차장과 작은 매점이 있어 전망대 역할을 하고 있으니 참고하자.

🚶 히라라에서 차로 10분  🕐 오픈  ¥ 무료
🅿 양쪽 대교 시작점에 있다.  🏠 없음  🔎 이라부 대교

# 히가시헨나곶 東平安名崎

미야코 섬을 대표하는 절경 중 하나. 약 2km에 걸쳐 높이 20m, 폭 140~160m의 융기산호초로 이루어져 있다. 바람을 맞으며 새하얀 등대를 좇는 드라이브 코스는 그 자체로 미야코 섬 최고의 하이라이트다. 이 일대는 오키나와에서도 식물군이 다채롭기로 유명한데, 그중 매년 3~5월에 만개하는 철포백합은 천연기념물로 지정될 정도로 희귀한 꽃이다. 곶의 맨 끝에 자리한 등대는 미야코 섬에서 가장 인기 있는 사진 촬영 명소. 자연이 만드는 파노라마의 장엄함과 녹색과 청색으로만 이루어진 콘트라스트의 아름다움을 느껴보자. 등대로 가는 길 왼쪽에 있는 헬멧 모양의 바위는 미야코 섬 제일의 미인이었다는 미무야ミムャ의 무덤이다. 수많은 총각의 청혼이 쇄도하던 그녀가 정작 사랑한 이는 임자 있는 몸이었고, 결국 절망한 나머지 이 절벽에 몸을 던졌다고. 무덤 안에는 미무야의 초상이 있어 지나가는 남성 청년들의 애간장을 녹이고 있다. 일출, 일몰 포인트로도 끝내주고, 여름철 별 관측 성지이기도 하다.

🚶 히라라에서 도보 30분, 루프 버스 A선 히가시헨나자키東平安名崎 하차
🕐 오픈 ¥ 없음 🅿 무료 🏠 없음 🔍 히가시헨나 곶

호텔 조식을 신청하지 않았다면 일단 여기 먼저 ┄┄┄ ①

# 포크타마고 오니기리 쿠지라 くじら食堂

아침 장사만 하는 일본식 주먹밥 오니기리 전문점. 본토 오니기리와는 달리 오키나와 스타일은 김밥 샌드위치 느낌인데 밥만 달랑 뭉쳐주는 본토식보다 더 맛있다. 스팸과 계란만 들어간 스탠다드スタンダード가 기본 메뉴. 그 외에 참치 마요ツナマヨ 정도가 괜찮다. 일본식 된장みそ이 들어간 종류는 한국인 입맛에는 너무 달다. 영업시간은 11시까지지만, 10시 이전에 매진되는 날이 더 많으니 주의할 것. 주차장이 식당 뒤편에 있다.

🚶 미야코지마 공설시장에서 도보 6분
📞 (080)6483-6865 🕐 목~월 07:30~
11:00 ¥ 1인 1,000엔 🅿 무료
🏠 www.instagram.com/onigiri_kujira/
🔍 포크타마고 오니기리 쿠지라

이런 낙도에 어떻게
이런 빵집이! ┄┄┄ ②

## 모자노팡야 モジャのパン屋

빵집이라고 하기에도 어색한 길가의 작은 스툴. 하지만 빵맛만큼은 일본 어디에 내놔도 손색없는 수준. 그 덕에 빵 나오는 시간이 되면 기다란 오픈런이 시작된다. 가장 유명한 것은 초코빵. 하지만 뭐든 좋으니 남는 거 하나만 팔라는 절규가 끊이지 않는다. 일부 일정을 포기하더라도 꼭 한 번 맛보길 권하고 싶은 집이다. 주인장의 식재에 대한 집념이 대단해 이 멀고 먼 낙도의 빵집에서 프랑스산이라는 원산지 표시가 떨어지지 않는다. 땡볕에 빵 하나 먹겠다고 줄을 서는 자신이 원망스럽겠지만, 득템하고 나면 그 모든 게 감수된다. 강력 추천.

🚶 미야코지마 공설시장에서 도보 9분 📞 비공개 🕐 화~토 10:00~12:30 ¥ 1인 500엔
🅿 근처 사설 주차장 이용 🏠 www.facebook.com/mojyapan/ 🔍 모자노팡야

주택가 2층, 작고 예쁜 도넛 가게 ······ ③

## 닝긴커피 ニンギン珈琲

카마마미네 공원カママ嶺公園 맞은편 주택가에 자리 잡은 작은 도넛가게. 상호는 커피집인데 도넛과 흑당빵이 더 유명하다. 어차피 빵 사면서 커피도 사긴 하지만 말이다. 갓 만든 따뜻한 도넛의 부드러움과, 미야코 섬 제일의 바리스타를 자칭하는 주인장이 내린 커피의 풍미는 훌륭하다. 테이크아웃 전문점으로 성격 급한 사람들은 맞은편 공원의 벤치까지도 가지 않고 가게 앞 계단에 주저앉아 모든 걸 다 먹어치우곤 한다. 강력 추천.

🚶 미야코지마 공설시장에서 차로 4분, 도보 20분
📞 (090)1112-0078
🕐 월~토 12:00~16:00
¥ 1인 1,000엔
Ⓟ 맞은편 카마마미네 공원에 무료 주차장이 있다
🏠 ninginshoten.thebase.in
🔍 닝긴커피

바다바람 맞으며 당신을 위한 한 스쿱 ······ ④

# 블루실 카페 미야코지마 파이나가마 ブルーシールカフェ 宮古島パイナガマ

오키나와의 대표 아이스크림 브랜드 '블루실'의 미야코 섬 플래그십 스토어는 1948년 오키나와 주둔 미군 병사들의 복지를 위해 설립됐다. 1963년부터 일반 판매를 시작해 오키나와 현대사의 산 증인으로 자리매김했다. 매장 형태는 한국의 배스킨라빈스와 비슷하지만, 오키나와 현지 식재료를 활용한 프리미엄 아이스크림으로 차별화했다. 망고 맛은 이곳의 시그니처 메뉴다. 일본인들 사이에선 '오키나와 솔트 쿠키'와 '샌프란시스코 민트 초콜릿'이, 한국인들에겐 오키나와 특산물과 과일을 조합한 맛이 인기다. 매장 내부는 아이스크림 천국을 테마로 꾸며져 포토 존으로도 손색없다. 아이스크림 외에도 크레페 메뉴도 있다. 아이 동반 가족 여행객들에게 추천한다.

🚶 미야코지마 공설시장에서 차로 3분, 도보 18분  📞 (0980)79-0310
🕐 10:00~18:00  ¥ 1인 1,000엔  Ⓟ 무료  🏠 blueseal.co.jp
🔍 블루실 카페 미야코지마 파이나가마

## 미야코섬에서만 맛 볼수 있는 젤라또의 세계 ...... ⑤
# 리코 젤라또 Ricco Gelato

쫀득쫀득한 본격 젤라또 전문점으로 2009년 미야코 섬에서 처음 문을 열었다. 현지 원재료만을 고집하는 이곳은, 유명 프랜차이즈 블루실이 진출하기 전부터 미야코 섬의 젤라또 맛집으로 유명했다. 지역 과수원과의 직거래 시스템을 통해 최상급 과일을 공수하여, 타 업체와는 비교할 수 없는 고품질의 과일 젤라또를 선보인다. 대표 메뉴로는 망고マンゴー, 섬바나나와 드래곤프루트 믹스バナナ&ドラゴン, 오키나와 흑당두유黒糖豆乳, 수박すいか이 있다. 신선한 식재료 수급 상황에 따라 메뉴가 매일 달라지며, 매장 내 '오늘의 젤라또本日のジェラート' 칠판에서 그날의 시즈널 메뉴를 확인할 수 있다. 실내 좌석은 2석이며, 주로 테이크아웃으로 운영된다.

🚶 미야코지마 공설시장에서 차로 5분
📞 비공개 🕐 금~화 11:00~18:00
💴 1인 500~800엔 🏠 ricco-gelato.com
🔍 리코 젤라또

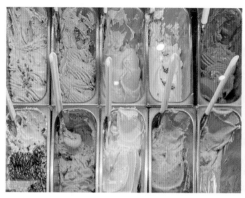

## 남국에서 먹는 냉소바의 시원함 ...... ⑥
# 수타소바 가마다 手打そば かま田

미야코 섬에서 나는 메밀로 면을 직접 뽑는 수제 소바 전문점이다. 이곳의 대표 메뉴는 미야코 섬 특산품인 시쿠와사シークヮーサー 과즙을 듬뿍 넣은 냉소바 스다치소바すだち蕎麦다. 새콤한 맛이 더운 날씨에 잃어버린 입맛을 되찾아준다. 튀김도 이곳의 인기 메뉴지만, 가끔 주방 인력 부족으로 주문이 안 될 때도 있다. 지역 양조장에서 만든 망고 IPA는 운전하지 않는다면 소바와 함께 즐기기 좋은 맥주다.

🚶 미야코지마 공설시장에서 도보 11분, 차로 3분 📞 (0980)72-0296
🕐 월~토 11:00~15:00 💴 1인 1,300엔 🅿 있음 🏠 없음 🔍 수타소바 가마다

### 보들보들한 미야코의 오무라이스 ······ ⑦
# 안도미야코 アンドミヤコ

점심에는 오무라이스 전문점으로, 저녁에는 이자카야로 운영된다. 주재료는 계란이며, 지역 유튜버로도 활동하는 주인장의 적극적인 영업 마인드가 돋보인다. 기본 메뉴인 데미그라스 오무라이스デミグラスオムライス 외에도, 타코라이스와 오무라이스를 결합한 미야코지마 오무라이스宮古島オムライス는 이곳만의 특별한 메뉴다. 마늘을 좋아한다면 튀긴 마늘을 듬뿍 올린 오토코노닌니쿠 오무라이스 男のニンニクオムライス를 추천한다. 점심은 예약 없이 방문 가능하지만, 저녁은 사전 예약이 필수다. 저녁의 이자카야 메뉴는 타파스 스타일의 소형 요리가 중심이며, 핫페퍼(www.hotpepper.jp)를 통해 예약할 수 있다.

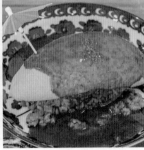

🚶 미야코지마 공설시장에서 도보 5분
📞 (0980)79-8703 🕐 월~토 11:30~14:00,
18:00~23:30(월요일은 저녁 장사만 한다)
¥ 1인 1,500엔(저녁 2,500엔) 🅿 근처 사설
주차장 이용 🌐 www.instagram.com/
andmiyakodesu 🔍 안도미야코

### 열대 정글(?)에서 만나는 중식당 ······ ⑧
# 멘야 정글반점 麺処 Jungle飯店

붉은 조명이 가득한 독특한 중식당이다. 본격적인 중국 요리보다는 볶음밥, 덮밥, 일식 라멘과 교자가 주력 메뉴다. 점심에는 가볍게 한 끼 식사하기 좋고, 저녁에는 중국 요리를 곁들인 술자리 장소로 제격이다. 특이하게도 중국 남부 지방의 대표 주류인 샤오싱주를 판매한다. 쌀로 만든 이 술은 12도 정도의 도수로, 중국 요리와 환상적인 페어링을 이룬다. 이 집의 대표 면류는 미소라멘味噌ラーメン, 타이완라멘台湾ラーメン, 탄탄멘이다. 정글볶음밥ジャングル炒饭과 해물볶음밥海鮮炒饭은 푸짐한 양으로 대식가도 만족시킨다. 히라라에서 저녁에 예약 없이 식사할 수 있는 몇 안 되는 식당 중 하나다. 마파두부麻婆豆腐도 이집의 추천 메뉴다.

🚶 미야코지마 공설시장에서 도보 5분 📞 (0980)75-4477 🕐
목~화 11:30~15:00, 18:00~00:00 ¥ 1인 1300엔 🅿 근처 사
설 주차장 이용 🏠 www.instagram.com/junglehanten/ 🔍
멘야 정글반점

몇 번을 먹어도 물리지 않는 섬의 타코 ⋯⋯⋯ ⑨

# 엘 코말 El Comal

미야코지마 공설시장 찻길 맞은편의 작은 스톨, 늦은 오후부터 밤까지 영업하는 타코 전문점이다. 이곳의 특징은 타코 반죽을 직접 만들어 튀긴다는 점. 한국에 서는 보기 힘든 독특한 식감으로 첫인상부터 좋은 평 가를 받는다. 살사 소스는 일본인들에겐 맵다고 하지 만, 한국인 입맛에는 적당한 매콤함이 신선하게 다가 온다. 전체적으로 간이 약한 편이지만 자꾸 생각나는 중독성 있는 맛이다. 식당과 이자카야가 몰려 있는 히 라라의 '엘 코말' 주변 음식점들은 대부분 사전 예약이 필수라, 일본어가 서툰 한국인 여행자들이 어려움을 겪곤 한다. 이런 상황에서 이 타코 스톨은 훌륭한 대안 이 된다. 가볍게 지나가다 한두 개 먹기에도 좋고, '일 본의 몰디브'라 불리는 미야코 섬에서 모히토 한 잔과 함께 즐기는 타코는 특별한 경험이 될 것이다.

🚶 미야코지마 공설시장에서 도보 1분  📞 비공개  🕐 목~화 16:00~22:00  ¥ 1인 1000엔  🅿 근처 사설 주차장 이용
🏠 www.instagram.com/elcomalmex  📍 엘 코말

미야코에 눌러앉은 미국 국적 도쿄인 주인장의 손맛 ⋯⋯⋯ ⑩

# 다구스 버거 ダグズ・バーガー 宮古島本店

일본의 버거는 미국 햄버거를 일본식으로 재해석한 경우가 많다. 미야코 섬에 위치한 다구스 버거는 여기에 오키나와만의 특색을 더한 로컬 버거 전문점이다. 이곳의 모든 고기 패티는 다라마 섬에 서 사육한 소고기를 사용한다. 특히 주목할 만한 메뉴는 참치 버 거다. 현지에서 잡은 신선한 참치를 두툼하게 썰어 겉은 바삭하고 속은 촉촉하게 구워내 육즙이 풍부하다. 사이드 메뉴로 제공되는 양파링은 이곳의 또 다른 인기 메뉴다. 고급 식재료 사용으로 버거 가격대는 1,500~2,000엔 선으로 다소 높은 편이다. 미야코 시내 에 분점이 한 곳 더 있어 접근성이 좋다.

🚶 미야코지마 공설시장에서 차로 5분  📞 (0980)79-0930
🕐 11:00~19:30  ¥ 1인 2500엔  🅿 무료
🏠 www.dougsburger.com  📍 다구스 버거 미야코 본점

### 오키나와 라멘의 자존심 ········ ⑪
# 멘야사마 타이요 麺屋サマー太陽

오키나와 현지 식재료만 사용하는 라멘집이다. 2018년 전국 라멘 경연대회에서 6위를 차지했고, 이후 오키나와 라멘의 자존심으로 불린다. 기본 국물은 미소를 베이스로 하며, 두 가지 특별한 고명이 들어간다. 대표 메뉴는 미야코지마산 차새우를 올린 구루마에비소바車海老そば이며, 오키나와산 와규 곱창이 들어간 와규호르멘和牛ホル麺 또한 인기다. 죽순 손질 실력도 수준급으로, 잘 조리된 죽순 특유의 보들보들한 식감을 즐길 수 있다. 카드 결제가 되는 자판기를 보유하고 있다.

🏃 미야코지마 공설시장에서 차로 10분 📞 (0980)79-0597 🕐 일~목 10:30~15:00 ¥ 1인 1500엔 🅿 무료 🏠 summer-taiyo.com 🔎 멘야사마 타이요

### 미야코 섬에서 제일 오래된 노포 ········ ⑫
# 고자소바야 古謝そば屋

1932년부터 이어진 미야코 섬을 대표하는 소바 노포다. 2004년까지 수타 소바를 고집했으나 이후 인력부족 문제를 겪으로 자체 면 공장을 설립했다. 오키나와 붉은 기와의 전통 가옥을 개조한 실내는 모던한 카페 느낌이 물씬 풍긴다. 기본 메뉴인 소바 세트そばセット는 미야코 소바, 주우시(영양찜밥), 실말초 무침으로 구성되며, 100엔만 추가하면 소키소바ソーキそば, 카레소바カレそば, 채소소바野菜そば 중 선택할 수 있다. 특히 채소소바는 이곳의 숨은 맛집 메뉴다.

🏃 미야코지마 공설시장에서 차로 7분 📞 (0980)72-8304 🕐 목~화 11:00~16:00 ¥ 1인 1,000엔 🅿 무료 🏠 kojasoba.com 🔎 고자소바야

### 본격적인 미야코 소바 식당 ········ ⑬
# 마루요시 식당 丸吉食堂

60년, 3대째 운영 중인 마루요시 식당은 소바만을 취급하는 미야코 소바의 대명사쯤 되는 곳이다. 네 가지 소바와 생맥주, 그리고 흰밥과 쥬우시가 메뉴의 전부. 국물에서 살짝 마늘향이 나는데, 약간의 느끼함을 잡아주기 때문에 한국인에게도 호평받는 집이다. 네 가지 소바는 가장 기본인 미야코 소바宮古そば, 돼지갈비가 올라가는 소키 소바ソーキそば, 족발이 올라가는 데비치 소바てびちそば, 그리고 삼겹살이 올라가는 산마이니쿠 소바三枚肉そば. 면이랑 국물 맛은 똑같다.

🏃 미야코지마 공설시장에서 차로 20분 📞 (0980)77-4211 🕐 수·목, 토~월 10:30~14:00 ¥ 1인 1500엔 🅿 무료 🏠 없음 🔎 마루요시 식당

## 지금까지 먹어본 그 타코라이스가 아니다 ····· ⑭
# 샷 Shot

타코라이스는 오키나와 주둔 미군 부대의 부식에서 시작된 요리다. 찌개 문화권인 한국이 부대찌개를 만들었다면, 덮밥 문화권인 일본은 타코라이스로 발전시켰다. 샷은 여기에 멕시코 요리인 카르니타스 제조법을 접목했다. 기존 타코라이스가 양념한 다진 고기를 볶아서 고명에 얹었다면, 샷은 부드럽게 찢은 돼지고기로 풍미를 살렸다. 이로써 식감과 맛, 비주얼까지 업그레이드된 2세대 타코라이스가 탄생했다. 5가지 소스는 다양한 맛을 추구하는 손님들을 사로잡는 매력 포인트다. 주문은 사이즈 → 세트/단품 선택 → 토핑 양념 → 음료 → 고기 종류(오리지널/반반/카르니타스) 순으로 진행된다. 처음에는 고기 반반을 추천.

🚶 미야코지마 공설시장에서 차로 16분  📞 비공개  🕚 11:30~16:00
¥ 1인 1,500엔  Ⓟ 무료  🏠 www.instagram.com/shot__0980
🔎 타코라이스 전문점 Shot

---

## 사탕수수밭 한가운데 태국 식당이 ····· ⑮
# 타완 Tawan

오키나와는 본섬을 비롯해 맛있는 태국 요리점이 많다. 기후가 비슷해 태국 요리에 쓰이는 향신료 재배가 가능하기 때문이다. 타완은 식당이 있을 것 같지 않은 한적한 곳에 자리 잡은 독특한 공간이다. 오키나와의 소규모 식당들처럼 취급하는 요리 종류가 많지 않고, 메뉴도 수시로 변경된다. 무더운 여름철 미야코섬 여행 중에는 입맛을 잃기 쉬운데, 이럴 때 새콤매콤한 태국 요리가 원기회복에 도움이 된다. 여름에는 빙수 메뉴가 추가되며, 현지 식재료도 매장에서 판매한다. 예약제로 운영되며, 인스타그램 메시지로 예약이 가능하다. 주 3일만 영업하는 주인장 위주의 웰빙 지향 레스토랑이다.

🚶 미야코지마 공설시장에서 차로 25분
📞 비공개  🕚 화~목 11:00~15:00
¥ 1인 1,500엔  Ⓟ 무료
🏠 www.instagram.com/tawan_
thaifoods  🔎 타완 타이요리

섬 문어의 모든 것을 맛보자 ······ ⑯

# 스무바리 すむばり

미야코 섬 끄트머리에 위치한 인기 식당이다. 매일 아침 항구에서 공수하는
섬 문어로 만드는 요리가 이곳의 자랑이다. 숙련된 기술로 데친 문어는 전
혀 질기지 않고 부드러운 식감을 선사한다. 이 식당의 대표 메뉴인 스무바리
소바すむばりそば는 섬 문어와 해조류인 아사ア─ₐ를 넣어 만든 향토 음식이
다. 독특한 현지 맛이지만 한국인의 입맛에도 잘 맞는다. 문어 덮밥タコ丼과 문어
볶음 정식タコ炒め定食 역시 손님들이 자주 찾는 인기 메뉴다.
주문은 벽에 걸린 메뉴판을 보고 하면 된다.

🏃 미야코지마 공설시장에서 차로 20분
📞 (0980)72-5813  🕐 내용없음  ¥ 1인 1,200엔
🅿 무료  🏠 www.sumbari.com/menu.html
🔍 쓰무바리 식당

하와이의 명물을
미야코에서! ······ ⑰

# 해리스 쉬림프 트럭

HARRY'S Shrimp Truck

니시헨나자키로 가는 길목에 위치한 하와이풍 새우요리 전문점이다. 푸드 트럭
한 대로 시작해 폭발적인 인기를 얻어 현재는 미야코 섬에서 손꼽히는 규모의
야외 레스토랑으로 성장했다. 좌석이 부족할 땐 트럭 앞 잔디밭에서 피크닉 형
태로 식사를 할 수 있다. 단, 100% 야외 영업이라 한여름에는 에어컨 없이 식사
하기가 고통스러울 수도 있다. 메뉴는 하와이풍 양념새우 덮밥 한 가지로 단출
하다. 양념 종류는 플레인, 스파이시 핫, 버터갈릭, 스페셜 네 가지다. 스파이시
핫은 한국인 입맛 기준으로 매콤하다고 하기에도 어려운 애매한 맛이다. 플레인
이나 버터갈릭을 추천한다. 미야코 섬 전통 음식에 적응하기 어려운 한국인 여
행자들 사이에서도 큰 인기.

🏃 미야코지마 공설시장에서 차로 25분
📞 (0980)72-5610  🕐 11:00~17:00
¥ 1인 1,600엔  🅿 무료  🏠 www.harrys.
fun/menu  🔍 해리스 쉬림프 트럭

## 오후쿠로테이 おふくろ亭

미야코 마린가든 인근에 자리 잡은 작은 이자카야이자 미야코 현지 식재료로 만든 향토 요리 전문점이다. 예약제로 운영하지 않고 선착순으로만 손님을 받는다. 성수기엔 오픈 1시간 전, 평상시엔 30분 전에 도착해야 자리를 잡을 수 있다. 대표 메뉴는 초대형 닭새우를 일본 된장으로 구운 요리와 미야코 소고기를 사용한 초밥이다. 이 지역 특산 해초로 만든 '아사 튀김'과 미야코 국민생선으로 불리는 '구루쿤 가라아게グルクン唐あげ'도 놓치지 말자. 오래된 전통 이자카야답게 현금 결제만 가능하다.

🏃 미야코지마 공설시장에서 차로 20분
📞 (0980)74-7723
🕐 월~수, 금~일 18:00~21:30
¥ 1인 3,500엔　🅿 무료　🏠 없음
📍 오후쿠로테이

## 포우차 다쓰야 ぼうちゃたつや

미야코 섬의 현지 식재료를 주로 사용하는 이자카야다. 섬 주민들의 단골이 많은 집이었는데, 최근 미야코 섬이 관광지로 급부상하면서 예약 필수인 맛집이 됐다. 방문 2주 전부터 전화 예약이 가능하며, 성수기가 아닌 경우 저녁 8시 이후 방문하면 현장 입장도 가능하다. 오키나와 현지인들이 즐겨 먹는 생선인 구루쿤 가라아게グルクン唐あげ 와 갑오징어 회甲イカ刺身가 이곳의 대표 메뉴다. 신선한 회를 즐기고 싶다면 '오늘의 특선 회 모듬本日の特選刺身盛合せ'을 추천한다. 메뉴판이 일본어로만 되어 있어 일본어에 익숙하지 않은 방문객은 예약부터 주문까지 어려움을 겪을 수 있다. 매장 내 사진 촬영은 전면 금지되어 있으며, 음식 사진 촬영도 하면 안 된다.

🏃 미야코지마 공설시장에서 도보 8분　📞 (0980)73-3931
🕐 목~월 18:00~22:00　¥ 1인 3,000엔　🅿 근처 사설 주차장 이용
🏠 없음　📍 포우차 다쓰야

### 미야코 소고기의 명가 ⑳
## 키하치 喜八

미야코 소고기 전문점 중 가장 유명한 맛집이다. 일본의 여느 고깃집처럼 한식의 영향을 받아 김치, 나물, 국밥, 냉면 등 한식 사이드 메뉴도 다양하게 갖추고 있다. 대표 메뉴는 소고기 5종 세트로, 이 메뉴를 맛본 후 선호하는 고기를 추가 주문할 수 있다. 이 책에서 소개하는 매장은 본점이며, 길 건너편에 별관이 위치해 있다. 예약 시스템이 독특한데, 일본 국내에서만 예약이 가능하며 해외 거주 외국인의 예약은 받지 않는다. 즉 일본 거주 한국인이나 일본인의 도움을 받던가, 미야코 섬에 도착해 예약을 시도해야 한다. 평일 늦은 시간대에 방문하면 자리를 한두 개 정도는 구할 수 있다.

🚶 미야코지마 공설시장에서 도보 5분
📞 (0980)73-3859 🕐 화~일 18:00~22:00
(별관 목~화 18:00~22:00) ¥ 1인 3,000엔~
🅿 근처 사설 주차장 이용 🏠 miyako-kihachi.com 🔍 야키니쿠 키하치

### 미야코 생선요리의 왕 ㉑
## 시켄바루 肴処 志堅原

생선요리 전문 이자카야다. 주인장이 매일 어항에 나가 그날의 물고기를 직접 고르기 때문에 모둠회를 시켜도 어제와 오늘이 다르다. 완벽한 시즈널 생선 요리라고 할 수 있다. 메뉴판에 미야코 섬에서 잡히는 생선 도감이 첨부될 정도니 주인장의 전문성은 인정할 만하다. 고정 메뉴는 평이한 편이라 오늘의 메뉴本日のメニュー와 오늘의 회本日の刺身를 고르는 게 이 집을 제대로 즐기는 방법이다. 다만, 매일 바뀌는 특별 메뉴가 일본어로만 되어 있어 일본어를 아는 손님들만 주문할 수 있다는 게 아쉽다. 요즘은 챗 GPT 덕분에 번역이 가능해지긴 했다. 인기가 많아 여행 일정이 잡히면 즉시 예약하는 것을 추천한다.

🚶 미야코지마시 공설시장에서 도보 5분 📞 (0980)79-0553
🕐 수~월 18:00~00:00 ¥ 1인 4000엔 🅿 근처 사설 주차장
이용 🏠 sakanadokoro-shikenbaru.com/
🔍 사카나도코로 시켄바루

# 완 わん

흡연이 가능한 공간이라 외국인 손님들은 주로 흡연이 가능한 곳이라는 주의사항을 고지 받는다. 하지만 이곳은 단순한 흡연자들을 위한 틈새 이자카야가 아니다. 미야코에서 가장 개성 있는 전통 일본 요리를 선보이는 곳이다. 〈맛의 달인〉 시리즈를 줄줄 외울 정도로 읽었다면, 그 책에 등장하는 요리들을 이곳에서 실제로 맛볼 수 있다. 직접 담근 고등어 초절임炙りダサバ으로 시작해보자. 좀 더 특별한 요리를 원한다면 홋카이도 특산물인 홍살치(일본명: 깅끼) 구이キンキの一夜干炭火焼나 통오징어 절임スルメイカの沖漬け(꽤 강렬한 맛이라 호불호는 확실히 갈릴 듯) 같은 이곳만의 특별 메뉴를 추천한다. 청어구이真イワシ炭火焼 역시 이곳의 자랑거리다.

🏃 미야코지마 공설시장에서 도보 5분 📞 (0980)75-5959
🕐 화~토 18:00~00:00 ¥ 1인 3,500엔
🅿 근처 사설 주차장 이용 🏠 wanone1.ti-da.net/
🔍 이자카야 완

---

## New Generation 이자카야! ······ ㉓

# 포크 엔 피시 다이닝 홀라 Pork&Fish Dining HULAR フラー

젊은 층이 선호하는 이자카야로, 일반적인 이자카야와는 차별화된 분위기를 자랑한다. 대표 메뉴로 오키나와산 아구(돼지고기)로 만든 샤브샤브를 밀고 있으며, 특색 있는 메뉴로는 영국식 로스트 비프ローストビーフ와 이탈리안 스타일의 까르파쵸カルパッチョ가 있다. '과한 대왕 마끼フラー過ぎる痛風太巻き'는 산더미처럼 쌓아올린 각종 회가 인상적인 메뉴다. 엄청난 볼륨감 때문에 점원이 들고 나오면 모두가 저게 뭐지? 하는 분위기. 회를 사랑한다면 매일 바뀌는 오늘의 추천 메뉴本日のおすすめ를 눈여겨 보자. 예약은 핫페퍼(hotpepper.jp)를 통해 할 수 있다.

🏃 미야코지마 공설시장에서 도보 1분
📞 (0980)79-0477 🕐 수~월 17:00~23:00
¥ 1인 3,000엔 🅿 근처 사설 주차장 이용
🏠 www.instagram.com/hular_dining
🔍 이자카야 홀라

미야코 섬에 외갓집이 있어서 밥을 먹는다면 이런 느낌일까?  ······ ㉔

# 섬두부 봄할머니 식당 島とうふ 春おばあ 食堂

1959년 점주의 어머니가 시장에서 손두부를 만들면서
이 식당의 역사가 시작됐다. 식당은 2011년에 문을 열었
는데, 점주가 두부를 만들던 어머니를 기억하며 가게 이
름을 지었다고 한다. 현재도 이곳의 두부가 미야코 섬 내
에서 최고급 두부로 인정받으며 유통되는 걸 보면, 두부
만큼은 확실히 전통과 실력을 인정받은 듯하다. 외진 곳
에 위치했지만 식당 내부는 깔끔하고 정갈하다. 다양한
두부요리와 오키나와 향토요리를 선보이는데, 어떤 메뉴
를 고르더라도 담백하고 깔끔한 맛을 즐길 수 있다. 지마
미 두부ジーマーミ豆腐, 고야 찬푸르ゴーヤチャンプルー, 모즈
쿠 즈케もずく酢에 5종 회 모둠お刺身5種盛り合わせ을 곁들이
면 완벽한 저녁 식사가 된다. 점심에는 두부 소바まごゆし
豆腐そば나 고기야채 소바肉野菜そば가 추천 메뉴다. 구글
을 통해 예약할 수 있다.

🚶 미야코지마 공설시장에서 차로 13분 📞 (0980)79-5829
🕐 목~월 11:30~14:30, 17:00~21:15 ¥ 1인 점심 1,000엔,
저녁 3,000엔 Ⓟ 무료 🏠 www.facebook.com/Miyko1129
🔍 섬두부 봄할머니 식당

깊고 푸른 바다와
하늘만 보이는 공간  ······ ㉕

# 오하마 테라스

OHAMAテラス

예쁜 정원과 2층 테라스를 품은 아담한 카페다. 테라스에 올라서면 끝없이 펼쳐
진 수평선을 마주하게 되는데, 위로는 청명한 하늘이, 아래로는 미야코 블루가
강렬한 대비를 이루며 장관을 연출한다. 카페 건물 왼편의 오솔길은 조용한 해
변으로 이어진다. 이곳의 시그니처 메뉴는 망고 셔벗이며, 제철 과일을 올린 빙
수도 인기다. 특히, 딸기, 멜론, 망고 빙수가 손님들의 사랑을 받는다. 점심시간
에는 하루 25개 한정으로 제공되는 타코라이스도 맛볼 수 있다. 포토제닉한 공
간답게 2층 전망대는 사진을 찍으려는 여성 손님들로 늘 북적인다. 이케마 섬을
오가는 여정에서 유일한 휴식처이기도 하다.

🚶 미야코지마시 공설시장에서 차로 30분 📞 (0980)79-6632 🕐 10:00~17:00
¥ 1인 1,000엔 Ⓟ 무료 🏠 www.rest-ohama.com 🔍 오하마 테라스

미야코 블루를 넘어서는 푸른빛

# 이라부 섬·시모지 섬

## 伊良部島·下地島

미야코 섬에서 이라부 대교를 건너면 이라부 섬과 시모지 섬이
또 다른 개성으로 당신을 기다리고 있다. 그림처럼 펼쳐진
푸른 그라데이션의 바닷속. 곳곳에 숨은 비밀스러운 해변들이
특별한 만남을 약속한다. 스릴 넘치는 토리이케의 푸른 동굴 다이빙,
수평선과 하나 되는 도구치 해변 산책 그리고 한적한 카페에서
아이스 아메리카노 한 잔의 여유까지 즐겨보자. 그런가 하면
시모지 섬의 명물 17END 비치에서는 비행기가 머리 위를 스치는
짜릿한 순간을 경험할 수도 있다. 시간은 때로는 야속하게도
바삐 흐르고, 어떤 곳에서는 정지한 듯, 푸른 창공과
바다 위에 나 하나만 존재한다는 어떤 순간을 느낄 수도 있다.

# 이라부 섬·시모지 섬
# 상세 지도

06 시라토리미사키 공원

05 사바 우물터

04 17END 비치

01 오반마이 식당

03 이라부소바 카메

사와다 해변 02

이라부 섬

204

90

토리이케

08

시모지시마공항

07 오비이시 거석

시모지 섬

03 나카노시마 비치

도구치 해변 01

02 블루 터틀

252 히라라항 여객선 터미널

이라부 대교

미야코공항

N

0          1km

순백이라는 말 외에 다른 표현이
있었으면 좋겠다 ...... ①

## 도구치 해변 渡口の浜

일본 100대 해변 중 하나. 오키나와에 있는 해변 중 가장 긴 편에 속하는 곳으로 활처럼 굽은 해변의 길이만 800m, 폭도 45m에 달할 정도로 대규모다. 순백이라는 표현이 부족할 만큼 새하얀 해변이 도구치 해변의 대표 이미지다. 밀가루처럼 고운 산호모래는 언제 밟아도 기분이 좋다. 현재 이라부 섬은 대규모 개발이 진행 중인데, 아직까지 도구치 해변에는 렌털 숍을 겸한 작은 매점과 기초적인 설비만 있을 뿐이다. 유명 해변이라고 해서 한국과 같은 해변 앞 커피 숍과 술집 밀집구역을 생각했다면 오산. 난개발보다는 약간의 불편함이 낫다는 것을, 이 해변을 와본 사람이라면 누구나 공감할 수 있다. 해변 안쪽으로 기다란 방파제가 있는데, 괜찮은 일몰 포인트이자, 육안으로 물고기를 관찰할 수 있는 장소이기도 하다.

🚶 히라라에서 차로 20분 🕐 오픈 ¥ 없음 🅿 무료 🏠 없음 🔍 도구치 해변

쓰나미가 만든 절경 ...... ②

## 사와다 해변 佐和田の浜

1771년 일어난 오키나와 역사상 최악의 쓰나미 때 밀려온 바위들이 해안을 독특한 절경으로 바꿔놓았다. 가만히 앉아 외계와 같은 풍광을 즐기거나 석양을 즐길 요량이라면 사와다 해변은 미야코 제도를 넘어 오키나와 전체에서도 최고 수준이다. 이미 아름다운 풍광으로 일본의 해변 100선에도 선정된 바 있다. 작은 마을 사와다를 끼고 있는데, 두세 곳의 민박집이 있어 이곳의 풍경에 반한 장기 여행자들을 불러 모으고 있다. 물놀이나 스노클링을 하는 해변이 아니라 풍경 감상용 해변이다. 시모지시마공항으로 이착륙하는 비행기를 보는 즐거움은 덤이다.

🚶 히라라에서 차로 25분 🕐 오픈 ¥ 없음 🅿 무료 🏠 없음
🔍 사와다노하마

# 나카노시마 비치 中の島ビーチ

비현실적인 경관을 자랑하는 미야코 제도에서 제일 아름다운 비치 중 하나. 자연적으로 형성된 여울과 그 안에 가득한 형형색색의 산호와 열대어로 인해 미야코 제도 최고의 스노클링 포인트로 손꼽힌다. 미야코 제도의 사람들은 이 천혜의 조건을 보존하고자 다양한 자체 자정 노력을 기울이고 있는데, 그런 이유로 나카노시마 비치에는 어떠한 여행자 편의시설, 심지어 화장실도 없다. 해변 앞 도로에 스노클링 장비를 빌려주는 트럭이 종종 오는데, 이 트럭이 해변의 유일한 부대시설이다. 즉 아름다운대신 불편함은 감수해야 한다. 산호는 외부의 환경적 요인에 상당히 민감하고 잘 죽는다. 이미 오키나와의 수많은 얕은 물가는 전멸된 산호들로 인해 마치 물속이 마치 사막처럼 황폐화된 곳이 많다. 나카노시마 비치를 소개하면서 두려운 마음이 드는 것도 이 때문이다. 조심하고 또 조심하자.

🚶 미야코 섬의 히라라에서 차로 30분, 버스 없음 🕐 오픈
💴 무료 🅿 차도의 갓길에 알아서 주차 🏠 없음
🔍 나카노지마 비치

# 17END 비치 17END ビーチ

시모지시마공항 외곽도로 끝에 있는 작은 비치. 정확히는 비치보다는 바로 옆에 있는 공항 끝을 뜻하는 17END에서 푸른 바다를 배경으로 착륙하는 비행기 사진을 찍기 위해 모여드는 곳이다. 10년 전만 해도 시모지시마공항은 자위대 훈련장으로나 쓰이던 버려진 공항이었는데, 최근에는 일본-중국 간 센카쿠-다오위다위 분쟁이 격렬해지며 외려 중요도가 부각되는 중이고, 그 덕에 한국에서 오는 비행기도 이 공항을 이용하게 되었다는.

멋진 항공 사진을 찍기 위해서는 일단 시모지시마공항 이착륙 정보를 공항 웹페이지를 이용해 확인해야 한다. 문제는 활주로가 한 개뿐인 이 공항이 그때그때 사정에 따라 북쪽 지점인 17END와 남쪽 지점인 35END를 되는대로 쓴다는 점이다. 그래서 기껏 시간표를 보고 대기했는데 반대쪽으로 착륙하는 일도 비일비재하니 그날의 운에 맡겨야 한다. 그럼에도 사진을 건지면, 기분 하나는 끝내준다. 별 감상을 위한 해변으로도 좋은 곳이다.

🚶 히라라에서 차로 30분 🕐 오픈 💴 무료 🅿 무료 🏠 없음
🔍 17END

마음 아픈 절경 ⑤
## 마음 아픈 절경 ⑤
# 사바 우물터 サバ沖井戸

이라부 섬도 미야코 섬처럼 강이 없기는 마찬가지다. 그런데도 사람이 살 수 있었던 건, 풍부한 지하수 때문이었다. 사바 우물터는 1966년 이라부 섬에 수도가 개설될 때까지 약 240년 동안 이 일대 마을 사람들의 유일한 식수원이었다. 지금은 경치 좋은 전망대에 가깝지만, 1966년 이전만 해도, 마을 아낙들은 130개의 계단 아래 있는 우물에서 물을 긷는 노동을 매일 3~4회 반복했다고 한다. 이라부 섬에서는 태풍이나 풍랑이 있을 때 가장 큰 문제가 식수를 구하는 일이었는데 위치를 보면 알겠지만, 물 뜨러 내려갔다 파도에 휩쓸리는 일도 흔했다고 한다. 문명의 이기가 보급된 오늘날, 계단을 바라보는 느낌은 확연히 다르다. 계단을 내려가는 이유는 단지 새파란 미야코 블루를 조금 더 가까이에서 보기 위함이다. 바닷바람을 맞으며 그 옛날의 풍경을 상상해보는 건, 오늘이기에 가능한 여유로움이다.

🏃 히라라에서 차로 25분 🕐 오픈 ¥ 무료 🅿 무료 🏠 없음 🔍 사바 우물터

## 이라부 섬의 끄트머리, 예상 밖의 절경 ⑥
# 시라토리미사키 공원 白鳥岬公園

암초에 부딪히는 하얀 파도가 백조의 날개처럼 퍼진다고 해 시라토리, 즉 백조곶이라는 이름이 붙었다. 저멀리 끝없이 펼쳐진 태평양을 조망할 수 있는 곳으로 뻥 뚫린 하늘과 수평선, 그리고 종종 오가는 선편을 제외하고는 아무것도 없는 곳이다. 섬 주민들에게는 암초 낚시로도 유명한데, 파도와 물보라가 거칠기 때문에 기상 상황을 잘 파악해야 한다. 자그마한 전망대와 화장실, 자판기가 있다. 잘 살펴보면 작은 오솔길을 따라 작은 해변으로 연결된다. 누구의 손도 닿지 않은 듯한 작은 해변이 은근 절경이다. 멍하니 앉아 풍경보기에는 그만.

🏃 히라라에서 차로 30분 🕐 오픈 ¥ 없음 🅿 무료
🏠 없음 🔍 시라토리미사키 공원

이 큰 돌이 굴러왔다니! ⑦

## 오비이시 거석 帶石

1771년 발생한 메이와 대지진과 뒤이은 쓰나미로 인해 미야코 제도 일대가 쑥대밭이 되었던 적이 있는데, 그때 해안에 있던 것이 여기까지 굴러들어왔다고. 높이 12.5m, 둘레 60m에 달하는 엄청난 크기다. 지역 주민들에게 이 바위는 신성시 되고 있는데, 실제로 주민들은 이 바위에 대고 어부는 풍어를, 부부는 가정의 편안을, 선원은 안전한 항해를 기원한다고 한다. 바위로 가는 길 산책로도 잘 조성되어 있다.

🚶 히라라에서 차로 25분 🕐 오픈 ¥ 무료 ❷ 무료
🏠 없음 🔍 오비이시(시모지섬 거석)

수중 동굴로 이어지는 신비로운 해수호 ⑧

## 토리이케 通り池

한국인이라면 한라산 백록담을 연상케 하는 두 개의 해수 연못. 지름 75m와 55m, 수심은 각각 50m와 40m에 달할 정도로 큰 규모다. 신비로운 경관 탓에 연못에 대한 몇 개의 지역 전설이 있다. 최근 연구 결과에 의하면 원래 이 연못은 해저 동굴이었는데, 침식에 의해 동굴 천장이 붕괴해 현재의 모습이 되었다고 한다. 덕분에 국가 명승지이자 천연기념물로 지정되어 이중 보호를 받고 있다. 사실 토리이케의 진가는 물속에 있다. 지상과 연결된 해저 동굴인데, 물살도 세지 않기 때문에 이라부 섬을 찾는 다이버들에게는 성지와도 같은 곳. 산책로가 잘 꾸며진 데다, 카렌펠트 지형 특유의 삭막한 아름다움도 한몫을 한다.

🚶 히라라에서 차로 25분 🕐 오픈 ¥ 무료 ❷ 무료 🏠 없음 🔍 토리이케

### 퇴락한 쓸쓸한 항구, 그곳에 있는 정식집 ······ ①

# 오반마이 식당 おーばんまい食堂

이라부 대교 건설 이후 한적해진 항구의 선창가에 자리 잡은 식당
이다. 어항에서 직영하며 합리적인 가격에 다양한 해산물 정식을
제공한다. 인기 메뉴로는 신선한 회가 듬뿍 올라간 카이센동海鮮
丼, 참치 절임에 참깨를 넉넉히 뿌린 큐슈식 참깨 즈케동胡麻ヅケ丼,
참치덮밥マグロ丼이 있다. 회를 좋아하지 않는 손님을 위해 생선카
츠 카레덮밥도 있으니 참고하자. 대부분의 메뉴가 맛있지만, 튀김
은 추천하지 않는다.

🏃 미야코지마 공설시장에서 차로 20분 📞 (0980)79-7677 🕐 11:00~
15:00 ¥ 1인 1,500엔 🅿 무료 🏠 www.instagram.com/oobanmai
🔎 오반마이 식당

---

### 취향 저격 카페 겸 레스토랑 ······ ②

# 블루 터틀 ブルータートル Blue Turtle

투박한 이라부 섬에 혜성처럼 등장한 '블루 터틀'. 파란 거북이가
그려진 예쁜 도안만으로도 이미 성공을 예감했다. 인스타그램을
겨냥한 인테리어 덕분에 젊은 여행자들의 필수 방문지로 자리 잡
았다. 서양식 요리를 주로 선보이며 합리적인 가격대를 유지한다.
대부분의 여행자들은 레스토랑보다 카페로 이용하는데, 해질녘에
방문하면 석양이 물드는 하늘을 배경으로 식사를 즐길 수 있다. 영
어 메뉴판이 잘 구비되어 있어 주문하기도 편하다.

🏃 미야코지마 공설시장에서 차로 20분 📞 (0980)74-5333
🕐 11:00~22:00 ¥ 1인 (카페) 1,500엔, (레스토랑) 2,500~4,500엔
🅿 무료 🏠 blueturtle.jp/ 🔎 블루 터틀

---

### 민가를 개조한 작은 국숫집 ······ ③

# 이라부소바 카메 伊良部そば かめ

공항 근처의 소바 전문점이다. 식당 공사 중에 육지 거북이가
가게 안으로 들어와서 일본어로 거북이를 뜻하는 '카메'로 이
름을 지었다고 한다. 이라부 섬의 인기 식당 중 하나로, 개점 전부
터 손님들이 줄을 서서 기다린다. 대표 메뉴는 자체 개발한 이라부
소바. 이라부 섬의 특산품인 가다랑어 어육을 고명으로 올려 특색
있는 맛을 낸다. 미야코 소바보다 가는 면발과 깔끔한 국물이 특징
이다. 참치 초밥은 2점 단위로 추가 주문이 가능하다.

🏃 미야코지마 공설시장에서 차로 25분 📞 (0980)78-5477 🕐 목~화
11:00~16:00 ¥ 1인 1000엔 🅿 무료 🏠 www.instagram.com/
yi-liang-busoba-kame/ 🔎 이라부소바 카메

# PART 5

실전에
강한
여행 준비

# 한눈에 보는 오키나와 여행 준비

## 01
### 여행 계획 세우기

여행 스타일과 목적, 동반자에 따라 오키나와 여행 계획이 달라질 수 있다. 휴양과 관광 중 무엇을 중점에 둘 것인지, 누구와 함께 떠날 것인지 등에 따라 자유 여행, 에어텔 여행, 패키지 여행을 선택할 수 있다.

오키나와의 여행 테마는 생각 외로 다양하다. 리조트에서 푹 쉴 수도, 다이빙복을 입고 멋지게 바다에 입수해 형형색색의 산호를 볼 수도, 렌터카로 섬 구석구석을 누비고 다닐 수도 있다. 자신의 여행 스타일과 오키나와의 어떤 점을 공략할지 파악하는 것이 오키나와 여행 궁합을 맞추는 첫 번째 미션이다. 자신의 여행 스타일을 모르고 주먹구구식으로 일정을 짜게 되면 그저 남들 다 가는 곳에 가서 똑같이 발도장 찍고 다니는 무의미한 여행이 될 수도 있다. 나는 무엇을 원하는가? 먼저 나에게 속삭이는 소리에 귀를 기울여보자.

## 02
### 여행 기간 정하기

오키나와가 처음이라면 최소 3박 4일은 기본으로 잡아야 한다. 다만, 직장인이라면 대부분 본인이 원하는 일정에 맞추기보다는 주어진 휴가 기간에 맞춰야 하는 게 현실이다. 일단 주어진 시간을 최대한 활용하면서 여행 준비를 시작하자.

## 03
### 일정에 맞는 항공권과 숙소 예약하기

여행 날짜가 확정되었다면 항공권 예약을 최우선으로 해야 한다. 엔데믹 후 오키나와 항공편은 대한항공, 아시아나항공, 티웨이항공, 진에어, 제주항공 등 다양한 항공편이 매일 운항을 하고 있기 때문에 명절이나 여름, 겨울 휴가 시즌을 제외하면 표를 구하기는 쉬운 편이다.

항공권은 빨리 예약할수록 요금이 저렴하지만 변경이나 취소 시에는 수수료가 부가될 수 있으니 신중하게 날짜를 정하자.

항공권과 함께 신경 써야 할 것이 렌터카 예약이다. 특히, 경제적인 여행을 생각한다면 서둘러야 한다. 오키나와는 무조건 저렴한 경차 순으로 예약이 빨리 차기 때문이다.

숙소도 마찬가지. 책을 보고 원하는 숙소의 후보군을 정해 호텔 예약 사이트, 가격 비교 사이트들을 비교하는 것이 중요하다. 렌터카를 이용할 예정이라면 어느 지역의 숙소를 잡아도 상관없지만, 렌터카가 없다면 숙소 위치를 고려해야 한다.

## 04
### 일정에 맞는 항공권과 숙소 예약하기

주어진 일정에 따라 효율적인 코스를 짜는 일은 말처럼 쉽지 않다. 특히 오키나와의 식당들은 대부분 주 2회 정도는 문을 닫고, 식당마다 휴무일도 제각각이라 의외로 세세하게 살펴봐야 한다. 〈리얼 오키나와〉에서는 다양한 독자의 취향과 일정을 고려해서 만든 모델 코스를 제시하고 있지만, 자기의 여행 스타일과 100% 맞을 수는 없는 법. 일정과 상황에 따라 약간의 응용이 필요하다.

여행 목적지를 오키나와로 정했다면 이제부터 차근차근 여행 준비에 들어가야 한다.
해외여행 준비물의 기본은 외국에서 신분증 역할을 하는 여권과 그 나라에 입국해도 된다는 허가증인 비자다.
하지만, 일본은 90일 이내의 여행이 방문 목적인 경우 비자가 따로 필요하지 않다.

## 05

### 여행에 필요한 준비물 확인

① 여권 유효 기간을 확인한다. 최소한 6개월 이상 남아 있어야 한다. 출발 전에 여권 복사본도 준비하는 것이 좋다.
② 렌터카를 이용한다면 국제운전면허증을 사전에 발급 받자.
③ 오키나와에서는 현금 위주로 쓰겠지만, 만일을 위해 해외에서 이용할 수 있는 신용카드, 체크카드도 준비하자.
④ 여행자 보험은 출발 전에 꼭 가입한다. 정 급하면 공항에서도 가입할 수 있다.
⑤ 현지에서 자유로운 인터넷 접속을 위해 유심, 와이파이 도시락, 로밍 등 방안을 마련해가자.

## 06

### 예산 짜기

항공권과 숙소, 렌터카 예약이 끝나면 여행 준비의 8할은 끝난 것. 남은 것은 현지에서 쓸 식비, 입장료, 잡비 정도다. 만일 렌터카 예약을 하지 않았다면 교통비가 추가될 텐데, 오키나와 특성상 대중교통이 많지 않을 뿐 아니라 교통비도 비싼 편이다.

## 07

### 스쿠버다이빙이나 맛집 방문을 위한 추가 예약

먹기로 한 건 꼭 먹어야 하는 미식가라면 유명 맛집 예약은 필수. 스노클링, 스쿠버다이빙도 사전에 예약하는 것이 정석이다. 단, 날씨에 따라 취소, 변경되는 경우도 있으니 날씨 상태가 불안하다면 예비 일정을 준비해 두는 것이 좋다. 날씨 변덕이 심한 오키나와에서는 흔한 일 중 하나다.

## 08

### 짐 싸기

짐을 쌀 때는 모든 것이 다 필요할 것 같지만, 막상 들고 다녀보면 정작 필요한 물건은 정해져 있다. 특히, 오키나와 같은 단기 여행지에서는 굳이 욕심낼 필요가 없다. 웬만한 숙소에는 세면도구 등 필요한 물품이 모두 준비돼 있다.
쇼핑 계획의 비중이 크다면 돌아올 때 몇 배로 늘어나는 짐을 싸는 게 더 큰 과제가 되기도 한다. 여분의 가방을 미리 챙기는 것도 방법.

#  오키나와 항공권 저렴하게 구매하기

항공 요금은 항공사에 따라 시즌과 유효 기간에 따라,
또 예약 조건에 따라 천차만별이다. 일반적으로 성수기·비수기에 따라 가장 큰 차이가 나지만,
어떤 시기라도 발품만 잘 팔면 남들보다 훨씬 저렴하게 예약할 수 있다.

## 출발일과 시간, 항공사 다양하게 검색하기

서울에서 오키나와까지 비행하는 항공사는 대한항공, 아시아나항공, 제주항공, 진에어, 티웨이항공 등 총 5개. 출발일과 시간에 따라 항공사별 가격 차이가 크므로, 여러 항공사의 항공권 가격을 비교하여 가장 저렴한 항공권을 선택하는 것이 좋다.

또한, 출발일과 시간에 따라 가격 차이가 크므로, 출발일과 시간을 다양하게 검색하여 가장 저렴한 항공권을 찾도록 한다. 일반적으로 출발일이 빨라질수록, 출발 시간이 늦어질수록, 가격이 저렴해진다.

## 성수기에는 얼리버드 항공권 노려보기

시간이 많으면 상관없겠지만, 대부분의 직장인은 휴가철이나 황금연휴 같은 성수기에 여행을 떠나야 한다. 비수기보다 제약이 많지만 최소 5~6개월 전부터 항공권 비교 검색 사이트에 가격 알림 설정을 해두고 항공사 홈페이지도 자주 살펴보자. 운이 좋으면 저렴한 얼리버드 특가 항공권을 만날 수 있다.

## 항공사의 특가 이벤트 활용하기

항공사마다 다양한 특가 이벤트를 진행한다. 특정 조건을 충족하면 할인받는 프로모션 할인 이벤트, 가족 단위로 예매하면 할인받는 가족 할인 이벤트, 특정 제휴 업체와 제휴를 통해 할인받는 제휴 할인 이벤트 등 다양한 특가 이벤트가 있다.

여행 일정이 정해지면, 곧바로 항공사 SNS를 팔로우해 놓고 프로모션 항공권이 뜨기를 기다리자. 엔데믹으로 취항하는 저가항공사가 많아진 만큼 프로모션 항공권 행사도 예년에 비해 점점 늘어나고 있는 추세다.

## 항공권 비교 사이트 이용하기

얼리버드 항공권이나 프로모션 항공권은 부지런해야 하고 시간이 많이 든다. 가장 합리적인 방법은 항공권 비교 검색 사이트를 통해 가격을 비교하고 예약하는 것이다. 물론 특가 항공권보다는 조금 더 비싸지만, 출발·도착 시간만 잘 조정하면 좋은 가격대를 만날 수 있다. 또한, 항공권 비교 사이트를 이용하면 여러 항공사의 항공권 가격을 한 번에 비교할 수 있고, 다양한 할인 정보도 제공하므로 저렴한 항공권을 찾는 데 도움이 된다.

대표적인 항공권 비교 사이트로는 스카이스캐너, 카약, 트립닷컴 등이 있다. 이러한 사이트를 이용하면 원하는 조건의 항공권을 빠르고 쉽게 찾을 수 있다.

## 특가 항공권 예약 시 유의할 점

가격이 싼 데는 다 이유가 있는 법. 대개 항공권의 유효 기간이 짧거나, 예약 변경이 불가능하다거나, 수수료가 엄청나게 비싸거나, 환불이 불가능하다거나 하는 등 여러 가지 조건과 제약이 따른다. 그 모든 조건을 받아들일 수 있을 때에만 할인 항공권의 싼 가격이 의미 있는 것이다. 예약 조건을 자세히 알아보지 않고 덜컥 예약했다가 나중에 예약 변경이나 취소 문제로 골치 아픈 경우가 벌어질 수도 있으니 주의하자.

# 오키나와 숙소 어떻게 예약하면 좋을까?

숙소는 여행의 성공 여부를 결정하는 가장 중요한 요소다. 숙소를 결정했다면
여행 준비의 절반이 완성되는 것. 위치와 요금을 고려한 최상의 숙소 예약 프로세스를 꼼꼼하게 정리했다.
한번 알아두면 어디서든 유용한 정보인 만큼 잘 체크해두자.

## STEP ①
### 지역과 위치 선정

오키나와는 남부, 중부, 북부로 크게 나눌 수 있다. 남부 오키나와는 나하 시와 그 주변
지역으로, 다양한 관광 명소가 밀집해 있다. 중부 오키나와는 아름다운 자연경관을 자
랑하며, 휴양을 목적으로 하는 여행객에게 인기가 있다. 북부 오키나와는 산악 지형이
발달해 있으며, 다양한 야생 동물을 관찰할 수 있다.

여행의 목적과 취향에 따라 적합한 지역과 위치를 선택하는 것이 중요하다. 예를 들어,
역사와 문화를 둘러보고 싶다면 나하를 중심으로 한 남부 오키나와, 휴양을 즐기고 싶
다면 중부 또는 북부 오키나와를 선택하는 것이 좋다.

## STEP ②
### 숙박 기간과
### 객실 타입 선택

오키나와의 숙소는 리조트, 호텔, 게스트하우스 등 다양한 종류가 있다. 숙박 기간과 예
산에 따라 적합한 숙소를 선택하는 것이 중요하다.

짧은 기간의 여행이라면 가격이 좀 비싸더라도 리조트나 호텔을 선택하는 것이 좋다. 리
조트나 호텔은 기본적으로 풍경이나 자연 환경이 뛰어난 곳에 위치하고 있어 휴양을 즐

기기에 적합하다. 또한 다양한 액티비티를 즐길 수 있는 부대시설도 갖추고 있어 편리하게 이용할 수 있다. 장기 여행이라면 게스트하우스를 선택하는 것도 좋은 방법. 게스트하우스는 저렴한 가격으로 숙박할 수 있으며, 현지인들과 교류할 수 있는 기회도 얻을 수 있다.

## STEP ③
### 예약 시점과 취소 정책 확인

오키나와는 인기 관광지이기 때문에, 성수기에는 예약이 빠르게 마감될 수 있다. 따라서 여행 일정이 확정되면 가능한 한 빨리 예약하는 것이 좋다.

또한, 호텔마다 취소 정책이 다르므로, 예약 시 취소 정책을 꼼꼼히 확인하는 것이 중요하다. 특히, 성수기에는 취소 수수료가 부과될 수 있으므로 유의해야 한다.

## STEP ④
### 객실 옵션 확인

호텔마다 제공하는 객실 옵션은 천차만별. 기본적으로는 침대 타입, 전망, 발코니 여부 등을 확인하여 원하는 객실을 선택하는 것이 좋다. 특히, 어린이를 동반하는 경우, 객실 내 침대나 유아용 침대, 유아용품 제공 여부를 확인해야 한다.

## STEP ⑤
### 호텔 시설 및 서비스 확인

호텔의 시설 및 서비스를 확인하여, 여행에 필요한 시설과 서비스가 제공되는지 확인하는 것도 중요하다. 예를 들어, 수영장, 피트니스센터, 레스토랑, 바, 회의실, 셔틀 서비스 등을 제공하는지 확인해야 한다. 특히, 오키나와에서는 렌터카를 이용하는 경우가 많기 때문에 주차 시설이 충분한지, 무료로 이용할 수 있는지 등도 예약 전에 꼭 확인해야 한다.

## STEP ⑥
### 할인 혜택 확인

호텔마다 제공하는 할인 혜택이 다르다. 예약 시 할인 혜택을 적용받을 수 있는지 확인하여, 더욱 저렴한 가격으로 이용하는 것이 좋다. 여행사 패키지, 항공사 연계 상품, 멤버십 할인 등 다양한 할인 혜택이 있으니 호텔 홈페이지나 예약 사이트의 특가 상품을 미리 잘 확인해 보자.

## STEP ⑦
### 최종 예약하기

호텔 홈페이지, 온오프라인 여행사, 숙소 예약 전문 사이트 등 다양한 경로로 예약할 수 있는데, 너무 많은 곳을 보면 오히려 헷갈릴 수 있으니 호텔 홈페이지와 즐겨 찾는 숙소 예약 사이트 두 군데 정도를 비교해 보자. 회사마다 경쟁도 심하고 프로모션도 다양해 같은 호텔이라 해도 요금이 다를 수 있다. 또한 룸의 종류와 조식 추가 여부 등에 따라서도 요금이 달라지니 꼼꼼히 알아보자. 어느 정도 정리가 되었다면 마지막으로 다른 여행자들의 이용 후기를 살펴보면서 특별한 문제가 있지 않은지 확인하고 결정한다.

### ♠ 예약 사이트
· 네이버 호텔 hotels.naver.com
· 아고다 www.agoda.com
· 호스텔월드 www.hostelworld.com
· 호텔스컴바인 www.hotelscombined.com
· 부킹닷컴 www.booking.com
· 에어비앤비 www.airbnb.com
· 호텔스닷컴 www.hotels.com

# 오키나와 숙소 어디에 정하면 좋을까?

오키나와는 대표 도시인 나하를 중심으로, 중부, 북부에 다양한 숙소가 분포되어 있다.
각 지역별로 특색과 볼거리가 다르기 때문에, 여행 목적에 맞는 숙소를 선택하는 것이 좋다.

호텔 오리온 모토부 리조트 & 스파

## 나하 시

### 오키나와가 처음이라면
### 나하를 베이스캠프로

나하는 오키나와의 대표적인 중심 도시로, 다양한 관광
명소와 쇼핑, 음식점이 밀집해 있다. 또한, 유이레일로
이동이 편리하여 다른 지역으로의 이동도 수월한 편. 오
키나와의 주요 관광지를 둘러보고 싶은 여행객이라면
나하에 숙소를 정하는 것이 좋다.

**추천 숙소**
· **하얏트 리젠시 나하 오키나와** 국제거리 도보 5분 거리에 있
는 깔끔한 5성급 호텔. 다양하고 수준 높은 부대시설이 있어
호캉스로 딱
· **호텔 컬렉티브** 국제거리 중심에 위치한 5성급 호텔. 유아용
품 무료 대여 서비스가 있고, 수영장 시설이 좋아 아이 동반 가
족 여행자에게 인기
· **호텔 스트라타 나하** 국제거리 도보 8분 거리에 있는 모던한
3성급 호텔. 멋진 루프톱 바와 야외 수영장이 매력적

쉐라톤 오키나와 선마리나 리조트 ●

힐튼 오키나와 차탄 리조트
레쿠 오키나와 차탄 스파 앤 리조트

하얏트 리젠시 나하 오키나와
호텔 컬렉티브
호텔 스트라타 나하

● 서던 비치 호텔 앤 리조트 오키나와
류큐 호텔 & 리조트 나시로 비치 ●

• 오쿠마 프라이빗 비치
  & 리조트

오키나와
북부

## 자연을 만끽하고 싶은 도전적인 여행자라면

오키나와의 북부는 푸른 바다와 울창한 숲이 어우러진, 자연경관이 아름다운 곳이다. 또한, 아쿠아파크, 얀바루 국립공원, 츄라우미 수족관 등 오키나와를 대표하는 자연 볼거리가 모여 있기도 하다. 자연을 만끽하고 싶은 여행객이라면 오키나와 북부에 숙소를 정하는 것이 좋다.

> **추천 숙소**
> · **오쿠마 프라이빗 비치 & 리조트**  한적하고 조용한 휴식을 취할 수 있는 4성급 호텔. 다양한 해양 레저를 즐길 수 있는 호텔 소유의 해변이 있어 프라이빗한 휴식이 가능
> · **호텔 오리온 모토부 리조트 & 스파**  고품격 오션뷰 객실을 갖춘 4성급 호텔. 북부 지역 최고의 명소인 츄라우미 수족관을 도보로 이용할 수 있는 점이 매력적

오키나와
중부

## 남국의 정취를 느끼며 편하게 쉬고 싶다면

오키나와의 대표적인 휴양지가 모여 있는 곳. 아름다운 해변과 다양한 리조트가 곳곳에 있어, 여유로운 휴식을 취하기에 좋다. 또한, 오키나와 전통 문화를 체험할 수 있는 곳도 많다. 휴양과 관광을 함께 즐기고 싶은 여행객이라면 오키나와 중부에 숙소를 정하는 것이 좋다.

> **추천 숙소**
> · **쉐라톤 오키나와 선마리나 리조트**  깔끔한 4성급 호텔. 오션뷰 발코니가 있는 넓은 객실이 매력적. 워터슬라이드가 있는 수영장, 어린이 수영장 및 게임룸 등 아이를 위한 시설이 있어 가족 여행자에게 제격
> · **힐튼 오키나와 차탄 리조트**  아름다운 선셋 비치 근처에 위치한 4성급 호텔. 럭셔리한 실내외 수영장, 사우나와 스파, 피트니스 시설 등 부대시설이 출중
> · **레쿠 오키나와 차탄 스파 앤 리조트**  아메리칸 빌리지 옆에 위치한 4성급 호텔. 가성비가 좋고 주변에 유명 맛집도 많아 인기

오키나와
남부

## 휴양과 역사를 모두 아우르고 싶은 여행자라면

오키나와의 중심 도시인 나하 시와 지리적으로 가깝고, 태평양과 동죽국해를 아우르는 긴 해안선 덕분에 바다의 참맛을 즐길 수 있는 휴양 스폿이 많은 곳이다. 게다가 역사적인 유적지가 곳곳에 분포되어 있어 오키나와의 역사와 문화 여행을 즐기기에도 안성맞춤이다.

> **추천 숙소**
> · **서던 비치 호텔 앤 리조트 오키나와**  오션뷰가 일품인 4성급 호텔. 숙박객을 위한 프라이빗 해변과 야외 수영장이 있어 가족 여행자에게 좋음
> · **류큐 호텔 & 리조트 나시로 비치**  22년 7월에 오픈한 신축 5성급 호텔. 오키나와 남부의 아름다운 나시로 해변을 품고 있어 휴양 호텔로 제격

# ✈ 출국과 입국

오키나와에 있는 국제선 공항은 본섬에 있는 나하<sub>那覇</sub> 공항이 유일하고,
2024년 1월 현재 한국에서 나하로 연결되는 직항편은 인천공항이 유일하다.
나하로 직항 연결되는 항공사는 꽤 많은 편으로 대한항공, 아시아나 등
FCC는 물론 제주항공과 진에어, 티웨이항공 같은 LCC도 인천과 나하 사이를 연결하고 있다.

# 인천 국제공항에서의 출국

### ① 출국 공항터미널 확인

제주항공, 티웨이, 아시아나항공은 인천공항 제 1터미널에서, 대한항공과 진에어는 제 2터미널에서 출발한다. 두 터미널간 거리가 상당하기 때문에 자칫 다른 터미널에 도착하면 20~30분은 그대로 날아가니 주의하자. 국제선의 경우 최소 세 시간 전, 면세점 쇼핑을 좀 여유있게 할 요량이라면 적어도 세 시간 삼십 분 전에는 도착하도록 하자.

### ② 탑승 수속

인천에서 나하로 가는 모든 항공사는 앱 혹은 인터넷을 통한 온라인 얼리 체크인이 가능하다. 온라인 얼리 체크인 과정을 통해 좌석도 미리 지정할 수 있는데, 요즘은 온라인 체크인이 대세라 현장에서 보딩하면 일행끼리 떨어져 앉는 경우도 많다. 즉 꼭 붙어서 비행기 타고 싶다면 온라인을 적극 활용하자(인터넷으로 항공권을 구매하면 온라인 체크인 링크를 보내준다). 만약 온라인 체크인을 안했다면, 해당 항공사 카운터에서 스마트폰에 저장한(혹은 종이로 출력한) 온라인 항공권과 여권을 보여주고 수속을 밟는다. 어떻게 체크인을 하든 배터리 혹은 배터리가 내장된 전자기기는 수화물(부치는 짐)에 넣을 수 없다. 명심하자.

### ③ 보안 검색 및 출국 심사

문처럼 생긴 금속탐지기와 엑스레이 검사대 뒤로 줄 서 있는 사람이 보인다면 보안 검색을 하는 곳이다. 차례가 되면 옆에 놓인 바구니에 휴대 하고 있는 모든 물품, 즉 휴대한 가방, 상의, 휴대전 화나 동전 같은 것까지 모두 바구니에 내려놓고 엑스레이 탐지기를 통과해야 한다. 랩톱 같은 경우는 가방에서 빼, 별도의 바구니에 넣도록 하자. 물이나 음료는 보안검색 직전 모두 버리거나 마셔버려야 한다.

### ④ 비행기 탑승

면세 구역 곳곳에는 비행기 출·도착을 알리는 전광판이 있다. 그곳에서 내가 탈 비행기의 편명을 확인하고 제 시간에 비행기가 도착하는지 확인 후, 탑승권에 안내된 번호의 탑승구로 간다. 1~50번 탑승구는 면세 구역과 같은 건물에 있지만, 101~132번까지의 탑승구는 면세 구역에서 에스컬레이터를 타고 내려가 무인 열차를 타고 별도의 탑승동으로 가야 한다. 2터미널은 탑승구가 200번대로 시작된다.

# 오키나와 나하공항 입국

2시간가량의 짧은 비행 후, 오키나와에 도착한다. 착륙 직전, 창밖으로 펼쳐지는 푸른 바다를 본 승객들의 탄성 소리가 흘러나온다. 착륙 직전 창문을 통해 오키나와의 푸른 바다와 산호초를 보고 싶다면. 오른쪽보다는 왼쪽 창가에 앉는 게 더 유리하다.

## ① 입국신고서 작성하기

기내에서 나눠주는 입국신고서를 작성해도 되고, 비짓 재팬 웹 vjw-lp.digital. go.jp에 들어가 온라인으로 입국신고서-세관신고를 미리 할 수도 있다.

外国人入国記録 DISEMBARKATION CARD FOR FOREIGNER 외국인 입국기록

【 ARRIVAL 】

英語又は日本語で記載して下さい. Enter information in either English or Japanese. 영어 또는 일본어로 기재해 주십시오.

| 氏 名 Name 이름 | Family Name 영문 성 JUN | | Given Names 영문 이름 MYUNG YOON | |
|---|---|---|---|---|
| 生年月日 Date of Birth 생년월일 | Day日 일 30 Month月 월 11 Year年 년 97X | 現住所 Home Address 현주소 | 国名 Country name 나라명 SOUTH KOREA | 都市名 City name 도시명 SEOUL |
| 渡航目的 Purpose of visit 도항 목적 | ☑ 観光 Tourism ☐ 관광 Others 기타 ( | ☐ 商用 Business 상용 | ☐ 親族訪問 Visiting relatives 친척 방문 ) | 航空機便名・船名 Last flight No./Vessel 도착 항공착공기 편명·선명 OZ172 日本滞在予定期間 Intended length of stay in Japan 일본 체재 예정 기간 7 DAYS |
| 日本の連絡先 Intended address in Japan | HOTEL JAL CITY, NAHA | | TEL 전화번호 (098) 866-2580 | |

裏面の質問事項について, 該当するものに☑を記入して下さい. Check the boxes for the applicable answers to the questions on the back side.
뒷면의 질문사항 중 해당되는 것에 ☑ 표시를 기입해 주십시오.

1. 日本での退去強制歴・上陸拒否歴の有無
Any history of receiving a deportation order or refusal of entry into Japan
일본에서의 강제퇴거 이력·상륙거부 이력 유무
☐ はい Yes 예　☑ いいえ No 아니오

2. 有罪判決の有無（日本での判決に限らない）
Any history of being convicted of a crime (not only in Japan)
유죄판결의 유무 (일본 내외의 모든 판결)
☐ はい Yes 예　☑ いいえ No 아니오

3. 規制薬物・銃砲・クロスボウ・刀剣類・火薬類の所持
Possession of controlled substances, firearms, crossbow, swords, or explosives
규제약물·총포·석궁·도검류·화약류의 소지
☐ はい Yes 예　☑ いいえ No 아니오

以上の記載内容は事実と相違ありません. I hereby declare that the statement given above is true and accurate. 이상의 기재 내용은 사실과 틀림 없습니다.

署名 Signature 서명　YOON

### ② 입국심사대

비짓 재팬 웹에서 사전 신고를 안 했다면 여권과 입국신고서를 들고, 비짓 재팬 웹에서 사전 신고를 했다면 여권만 들고 외국인外國人 카운터에서 줄을 서자.
현지 직원들의 안내를 받아 지문 체취와 얼굴 사진 촬영을 한 후, 심사대 쪽으로 가서 자신의 차례가 되면 여권 혹은 여권과 입국신고서를 제출한다. 일부 한국인 여성들이 관광비자를 발급받은 후 일본내 퇴폐업소에 불법 취업하는 경우가 있어, 동반가족이 없는 젊은 여성에 한해, 오키나와에 온 목적과 체류 기간, 돌아가는 항공편 등의 질문을 하기도 한다. 이럴 경우 당황하지 말고 사실대로 대답하면 된다.

### ③ 수하물 찾기

입국심사대를 통과하면 인천 국제공항에서 오키나와로 부친 짐을 찾으러 가야한다. 전광판을 보고 자신이 타고 온 비행기와 매칭되는 컨베이어 벨트 번호 를 찾아가면 된다.

### ④ 세관 통과

신고할 품목이 있으면 빨간색 카운터로, 신고할 품목이 없으면 여권과 미리 작성한 휴대품 신고서를 제시하면 된다(비짓 재팬 웹으로 미리 신고했다면 휴대품 신고서를 작성하지 않아도 된다). 면세 반입이 가능한 품목은 술 3병 이하, 담배는 20갑(잎담배 100개비) 이하, 향수 2온스(약 56g) 이하 , 그 외 20만엔 이하물품이다. 세관을 통과해 밖으로 나가면 이제 입국장Arrival Hall이 등장한다.

## 공항에서 시내로

오키나와는 대중교통망이 부실한 편이지만 공항에서 나하 시내로 나오는 방법만큼은 모노레일이 있어 한결 수월하다. 나하를 제외한 지역은 대중교통망이 빈약한 편이다. 시외버스, 리무진버스, 에어포트 셔틀 등을 이용할 수 있지만 운행횟수가 적고 시간도 많이 걸린다는 사실을 명심해 두자. 렌터카가 오키나와 여행에 있어 필수불가결한 이유도 바로 이 때문이다.

### ① 모노레일

공항에서 가장 빨리 나하 시내로 갈 수 있는 대중교통 수단이다. 모노레일 나하공항 역은 나하공항 국내선 청사 2층과 육교로 연결되어 있다. 이정표가 잘 되어 있으니 'モノレールのりば Monorail'이라고 적힌 표지판만 잘 따라가면 역에 무사히 당도할 수 있다.

### ② 리무진 버스

나하공항에서 오키나와 중부 서해안 지대에 집중적으로 몰려 있는 리조트 지역으로 이동할 예정이라면 리조트만 순회하는 공항 리무진 버스リム ジンバス를 이용하면 된다. 승차권은 국제선 청사 입국홀에서 나와 오른쪽에 있는 관광안내소(09:00~21:00)와 국내선 공항 1층의 리무진 안내카운터(11:00~19:00)의 관광안내소에서 구입할 수 있다. 리무진 버스는 국내선 청사 12번 승차장에서 출발해 국제선 청사 버스정류장을 거쳐 목적지로 간다. 웹페이지를 통해 승차권을 예매할 수 있다.

🏠 japanbusonline.com/en

### ③ 에어포트 셔틀

단일 노선 버스로 오키나와 내 여행자들이 많이 가는 목적지는 대부분 커버한다. 호텔 앞에 정차해 주는 리무진 버스가 더 편해 보이는 건 사실이지만, 리무진 버스의 배차 간격이 너무 길어 에어포트 셔틀이 외려 현실적이다. 다만 에어포트 셔틀은 기존 버스정류장에 세워주기 때문에 숙소로 가기 위해서는 좀 걸어야 한다. 국제선 청사 밖으로 나가 왼쪽에 있는 버스정류장에서 탑승할 수 있다. 웹페이지를 통해 승차권을 예매할 수 있다.

### ④ 얀바루 급행 버스

원래는 급행 버스로 시작했는데, 요즘은 완행이 됐다. 에어포트 셔틀과 여러모로 정류장이 겹치기 때문에 먼저 오는 걸 타면 된다. 얀바루 급행 버

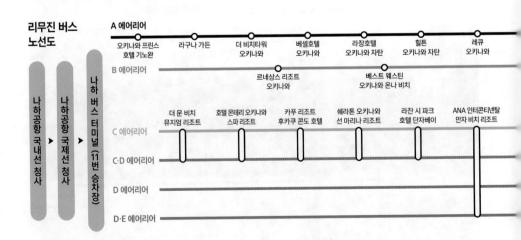

**리무진 버스 노선도**

스는 에어포트 셔틀과 달리 예약이 되지 않는다. 국제선 청사 밖으로 나가 왼쪽에 있는 버스정류장에서 탑승할 수 있다.

♠ yanbaru-expressbus.com

### ⑤ 렌터카

공항에서 차량을 인수하는 조건으로 렌터카를 예약했다면, 우선 어느 지점에서 렌터카 회사의 직원을 만나기로 했는지 확인하자. 렌터카 회사에 따라 공항의 입국장까지 나와 이름이 적힌 종이를 들고 기다리는 경우도 있지만, 어떤 렌터카 회사는 공항 내 특정 지점으로 오라는 경우도 있다. 마중 나온 이를 따라가든, 스스로 찾아가든 국내선 청사 맞은편에 있는 11번 승차장11 レンタカー送迎バス乗り場에서 회사별 픽업차를 타게 된다. 픽업차를 타고 렌터카 회사로 가 예약확인서, 국제면허증, 여권을 제시하고 렌터카 보험에 대한 설명을 들은 후 계약서에 사인하고 요금을 지불하면 끝. 렌터카 이용에 대한 주의사항, 내비게이션 이용 방법 등에 대한 설명이 끝나면 차량을 인도받게 된다.

④

⑤

### ⑥ 택시

오키나와는 일본에서 택시비가 가장 저렴한 지역에 속하지만, 한국보다는 비싸다. 나하 근교에 있는 숙소에 묵고 인원이 3명 이상이라면 택시를 타는 것도 나쁘지 않은 선택이다. 교외의 경우도 (인원만 충분하다면) 버스 운임이 비싼데다 느린 관계로 택시의 경쟁력이 훨씬 좋은 편이다. 국제선 청사 밖으로 나가 왼쪽에 택시 승차장이 있다. 한편, 일본도 드디어 앱으로 택시를 부를 수 있게 되었다. 앱의 이름은 Go인데 한국 전화번호로 회원가입이 가능하며 지불할 카드를 등록하면 끝. 이후는 한국의 T앱을 쓰듯 하면 된다.

🕐 24시간 ¥ (소형차 기준) 초행 1.75km까지 600엔, 이후 400m 주행 혹은 2분 25초마다 100엔씩 가산(22:00~05:00까지는 심야 할증 20% 가산)

⑥

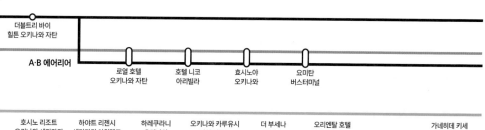

더블트리 바이
힐튼 오키나와 자탄

A·B 에어리어

로열 호텔    호텔 니코    효시노야    요미탄
오키나와 자탄    아리빌라    오키나와    버스터미널

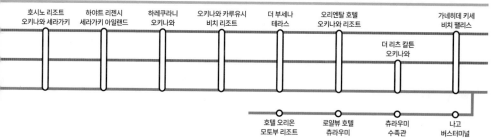

호시노 리조트    하얏트 리젠시    하레쿠라니    오키나와 카루이시    더 부세나    오리엔탈 호텔    가네히데 키세
오키나와 세라가키    세라가키 아일랜드    오키나와    비치 리조트    테라스    오키나와 리조트    비치 팰리스

더 리츠 칼튼
오키나와

호텔 오리온    로얄뷰 호텔    츄라우미    나고
모토부 리조트    츄라우미    수족관    버스터미널

# 오키나와 본섬의 시내교통

대중교통망이 부실한 오키나와에서 렌터카는 여행의 필수품 중 하나다.
그나마 모노레일과 버스가 있지만, 모노레일은 나하 시내만 한정되어 있으며, 버스는 전 지역을
운행하긴 하지만 느리고, 배차 간격이 길 뿐만 아니라 요금도 거리제여서 비싼 편이다.

## 1. 모노레일

나하에만 있는 교통수단으로 정식 명칭은 유이레일ゆいレール이다. 총 연장 19km,
17개 역으로 이루어져 있다. 오키나와 여행의 정석은 렌터카지만 나하에서만큼
은 유리레일 덕분에 렌터카가 필요없을 정도다(외려 나하에서 렌터카는 주차난
때문에 애물단지가 된다).

🕐 06:00~23:30, 6~12분 간격 ¥ 230~370엔(어린이 120~190엔), 1일권 800엔(어린이
400엔), 2일권 1,400엔(어린이 700엔) 🏠 www.yui-rail.co.jp

· **모노레일 이용하기** 모노레일 티켓은 크게 두 가지가 있다. 한 번만 탑승 할 수
있는 단승권ゆいレール과 발행 시간부터 24시간, 48시간 동안 자유롭게 이용
할 수 있는 1일권一日乘車券과 2일권二日乘車券이다. 최초 사용 시점을 기준으로
24~48시간 이용할 수 있기 때문에 시간 계산만 잘 하면 1박 2일~2박 3일 사용
이 가능하다. 일권의 경우 세 번 이상만 타면 본전을 뽑기 때문에 많은 여행자
가 애용한다. 일정과 여행 패턴에 따라 어떤 티켓을 구입하는 것이 유리한지 고
민해 보자. 기본적인 모노레일 이용법은 한국
의 지하철과 동일하다. 한국의 지하철 카드가
IC카드인데 비해 일본은 티켓에 새겨진 QR코
드를 태그해야 한다는 점만 다르다.

### 모노레일로 연결되는 주요 관광지

| 역명 | 연결 가능 지점 |
| --- | --- |
| 나하공항 역 那覇空港駅 | 나하 국제공항 |
| 아카미네 역 赤嶺駅 | ★ 일본 최남단의 전철역으로 기록됨 |
| 아사히바시 역 旭橋駅 | 나하 버스터미널 |
| 겐초마에 역 県庁前駅 | 국제거리, 마키시 공설시장 |
| 마키시 역 牧志駅 | 국제거리, 마키시 공설시장, 쓰보야 도자기 거리 |
| 오모로마치 역 おもろまち駅 | DFS 갤러리아, 현립박물관 |
| 슈리 역 首里駅 | 슈리성 공원 |
| 우라소에 마에다 역 浦添前田駅 | 우라소에 대공원 |

## 2. 버스

오키나와의 버스 시스템은 그리 좋다고 말할 수 없다. 배차 시간도 한국과는 비교할 수 없을 정도로 긴 데다, 연결되는 관광지도 그리 많은 편이 아니기 때문이다. 하지만 나하 바깥으로 나가기 위해선 이용할 수 있는 교통수단이 버스밖에 없기 때문에 버스 의존도가 높아진다. 거의 이용하지 않겠지만 나하 시내를 운행하는 시내버스는 1~6, 9, 11, 13~17, 19번이며 요금은 정액제로 ¥230이다.

나하 버스터미널

- **시외버스 이용** 오키나와의 시외버스는 모두 거리 병산제다. 승하차 모두 앞문을 이용하며, 버스에 탑승하면 일단 정리권整理券, 즉 어디에서 탑승했는지를 인식하는 티켓을 버스 탑승구의 자동발권기를 통해 받아야 한다. 좌석에 착석해 정면을 바라보면 운전석 상단에 디지털 차트가 눈에 들어온다. 내가 받은 정리권의 번호가 만약 3번이라면, 디지털 차트 3번에 표시된 금액이 내야 할 돈이다. 하차 시 하차 버튼을 눌러야 하는 건 한국과 같다. 다만 일본 버스는 잔돈을 거슬러 주는 시스템이 없기 때문에 동전이 반드시 주머니 속에 있어야 한다. 운전기사 옆에 ¥1,000 지폐 동전교환기가 있으니 직접 이용하자.

· **버스 앱** OTOpa라는 앱이 새로 나왔다. 관광객을 위한 버스+유이레일 무제
한 앱인데, 앱 스토어에서 'OTOpa'앱을 다운 받고 등록한 후(이메일 주소 정도
만 넣고 확인하면 된다) 1~3일 이용권을 선택하고 신용카드 결제하면 활성화
된다. 종이 OTOpa 승차권도 구입 가능하다.
오키나와 버스 노선은 www.kotsu-okinawa.org 를 참고하자.

**OTOpa 패스 요금**

| 종류 | 요금 | 종류 | 요금 |
|---|---|---|---|
| **1Day Pass** | 어른 ¥2500(소아 ¥1250) | **1Day Pass + 유이레일 무제한** | 어른 ¥3000(소아 ¥1500) |
| **3Day Pass** | 어른 ¥5000(소아 ¥2500) | **3Day Pass + 유이레일 무제한** | 어른 ¥5500(소아 ¥2750) |

## 3. 관광버스

워낙 대중교통이 약한데다 렌터카 운전에 부담을 느끼는 여행자가 많다보니 다
양한 관광버스들이 운행 중이다. 교통편만 제공하는 패키지 느낌이라 관광지에
서 머무는 시간을 잘 체크하고 재탑승길 반복해야 하기 때문에 자유로운 영혼
의 소유자라면 다소 불편할 수도 있다.

| 투어<br>이름 | 츄라우미 수족관과 나키진 성터<br>沖縄美ら海水族館と今帰仁城跡 | 오키나와 월드와 전적지 순례<br>おきなわワールドと戦跡めぐり | 중부 여행 코스<br>中部いいとこめぐりコース |
|---|---|---|---|
| 방문지 | · 오리온 모토부 리조트 앤 스파<br>  (60분 체류)<br>· 만자모(40분 체류)<br>· 츄라우미 수족관(130분 체류)<br>· 나키진 성터(50분 체류)<br>· 나고 파인애플 파크(40분 체류) | · 오키나와 평화기념공원(60분 체류)<br>· 오키나와 월드(120분 체류)<br>· 히메유리의 탑(80분 체류)<br>· 이아스 오키나와 도요사키<br>  (대형 쇼핑몰) | · 카츠렌 성터(60분 체류)<br>· 동남식물낙원(60분 체류)<br>· 해중도로(버스 통과, 창밖 구경)<br>· 해중도로 휴게소(40분 체류)<br>· 이온 몰 라이카무(100분 체류) |
| 출발<br>시간 | 08:30 | 08:30 | 08:45 |
| 승차<br>지점 | 아사히바시 역과 켄초마에 역 중간 지점, 오키나와 버스 본사 건물(Google Map: Okinawa bus) | | |
| 소요<br>시간 | 약 10시간 | 7시간 30분 | 7시간 |
| 운행 | 연중 무휴 | 연중 무휴 | 4월 1일~9월 30일 |
| 요금 | **¥7300**<br>(6~12세 어린이 ¥3800, 6세 미만 1인<br>까지 무료, 2인부터 소아 요금) | **¥5200**<br>(6~12세 어린이 ¥3100, 6세 미만<br>1인까지 무료, 2인부터 소아 요금) | **¥5000**<br>(6~12세 어린이 ¥4500, 6세 미만<br>1인까지 무료, 2인부터 소아 요금) |
| 예약<br>문의 | okinawabus.com/wp/bt | | |

## 4. 한국계 여행사의 관광버스

사설 여행사에서 진행하는 투어버스로, 한국어 음성 가이드가 별도로 지원된다.
현재는 남부 투어 한 종류만 진행 중이지만, 가격도 오키나와 현에서 운영하는
관광버스에 비해 나쁘지 않고, 현에서 운영하는 남부투어가 전적지 위주인데 비
해 한국계 여행사는 해변 위주로 짜여있어, 여러 면에서 이쪽이 낫다.

| | |
|---|---|
| **투어 이름** | 오감만족 남부투어 |
| **방문지** | 니라이 카나이 대교(창밖 관광), 치넨 미사키 공원(30분 체류)<br>미바루 비치(40분 체류), 오키나와 월드(2시간 45분 체류)<br>세나가지마 우미카지 테라스(1시간 체류) |
| **출발시간** | 09:30 |
| **승차지점** | 현청 앞 현민광장 |
| **소요시간** | 약 8시간 |
| **운행** | 연중 무휴(성원이 부족하면 불발) |
| **요금** | 13세 이상 48,000원 / 3~13세 38,000원 / 유아 무료(좌석 배정 없음) |
| **문의** | www.jinotour.com |

## 5. 택시

최근 엔저円低 현상 때문에 비싸기로 유명한 일본의 택시도 여행자들의 가시권에 들어오게 됐다. 게다가 오키나와의 택시 요금은 일본에서 가장 저렴한 편이다. 승차 정원인 네 명을 꽉 채워 다닐 예정이라면, 어지간한 거리는 대중교통에 비해 비슷하거나 약간 비싼 수준이다. 관광지이다 보니 3, 5, 8시간 단위로 택시를 대절하여 이용할 수도 있다. 운전에 자신 없지만 기동성 있게 오키나와의 이곳 저곳을 누빌 생각이라면, 나쁘지 않은 선택이다. 대절 택시는 머무는 숙소 리셉션이나 컨시어지에 문의해도 되고 일본어가 된다면 머무는 숙소 로비의 정보 팸플릿 모아놓은 곳을 뒤적거리면 전단지를 입수할 수 있다. 일본은 숙소 컨시어지를 경유한다고 요금이 비싸지거나 하는 일은 전혀 없다.

### 대절 택시 요금표

| 이용 시간 | 4인승 | 5인승 | 7인승 |
|---|---|---|---|
| **4시간** | ¥15,500 | | |
| **5시간** | ¥18,000 | | |
| **6시간** | ¥20,500 | ¥24,000 | ¥3,000 |
| **7시간** | ¥23,000 | ¥27,000 | ¥34,000 |
| **8시간** | ¥26,000 | ¥30,000 | ¥38,000 |
| **10시간** | ¥31,000 | ¥ 36,000 | ¥46,000 |

# 렌터카 운전 시
# 궁금한 모든 것

**Q 렌터카 여행만의 장점은 무엇인가?**

첫째, 의외로 저렴하다. 나하에서 츄라우미 수족관을 간다고 치자. 한 사람의 왕복 버스 비용이 렌터카 경차 하루 렌트비와 비슷하다. 두 사람이라면, 차 한 대 빌리는 것이 월등히 저렴하다. 택시와 비교하면 두말할 필요도 없다. 둘째, 빠르다. 나하에서 츄라우미 수족관으로 간다고 쳤을 때 버스보다 두 배가량 빠르다. 셋째, 어디든 갈 수 있다. 당연한 이야기겠지만, 버스가 연결하지 않는 곳을 갈 수 있다. 무엇보다 렌터카는 미식 여행을 위한 최고의 선택이다. 물론 운전을 담당한 사람의 피로도가 누적된다는 단점도 있다. 오키나와 여행 내내 운전만 했다는 가장들의 울부짖음을 심심치 않게 들을 수 있다.

**Q 일본은 주행 방향이 정반대라 역주행할까 두렵다?**

일반적으로 오키나와는 과속이 드문데다 나하 시내만 벗어나면 왕복 2차선, 4차선 구간이 많으므로, 신호등 보는 법도 단순해진다. 게다가 외국인 렌트 차량이 많아서, 오키나와 운전자들은 렌터카 차량과의 차간 거리를 상대적으로 많이 둔다. 대부분의 경우 신호등 체계대로만 따르면 사고가 일어나는 경우는 극히 드물다. 그 어느 지역보다 외국인이 렌터카로 여행하기 좋은 곳이 바로 오키나와다.

**Q 일본어도, 한자도 읽지 못하는데 어떻게 하나?**

그런 당신을 위해 인류는 내비게이션이라는 좋은 기계를 발명해냈다. 우리나라도 그렇지만 일본의 내비게이션은 식당이나 호텔의 경우 전화번호만 입력하면 된다. 게다가 스마트폰마다 깔려있는 구글지도는 그 어떤 네비보다 훌륭하다. 한국에서의 구글지도 경험을 생각하면 안된다. 일본은 구글지도가 표준이며 구글지도 자체 내장 내비는 한국어도 유창하다.

**Q 외국에서 운전하려면 국제운전면허증이 있어야 한다고 하던데?**

각 지역의 운전면허 시험장 그리고 경찰서에서 발급받을 수 있다. 20분만 기다리면 된다.

**Q 오키나와에서 운전을 하기 위해 국제운전면허증만 있으면 되는 건가?**

현지에서는 여권, 한국의 운전면허증 원본과 국제운전면허증. 이렇게 3종 세트가 있어야 한다.

**Q 렌터카는 반드시 예약해야 하나?**

일본은 대부분 예약 문화다. 성수기가 아닌 경우라면 공항에서 바로 렌터카를 빌릴 수도 있지만, 이 경우는 일본어를 잘하는 사람의 이야기이고, 평범한 우리는 사전 예약을 하는 것이 좋다. 유의해야 할 점은 오키나와의 렌터카는 작은 차부터 예약이 찬다. 1,000CC급 경차를 예약할 예정이라면 한두 달 전에는 예약을 완료해야 한다.

**Q 렌터카 회사가 한두 개가 아닌데, 어떤 기준으로 골라야 할까?**

렌터카 회사를 선택할 때 우선으로 고려해야 할 것은 인터넷 예약 가능 여부와 일본어 외에 한국어나 영어의 지원 여부다. 사실 인터넷 예약만 가능해도 약간의 요령만 발휘하면 일본어 웹 번역을 통해 모든 일 처리를 끝낼 수 있다.

## 오키나와의 주요 렌터카 업체

| 업체명 | 웹페이지 | 웹페이지내 예약 | 웹페이지 외국어 대응 |
|---|---|---|---|
| **OTS 렌터카** OTS レンタカー | www.otsrentacar.ne.jp | 가능 | 한국어, 영어 |
| **니폰 렌터카** ニッポンレンタ カー | www.nipponrentacar.co.jp | 가능 | 한국어, 영어 |
| **닛산 렌터카** 日產レンタカー | nissan-rentacar.com | 가능 | 한국어, 영어 |
| **도요타 렌터카** トヨタレンタカー | rent.toyota.co.jp | 가능 | 한국어, 영어 |
| **오키나와 렌터카** オキナワレン タカー | www.okinawa-rentacar.co.jp | 가능 | 일본어만 |

### Q 인터넷으로 렌터카 예약 시 주의사항은?

차량 인도 시간을 넉넉하게 잡자. 예를 들어 13:50 나하 도착 항공기를 예약했다면 입국 수속, 수하물 찾기 등을 모두 마치고 나오면 대략 한 시간 정도 소요된다. 여기서 렌터카 업체 사람을 만나, 합승 버스를 타고 렌터카 회사로 이동 후, 자신의 차례를 기다리고 계약서에 서명하여 차량을 인도받으면, 나하 공항 도착 후 최소 두 시간은 소요된다. 이러한 시간을 고려해 실제 차량을 인도받을 예정 시간을 가늠하여 인터넷 사전 예약을 하는 게 조금이라도 유리하다. 특히 렌터카는 대부분 24시간 단위로 계약이 갱신 되고, 24시간을 넘으면 시간 요금을 물어야 하는데, 이 요금이 꽤 비싸기 때문에 1~2시간이라도 차량 인도 시간을 늦춰 놓는 게 유리하다.

### Q 아이가 있는데, 차일드 시트는?

6세 이하의 어린이와 탑승할 때는 반드시 차일드 시트チャイルドシート를 사용해야 한다. 차일드 시트는 아이의 몸무게에 따라 체중 9kg의 유아와 체중 9~18kg 사이의 어린이로 구분한다. 주니어 시트ジュニアシート라는 것도 있는데, 이건 좀 큰 아이들을 위한 시트다. 체중 15~32kg 미만의 어린이들을 위한 보조 의자라고 생각하면 된다. 렌터카 업체에 따라 유료인 경우도 있고 무료인 경우도 있다. 예약 시 체크해 볼 것.

### Q 공항 도착 후, 프로세스는 어찌 진행되는가?

공항 입국장에 렌터카 회사의 손팻말 혹은 당신의 이름을 쓴 팻말을 든 사람이 기다리고 있을 것이다. 대부분 여러 명이 예약하기 때문에, 예약한 사람들이 다 모일 때까지 공항 입국장에서 기다린다. 예약자들이 모두 나오면 인솔자를 따라 국내선 청사 쪽에 있는 렌터카 회사의 픽업 버스 탑승장으로 간다. 픽업 버스에 올라 10~15분쯤 가면 렌터카 회사가 나온다. 이곳에서 정식 계약서를 체결하고 비용을 지불한 후, 차량을 인수받는다. 사고 발생 시 대응 방법은 반드시 숙지해 놓도록 하자. 지시대로 하지 않으면 보험금이 나오지 않을 수도 있다.

### Q 숙소에서 차량을 인수받을 수 있을까?

가능하다. 다만 숙소의 위치에 따라 ¥1,000~3,000 가량의 인수 비용이 추가된다. 웬만하면 공항에서 차량을 인수받는 것이 좋다.

### Q 차량을 반납할 때는 어떻게 해야 할까?

기름을 꽉 채워서 반납하기로 한 지정 장소에 반납한다. 반납 시 차량의 손상, 사소한 스크래치까지 확인하며 인수받을 때 없었던 큰 흠이 있으면 즉석에서 과실료가 부과되기도 한다. 차량을 무사히 반납했다면, 렌터카 대리점에서 공항까지는 렌터카 회사에서 운영하는 픽업 버스로 이동한다.

# 오키나와 드라이브
# 실전을 위한 Q&A

**Q 오키나와에서 운전할 때 첫 번째로 기억해둘 것은?**

운전석이 오른쪽이다. 운전석에 앉기 전부터 '좌측 주행! 좌측 주행!'을 반복적으로 되새기자. 운전 중 중앙선은 반드시 차량 오른편에 있어야 한다. 좌회전은 직진 신호를 받으면 바로 할 수 있지만, 우회전은 별도의 신호를 받거나 직진 신호 후, 직진 차량이 없을 때만 가능하다.

**Q 사고 발생 시 지시 사항은?**

① 사고가 발생하면, 먼저 인명 구조가 우선이다. 잘잘못을 가리기 전에 위급한 상황이 발생했다면 일단 인명을 구조하자. ② 110번으로 전화를 걸어 경찰에 신고한다. ③ 렌터카 업체에 사고 사실을 알린다. ④ 경찰이 도착하면 사고 경위를 비롯한 사고 조사서를 작성한다. 외국인이기 때문에 언어가 통하지 않아서 횡설수설하기 마련인데, 이때 오키나와 관광청에서 운영하는 다국어 정보발신 콜(0570077203)을 이용하면 편리하다. 한국어 가능 직원이 일본어로 통역해 전달해주는데, 전화비만 부담하면 된다. ⑤ 경미한 손상이면 그대로 여행이 가능하지만, 운행이 불가능할 정도라면 견인차가 나온다. ⑥ 참고로 인명 구조-경찰 신고-렌터카 업체 신고가 즉시 이루어지지 않으면 보험금을 받을 수 없게 될 수 있으니 주의하자.

**Q 신호등은 우리나라와 같은 구조인가?**

빨간 불은 정지, 녹색 불은 진행, 주황색 불은 예비 및 경고를 의미한다. 하지만 몇 가지 다른 점도 있는데, 빨간 불에서는 모든 차량이 정지해야 한다. 우리나라의 경우, 빨간 불이 들어와도 우회전하는 차는 확인 후 주행이 가능한데, 일본의 경우는 절대 금지다. 빨간 불이면 무조건 움직이면 안 된다. 반대로 이런 경우도 있다. 빨간 불인데 녹색 신호 화살표가 동시에 켜지면 녹색 신호 방향으로 직진만 가능하다는 의미. 58번 국도를 다니다 보면 이런 신호등을 종종 보게 된다.

다음으로, 우회전 신호가 있는데 우리나라의 좌회전만큼 일본에서는 우회전이 어려운 데다, 비보호 우회전인 경우가 많다. 의미인즉슨 신호 상태에서 맞은편의 직진 차량이 없을 때 알아서 우회전하라는 이야기. 우리나라 운전자들이 가장 골치 아파하는 부분이기도 하다. 심지어 우회전 신호가 있는 도로에서도 직진 시 맞은편 차량이 없으면 우회전 신호를 기다리지 않고 우회전이 허용되는 분위기다.

**Q 오키나와에 미군부대가 많다는데, 탱크가 지나다니기도 하나?**

58번 국도를 다니다 보면 미군 수송 차량을 흔히 볼 수 있다. 미군 차량, 혹은 미군 군속 차량의 경우 번호판이 'Y'자로 시작되는데, 번호판 Y차량은 오키나와 운전자들도 차간 거리를 더 벌린다. 일본도 미군 관계자 차량과 사고가 발생했을 때, 미군에게 유리하게 법이 적용되는 경우가 많기 때문이다. 렌터카는 'わ'자로 시작하는데, 'Y'만큼은 아니지만 앞에 있으면 주의운전 대상이다.

**Q 일본도 오토바이들이 운전자들을 성가시게 하나?**

그렇다. 게다가 일본은 오토바이 운전자가 상당히 많기 때문에 도로주행 중에도 쉽게 발견할 수 있다. 난폭운전을 일삼진 않지만 차량이 정차해 있을 때, 차도 사이로 추월하는 경우를 흔히 볼 수 있다. 사이드 미러를 항상 주시하자.

# 여행을 편리하게 도와주는 스마트폰 앱

일본어 앱은 사실 쓸 만한 앱이 무척 많은 편인데, 대부분의 일본 국내용 앱은 한글은 커녕 영어 메뉴 제공도 안하는 경우가 많아 사실상 그림의 떡이다. 여기서는 영어, 한글 지원이 되는 앱 위주로 선별했다.

## Google Maps

아이폰, 안드로이드 공용

리얼 오키나와에는 각 어트렉션 마다 구글 지도 검색어가 포함되어 있다. 즉 구글맵이 일종의 보조 가이드북 역할을 하게끔 설계되어 있다. 한국과 달리 일본은 구글맵으로 거의 모든 걸 다 할 수 있다. 구글맵을 이용한 차량 네비 기능을 써보면 깜짝 놀랄지도.

## Weathernews

아이폰, 안드로이드 공용

오키나와 날씨는 변화무쌍해 오키나와에서 하루의 기상 변화가 한국에서 일주일 치의 기상 변화와 버금갈 정도. 비가 내리는가 싶으면 금세 맑아지는 식이라 일반 날씨 앱으로는 알아내기 힘들다.
Weathernews는 사용자들이 올린 기상 뉴스를 반영해 보다 빠른 대응을 약속하는 날씨 앱이다. 오키나와의 변덕스러운 날씨 탓에 이 또한 100% 신뢰하기는 힘들지만, 20개 이상의 날씨 앱을 써본 바에 의하면 그나마 가장 정확한 편이다. 문제는 애플/구글 앱스토어 공히 일본 계정이 필요하다는 점. 일본 계정으로 들어가야 이 앱을 다운받을 수 있다.

## Star Walk2

아이폰, 안드로이드 공용

오키나와의 여름밤을 이야기할 때 별을 빼놓고는 말할 수 없다. 스마트폰과 연동, 스마트폰과 내 눈의 방향을 일치시키고 움직이면, 내가 보는 하늘의 별과 스마트폰 화면 속의 별이 일치한다. 지금 보는 저 별이 어떤 별인지를 아는 데 이보다 더 좋은 앱은 없다.
검색 기능도 화려해, 예를 들어 북극성을 찾고 싶다면 Polaris를 검색하면 된다. 스마트폰의 화면이 가라는 곳으로 시선을 돌리면 그곳에 북극성이 있다. 카시오페이아가 찾고 싶다고? 문제없다.

## Sky Live

아이폰, 안드로이드 공용

Star Walk2가 별자리가 어디 있는지를 알려준다면 Sky Live는 오늘이 별을 관측하기 좋은지를 알려주는 앱이다. 오늘의 구름양, 대기의 투명도, 달의 크기, 내가 있는 곳의 광해를 GPS 기반으로 측정해 별 관측도가 몇 %인지를 알려준다. 100%에 가까울수록 대기를 관측하기 좋은 날이다. 70% 이상이라면 주저 말고 밤마실을 떠나보자.

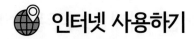

# 인터넷 사용하기

스마트폰이 없는 여행은 상상하기 힘들 정도로 필수가 되었다. 지도나 번역 앱 등이
실질적인 도움을 주기 때문이다. 오키나와에서도 인터넷을 자유롭게 사용할 수 있다.

## 통신사 로밍 서비스

가장 간편한 방법이다. 자신이 가입한 이동통신사를 통해 데이터 무제한 로밍 서비스를
신청하는 방법이다. 공항에 각 이동 통신사 로밍 카운터가 있다. 통신사별 로밍 상품이 다
양하고 변동이 많은 편이다. 사전에 통신사 홈페이지를 통해 자신에게 적합한 상품을 파
악해 두는 게 좋다. 무제한이라고 하지만 정해진 데이터 이후부터는 속도가 매우 느려지
니 참고하자. 인터넷 사용량이 많은 사람이라면 더더욱 꼼꼼히 체크해야 한다. 각 통신사
의 로밍 조건은 아래의 큐알 코드를 스마트폰으로 태그해보자.

SKT | KT | LG U+

## 포켓 와이파이 임대

한국에서는 에그라고 불리는 기기로 일본에서는 포켓 와이파이라고 부른다. 한 대만 빌
리면 여러 사람이 이용할 수 있기 때문에 일행이 있는 여행자들이 선호한다. 도시락이
대표 상품 중 하나로, 공항에 매장도 가지고 있어 이 계열 중에서는 가장 손쉽게 이용할
수 있다.

## 현지 심카드 구입

오키나와에서도 현지 데이터 무제한 심카드를 구입할 수 있다. 로밍이나 포켓 와이파
이에 비해 수신 지역이 넓은 편이다. 단 외국인을 위한 데이터 심카드라 통화나 SMS는
주고 받지 못하는 경우도 있으니 좀 따져볼 필요가 있다. 심카드는 크기와 용량에 따라
1.2GB와 3.2GB 짜리로 나뉜다. 일주일 정도 열심히 여행 관련 앱을 사용하고 숙소에서
는 숙소 내 와이파이를 쓴다는 가정 하에 1.2GB 정도면 충분하다. 만약 SNS 활동을 활
발하게 하고 인터넷에 사진 업로드할 일이 많다면 3.2GB를 고려하자.

· **구입** 국제선 청사, 1층과 2층을 연결하는 에스컬레이터와 관광안내소観光案内所 사이
에 심카드 자판기가 있다. 심카드는 크기에 따라 노멀·마이크로·나노로 나뉘고 용량에
따라 1GB와 3GB를 선택할 수 있다.

　¥ 1.2GB 3,500엔(30일 기한), 3.2GB 5,500엔(60일 기한)

· **설정** 심카드 패키지 안에 세팅하는 방법이 iOS/안드로이드로 구분, 설명되어 있다.
APN 설정은 어렵지 않은데, 등록하려면 일본 현지 주소와 우편번호가 필요하다. 머무
는 숙소의 우편번호와 주소, 전화번호 등을 미리 확보해 놓으면 편리하다. 세팅을 위해
무선인터넷 접속이 필요하니 공항 무료 인터넷을 활용해 심카드 연결을 완료하고 이동
하는 게 좋다. 요즘은 소셜 커머스 사이트를 통해 한국에서 미리 심카드를 구입하는 경
우도 있는데, 이쪽이 현지 구입보다 더 간단한 경우도 많으니 이 또한 참고하도록 하자.

# 현지에서의 사건·사고 대처 요령

여행과 사건·사고는 언제나 붙어 다닌다. 문제없이 무사히 여행을 마칠 수 있다면 좋겠지만,
언제나 뜻대로 되지 않는 것이 바로 인생이다.

## 태풍으로 비행기가 결항 되었어요

오키나와에서는 흔한 일이다. 태풍으로 인한 결항의 경우 비행기 출발 몇 시간 전에 결정되는 일이 많으므로, 오키나와 쪽으로 태풍이 통과하고 있다는 소식을 접하게 되면 그 즉시 항공사에 전화한 후 마음의 준비를 하는 게 좋다. 항공사들은 결항 결정을 최대한 버티다(?)가 하기 때문에 여행자 입장에서는 5분 대기조 모드로 이러지도 저러지도 못한 채 대기해야 한다. 참고로 태풍, 폭우, 강풍 등의 천재지변으로 비행기가 결항되면 비행기, 호텔 등의 예약이 수수료 없이 취소 가능하다.

## 몸이 아파요

선크림과 긴 옷, 선글라스로 무장해도 오키나와 자외선이 워낙 강렬하다 보니 한 시간가량의 물놀이만으로도 옅은 화상을 입을 수 있다. 심하면 알로에젤이나 오이 등으로 열기를 식혀주고 이후 수분을 공급해줄 수 있는 로션이나 크림을 바르자.

해수욕 시 바위나 산호 등에 발이나 무릎 등에 생채기가 나는 일이 일어나기도 한다. 이를 대비해 반창고와 상처 치료제를 챙기자. 덥다고 에어컨을 지나치게 틀다 보면 감기風邪(카제)에 걸리기도 쉽다. 바닷가가 많다 보니 모기나 벌레에 물리는 경우도 은근히 많다. 기피제나 피부가 가려울 때 바르는 약도 챙기자.

- 두통 頭痛 (즈쯔우)
- 소화제 消化劑 (쇼우카자이)
- 모기약 ムヒ (무히)
- 멀미약 酔い止め (요이도메)
- 해열제 解熱劑 (게네츠자이)

참고로 일본은 편의점에서도 어지간한 상비약은 모두 구할 수 있다. 언어 때문에 의사소통이 어렵다면, 증상에 따라 왼쪽의 표와 같은 글자를 직원에게 보여주자.

마지막으로 병원에 가야 할 상황이라면 묵는 숙소에 도움을 청해 구급차나 택시를 불러 병원으로 가자. 여권은 반드시 휴대해야 한다. 여행자 보험을 들었다면 진단서와 영수증을 챙겨야 한국에 돌아와서 보상받을 수 있다.

## 물건을 잃어버렸어요 혹은 도난당했어요

치안이 확실한 나라인 만큼, 도난 사건은 좀처럼 일어나지 않는다. 문제는 깜빡함으로 인해 발생하는 분실. 식당이나 숙소 같은 곳에 물건을 두고 나오는 경우는 별로 걱정을 하지 않아도 될 정도로 지구 최강의 회수율을 보이지만 길에다 흘리면 답이 없다. 하지만 일본 사람들의 경우, 길에 흘린 물건을 보면 경찰에 신고하거나 길가 구석에 놔두는 경향이 있으므로 미리 포기할 필요는 없다.

분실 중 최악은 여권 분실이다. 여권이 없어지는 순간, 당신은 신원불명자가 되기 때문이다. 일단 경찰서에 가서 분실·도난 신고를 한다. 잃어버린 장소를 대략 기억하고 있다면 찾을 확률도 높다. 찾지 못했다면 분실·도난 증명서를 받아 여권을 재발급 받아야 한다. 문제는 오키나와에 한국 총영사관이 없어 비행기로 후쿠오카까지 가야 한다는 것. 여행이 목적인 단기 여행자들은 긴급 여권인 여행증명서를 신청해야 한다. 이 경우 이틀 정도 소요된다. 여권 번호와 발행일을 기재해야 하기 때문에 여권 복사본을 가지고 있다면 일 처리가 훨씬 빨라진다. 지갑 분실·도난의 경우 우선 카드사로 전화를 걸어 카드를 정지시켜야 한다. 현금은 원칙적으로 보상받을 길이 없다. 카드, 현금을 모두 잃어버리고 일본에 아는 사람조차 없다면 영사콜센터를 통해 신속히 해외송금 지원을 받아야 한다. 국내 연고자를 통한 입금 방식이다.

# 찾아보기

# 찾아보기

## 쇼핑